U0943693

致力于中国人的教育改革与文化重建

立 品 图 书·自觉·觉他
www.tobebooks.net
出 品

孝经大义

姚中秋 著

中国文联出版社
http://www.clapnet.cn

图书在版编目（CIP）数据

孝经大义 / 姚中秋著. — 北京：中国文联出版社，2017.11
ISBN 978-7-5190-3132-9

Ⅰ. ①孝… Ⅱ. ①姚… Ⅲ. ①家庭道德－中国－古代②《孝经》－研究 Ⅳ. ① B823.1

中国版本图书馆 CIP 数据核字（2017）第 241518 号

孝经大义

作　　者：姚中秋

出 版 人：朱　庆
终 审 人：奚耀华　　复 审 人：胡　笋
责任编辑：蒋爱民　　责任校对：傅泉泽
封面设计：许　烈　　责任印制：陈　晨

出版发行：中国文联出版社
地　　址：北京市朝阳区农展馆南里 10 号，100125
电　　话：010-85923066（咨询） 85923000（编务） 85923020（邮购）
传　　真：010-85923000（总编室），010-85923020（发行部）
网　　址：http://www.clapnet.cn　　http://www.claplus.cn
E-mail：clap@clapnet.cn　　jiangam@clapnet.cn

印　　刷：三河市华晨印务有限公司
装　　订：三河市华晨印务有限公司
法律顾问：北京天驰君泰律师事务所徐波律师
本书如有破损、缺页、装订错误，请与本社联系调换

开　　本：787×1092　　1/16
字　　数：385 千字　　印张：23
版　　次：2017 年 11 月第 1 版　　印次：2017 年 11 月第 1 次印刷
书　　号：ISBN 978-7-5190-3132-9
定　　价：88.00 元

目　录

撰述说明

人类较成熟的文明，无非两大样态，各以敬天、信神为本。敬天的中国人重孝而以家为中心组织社会，故尧舜肇造华夏，即以孝为至德要道，汉以来历代无不重视《孝经》之教。

唯百余年来，震慑于西方人之富强，精英群体自暴自弃，国中非孝之说流行，破家之举迭起。经云："非圣人者无法，非孝者无亲，此大乱之道也。"信夫！孝道不明，则德无以立，而教无以生，天下无以治。今日拨乱反正，复兴中国文化，首当复孝道。

本书疏通《孝经》大义，以推明圣人立孝为教之大义。其间以西方神教、哲学相对照，以见圣人之教之易简而广大，无所不通，吾今而后乃知人类普适的教化之道，其唯孝之教欤？

书首敬录《孝经》全文，夹注难读字音。

其次，试译为今语，仅供参考。

以下逐章、分节疏解经义。

书后摘录经传论孝篇章，俾便参读。

北宋画家李公麟绘有《孝经图》卷，至为珍贵，依次插入各章之前。

书末附近世画家陈少梅之《二十四孝图》。

本书解读经义，本乎历代注疏。注疏繁多，无以遍观，主要参考以下几种：

郑玄注，依皮锡瑞撰《孝经郑注疏》(吴仰湘点校，中华书局，2016年)；

唐玄宗御注、邢昺疏本，用十三经注疏本；

明黄道周《孝经集传》;

近世曹元弼《孝经集注》,得益于此书者最多;

马一浮《孝经大义》。

今人著作,主要参考陈壁生《孝经学史》(华东师范大学出版社,2015 年);张祥龙《家与孝:从中西间视野看》(三联书店,2017 年)。

本书之作始于丙申冬。学校初放寒假,弘道书院约集十余学子,假安徽池州云隐书院,通读《孝经》五日。丁酉清明前,黄明雨先生邀约在辛庄师范讲上经两日。教学相长,得益颇多。同时从事出版事业的黄兄迭加督促,又因事未得归乡祭扫先祖,乃于清明前后一心撰述,携子以简陋仪式祭先祖于家中,颇有鬼神著矣之感。修订书稿期间,岳母大人去世,呜呼哀哉。

蒲城姚中秋于丁酉孟夏。

经文

開宗明義章第一

仲尼居，曾子侍。

子曰：“先王有至德要道，以順天下，民用和睦，上下無怨，汝知之乎？”

曾子避席曰：“參不敏，何足以知之！”

子曰：“夫孝，德之本也，教之所由生也。復坐，吾語汝。身體髮膚，受之父母，不敢毀傷，孝之始也。立身行道，揚名於後世，以顯父母，孝之終也。夫孝，始於事親，中於事君，終於立身。《大雅》云：‘無念爾祖，聿脩厥德。’”

天子章第二

子曰：“愛親者不敢惡於人，敬親者不敢慢於人。愛、敬盡於事親，而德教加於百姓，刑于四海，蓋天子之孝也。《甫刑》云：‘一人有慶，兆民賴之。’”

諸侯章第三

“在上不驕，高而不危；制節謹度，滿而不溢。高而不危，所以長守貴也；滿而不溢，所以長守富也。富貴不離其身，然後能保其社稷，而和其民人，蓋諸侯之孝也。《詩》云：‘戰戰兢兢，如臨深淵，如履薄冰。’”

卿大夫章第四

“非先王之法服不敢服，非先王之法言不敢道，非先王之德行不敢行。是故，非法不言，非道不行。口無擇言，身無擇行。言滿天下無口過，行滿天下無怨惡。三者備矣，然後能守其宗廟，蓋卿大夫之孝也。《詩》云：‘夙夜匪懈，以事一人。’”

士章第五

“資於事父以事母而愛同，資於事父以事君而敬同。故母取其愛，而君取其敬，兼之者，父也。故以孝事君則忠，以敬事長則順。忠順不失，以事其上，然後能保其祿位，而守其祭祀，蓋士之孝也。《詩》云：‘夙興夜寐，無忝爾所生。’”

庶人章第六

“用天之道，分地之利，謹身節用，以養父母，此庶人之孝也。故自天子至於庶人，孝無終始而患不及者，未之有也。”

三才章第七

曾子曰：“甚哉，孝之大也！”

子曰：“夫孝，天之經也，地之義也，民之行也。天地之經，而民是則之。則天之明，因地之利，以順天下。是以其教不肅而成，其政不嚴而治。先王見教之可以化民也，是故，先之以博愛，而民莫遺其親；陳之於德義，而民興行；先之以敬讓，而民不爭；導之以禮樂，而民和睦；示之以好惡，而民知禁。《詩》云：‘赫赫師尹，民具爾瞻。’”

孝治章第八

子曰：“昔者明王之以孝治天下也，不敢遺小國之臣，而况於公、侯、伯、子、男乎？故得萬國之懽心，以事其先王。治國者不敢侮於鰥寡，而況於士民乎？故得百姓之懽心，以事其先君。治家者不敢失於臣妾，而況於妻子乎？故得人之懽心，以事其親。夫然，故生則親安之，祭則鬼享之。是以天下和平，災害不生，禍亂不作。故明王之以孝治天下也如此，《詩》云：‘有覺德行，四國順之。’”

聖治章第九

曾子曰：“敢問聖人之德，無以加於孝乎？”

子曰：“天地之性，人為貴；人之行，莫大於孝；孝，莫大於嚴父；嚴父，莫大於配天，則周公其人也。昔者，周公郊祀后稷以配天，宗祀文王於明堂以配上帝，是以四海之內各以其職來祭。夫聖人之德，又何以加於孝乎？故親生之膝下，以養其父母，日嚴。聖人因嚴以教敬，因親以教愛。聖人之教不肅而成，其政不嚴而治，其所因者，本也。父子之道，天性也，君臣之義也。父母生之，續莫大焉；君親臨之，厚莫重焉。故不愛其親而愛他人者，謂之悖德；不敬其親而敬他人者，謂之悖禮。以順則逆，民無則焉，不在於善，而皆在於凶德，雖得之，君子不貴也。君子則不然：言思可道，行思可樂，德義可尊，作事可法，容止可觀，進退可度。以臨其民，是以其民畏而愛之，則而象之。故能成其德教，而行其政令。《詩》云：‘淑人君子，其儀不忒。’”

紀孝行章第十

子曰：“孝子之事親也，居則致其敬，養則致其樂，病則致其憂，喪則致其哀，祭則致其嚴。五者備矣，然後能事親。事親者，居上不驕，為下不亂，在醜不爭。居上而驕則亡，為下而亂則刑，在醜而爭則兵。三者不除，雖日用三牲之養，猶為不孝也。”

五刑章第十一

子曰：“五刑之屬三千，而罪莫大於不孝。要君者無上，非聖人者無法，非孝者無親，此大亂之道也。”

廣要道章第十二

子曰：“教民親愛，莫善於孝；教民禮順，莫善於悌；移風易俗，莫善於樂；安上治民，莫善於禮。禮者，敬而已矣。故敬其父則子悅，敬其兄則弟悅，敬其君則臣悅，敬一人而千萬人悅。所敬者寡，而悅者眾，此之謂要道也。”

廣至德章第十三

子曰：“君子之教以孝也，非家至而日見之也。教以孝，所以敬天下之為人父者也；教以悌，所以敬天下之為人兄者也；教以臣，所以敬天下之為人君者也。《詩》云‘愷悌君子，民之父母’，非至德，其孰能順民如此其大者乎？”

廣揚名章第十四

子曰：“君子之事親孝故忠，可移於君；事兄悌故順，可移於長；居家理治，可移於官。是以行成於內，而名立於後世矣。”

諫諍章第十五

曾子曰：“若夫慈愛恭敬、安親揚名，則聞命矣。敢問子從父之令，可謂孝乎？”

子曰：“是何言與！是何言與！昔者，天子有爭（通诤，音 zhèng，下同）臣七人，雖無道，不失其天下；諸侯有爭臣五人，雖無道，不失其國；大夫有爭臣三人，雖無道，不失其家；士有爭友，則身不離於令名；父有爭子，則身不陷於不義。故當不義，則子不可以不爭於父，臣不可以不爭於君。故當不義，則爭之。從父之令，又焉得為孝乎？”

感應章第十六

子曰：“昔者，明王事父孝，故事天明；事母孝，故事地察；長幼順，故上下治。天地明察，神明彰矣。故雖天子必有尊也，言有父也；必有先也，言有兄也。宗廟致敬，不忘親也；脩身慎行，恐辱先也。宗廟致敬，鬼神著矣。孝悌之至，通於神明，光于四海，無所不通。《詩》云：‘自西自東，自南自北，無思不服。’”

事君章第十七

子曰："君子之事上也，進思盡忠，退思補過；將順其美，匡救其惡，故上下能相親也。《詩》云：'心乎愛矣，遐不謂矣！中心藏之，何日忘之。'"

喪親章第十八

子曰："孝子之喪親也，哭不偯（yǐ），禮無容，言不文，服美不安，聞樂不樂，食旨不甘，此哀戚之情也。三日而食，教民無以死傷生，毀不滅性，此聖人之政也。喪不過三年，示民有終也。為之棺槨、衣衾（qīn）而舉之；陳其簠簋（fǔ guǐ）而哀慼之；擗（pǐ）踊哭泣，哀以送之；卜其宅兆，而安厝之；為之宗廟，以鬼享之；春秋祭祀，以時思之。生事愛敬，死事哀慼，生民之本盡矣！死生之義備矣！孝子之事親終矣！"

试译

开宗明义章第一

孔子闲居，曾子陪侍。

夫子说：“前代之王有至大之德，要约之道，以顺治天下，万民因此而协调、亲睦，在上位者、在下位者相互没有怨言，你知道这个吗？”

曾子避开自己所坐之席位说：“弟子不够敏达，何以能知道这个呢？”

夫子说：“这个孝啊，是成就各种德行之本，教化也是由此而生的。你坐下来吧，我说给你。人的全身、四肢、毛发、皮肤都承受自父母，因而不敢使之遭到侮辱、伤害，孝德就开端于此。挺立自己，践行大道，从而传扬美名于后世，进而显扬父母之名，孝德就完备于此。这个孝啊，始于侍奉双亲，中间经过侍奉君上，终结于挺立自己。《大雅》说：‘怀念你的先祖，继承、修饬他的德行。’”

天子章第二

夫子说：“爱双亲的人不敢讨人厌恶，敬双亲的人不敢怠慢他人。侍奉双亲的爱、敬之情达到极致，就可以让自己的德泽、教化施加于万民，给天下树立榜样，这大约就是天子之孝吧。《甫刑》说：‘天子一人有善，天下万民都仰赖’。”

诸侯章第三

“居于上位而对人不骄横，则地位虽高也不会倾倒；控制自己保持节制，在花费上保持谨慎，则财富虽多也不会浪费。地位虽高而不倾倒，凭这个就可以长久地保守尊贵地位；财富虽多而不浪费，凭这个就可以长久地保守财富；财富、尊贵不离开自己，若能这样，就能保有自家的社稷，而让其治下的庶民、君子保持协调，这大约就是诸侯之孝吧。《诗》说：‘战战兢兢，仿佛站在深渊边缘，仿佛踩在薄冰之上。’”

卿大夫章第四

“不是先王所传合乎法度之服，就不敢穿；不是先王所言合乎法度之辞，就不敢说；不是先王所行的有德之行，就不敢行。由于这个缘故，不合乎法度的就不说，不合于道的就不做。这样，口中就没有败坏之言，身体就没有败坏之行。由此，言辞虽传遍天下却没有过错，行为虽影响天下却无人抱怨厌恶。以上三点都做到完备，这样也就能守住自家的宗庙，这大约就是卿大夫之孝吧。《诗》云：‘早晚都不松懈，以此侍奉君王一人。’”

士章第五

“运用侍奉父亲之道去侍奉母亲，两者的爱是相同的；运用侍奉父亲之道去侍奉君王，两者的敬是相同的。所以，母亲取材于对父亲的爱，君王取材于对父亲的敬，兼有两者的则是父亲。所以，以孝侍奉君王，则有忠之德，以敬侍奉长者，则有顺之德。忠、顺两种德行无所偏失，用以侍奉在上位者，若能这样，就能保有自己的俸禄、职位，而守住自己对父祖的祭祀，这大概就是士之孝吧。《诗》云：‘早起晚睡，不要让生你的人蒙受羞辱。’”

庶人章第六

“运用天的运行之道，分享地所带来的好处，谨慎控制自身，节约用度，以此赡养自己的父母，这就是庶人之孝呀。所以，从天子一直到庶人，无论是就孝之终还是孝之始而言，担心自己做不到，根本不会有这样的事的。”

三才章第七

曾子说：“孝之弘大，竟到如此程度啊！”

夫子说：“这个孝啊，是天的常道，是地的大义，是万民本有之行。天地的常道，就是万民的法则。圣人取法于天的明，就着地的利，用以顺治天下。因为这个，圣人的教化一点也不肃杀，但取得成功，圣人的政治一点也不急迫，但达到大治。从前的王者洞察到教化是可以化成民众的，因此自己先有广博之爱，于是，民众没有抛弃其双亲的；自己展示出德行和大义，于是，民众兴起有德之行；自己先做到敬人、谦让，于是，民众不相互争抢；用礼乐来引导，于是，民众协调、亲睦；自己显示出喜好和厌恶，于是，民众知道什么不能做。《诗》云：‘高高在上的公卿啊，万民都从下面看着你呢。’”

孝治章第八

夫子说：“从前，贤明之王以孝治理天下，接受各国聘问时不敢遗漏小国的使臣，何况对待公、侯、伯、子、男这些诸侯？所以得到天下万国的欢心，愿意侍奉他的父祖。治理一国的诸侯不敢轻侮老而无妻、无夫之人，何况对待士人、庶民？所以得到百姓的欢心，愿意侍奉他的父祖。治理一家的卿大夫不敢随意对待家中的仆、婢，何况对待自己的妻子、儿子？所以得到家人的欢心，愿意侍奉他的双亲。因为做到这些，所以，双亲在世时得以尽享安宁，死后祭祀则其鬼神乐于享用。由此，天下和谐、各得其所，没有天灾、物害发生，没有人祸、作乱兴起。因此，贤明之王以孝治理天下，就达到这种境界。《诗》云：‘有显著的德行，四方之国顺从。’”

圣治章第九

曾子说：“冒昧请问，圣人的德行在孝之外，不再有什么可增加的了么？”

夫子说：“天地依其生生之性所生的万物中，人是最为尊贵的；人自然本有之行，没有大于孝的；孝之为德，没有大于让父亲得到尊崇的；让父亲得到尊崇，没有大于配天的，而周公就是做到了这一点的人。当时，周公在南郊祭祀后稷配上天，在明堂敬重地祭祀文王以配上帝。因此之故，四海之内各国诸侯都带着自己的职贡前来助祭。这个圣人之德，在孝之外还有什么可以增加的呢？所以，双亲生子于膝下，父母教养，一日又一日地有尊崇之情。圣人就着这个尊崇之情教人敬人，就着对双亲的相亲之情教人爱人。圣人的教化不肃杀却有成就，圣人的政治不急迫而能达到大治，就是因为圣人的教、政所依托的是这个本啊。父子相互对待之道是人的天性，转生出君臣之间相互对待之大义。父母生养子女，则对子女而言没有大于接续父母的了；君上、双亲自上临下，其情义厚重，没有比这个更重的了。因此，一个人，不爱自己的双亲而爱其他人，可称为有悖于德；不敬自己的双亲而敬其他人，可称为有悖于礼。人本来可以顺势成长，君子却树立悖逆的法则，民众就无可取法了，也就无法处在善的状态，而普遍处在不善的状态。那么，君子即便可以自己得到德行，也不以为珍贵。君子则绝不如此：说话，思虑其可为万民所传道；行为，思虑其可为民众所喜乐；德行、处事之义，可以为民众所尊仰；其所兴作、发起之事，可以为民众所取法；其容貌举止，可以为民众所观瞻；其出仕、退隐之选择，可以成为民众的法度。君子就是以这些居于民众之上的，因此之故，他治下的民众敬畏而爱戴他，取法而效仿他。由此，君子能够成就其有德的教化，而有效施行其为政之令。《诗》云：'善人君子，其威仪没有差错。'"

纪孝行章第十

夫子说："孝子在侍奉双亲时，平日对双亲有无限之敬；赡养双亲，尽力让其喜乐；双亲有病，则有无限忧愁；双亲去世，则有无限哀戚；祭祀双亲，则身心最为严整。同时做到了这五者，就可算有能力侍奉双亲了。侍奉双亲的人，居于上位则不对人骄横，为人属下则不作乱，在众人之中则不与人争抢。居于上位而对人骄横，则必败亡；处在下位而犯上作乱，则必遭刑罚；在众人之中而与人争抢，则引动刀兵。不戒除这三者，即便每天对双亲奉上规格最高的牛、羊、猪来食用，也仍然是不孝。"

五刑章第十一

夫子说："五大类刑罚下的罪名有三千种，但人所犯的罪没有大于不孝的。要挟君王的行为是心中无长上，非毁圣人的行为是心中无法度，非毁孝德的行为是心中无双亲。这些就是引发大乱的根源啊。"

广要道章第十二

夫子说：“教化万民互亲互爱，没有比教其孝爱双亲更好的了；教化民众知礼顺人，没有比教其尊敬兄长更好的了；改善社会风俗，没有比乐教更好的了；安定在上位者，治理民众，没有比礼更好的了。礼呢，也就是敬而已。所以，君子敬天下人的父，天下为人子者都欣悦；君子敬天下人的兄，天下为人弟者都欣悦；君子敬天下人的君，天下为人臣者都欣悦。君子只敬一个人，而天下千万人都欣悦。君子所敬的人很少，而天下欣悦的人众多，这就叫做要道。”

广至德章第十三

夫子说：“君子教化民众孝道，不是跑到万民家中，天天面对面对人传教。君子以己身教人孝之德，天下人就以此德敬天下为人父者了；君子以己身教人悌之德，天下人就以此德敬天下为人兄者了；君子以己身教人为臣之道，天下人就以此德敬天下为人君者了。《诗》云：‘和乐、平易的君子，就是万民的父母。’如果没有至德，怎么能让天下之民平顺到如此程度！”

广扬名章第十四

夫子说：“君子侍奉双亲至孝，因而有了忠之德，这是可以移用于侍奉君王的。君子侍奉兄长至悌，因而有了顺之德，这是可以移用于侍奉长上的。君子处理家事有条有理，可以移用于处理官府之事。靠着这些，君子的德行成就于家内，而美名则树立于后世了。”

谏诤章第十五

曾子说："像慈爱双亲、对双亲恭敬、让双亲安心、播扬美名于后世这些，现在已经听您教诲了。那么冒昧请问，儿子完全服从父亲的命令，可以称为孝吗？"

夫子说："这是什么话！这是什么话！从前，天子有七位谏诤之臣，即便自己不合于道，也不会失去天下；诸侯有五位谏诤之臣，即便自己不合于道，也不会失去邦国的治理权；大夫有三位谏诤之臣，即便自己不合于道，也不会失去自家的治理权；士有谏诤之友，自身即不会失去美名；父亲有谏诤的儿子，自身即不会陷于不义。所以，碰到不义的事，儿子不可不谏诤父亲，臣不可不谏诤君王。因此，碰到不义的事，就要谏诤。完全服从父亲的命令，又怎么能是孝呢！"

感应章第十六

夫子说："从前，贤明之王侍奉父亲大孝，因而能明白知道怎么侍奉上天；侍奉母亲大孝，因而能清楚知道怎么侍奉大地；贤明之王让族内的长幼次序顺而不乱，因而君臣上下之间有条理。因为大孝而天地变得明白、清楚，天地之神明就彰显出来了。因此，即便天子，也一定有应予尊敬之人，这是说，他也有族内诸父；也一定有排位在他之先的人，这是说，他也有族内诸兄。在宗庙中祭祀，竭力表达自己的敬，这是因为不忘双亲。修饬自己，约束行为，这是唯恐让先人蒙受羞辱。做到这些后，在宗庙中表达敬意，先祖之鬼神就降临显现出来了。孝悌之德达到极致，就感通于神明，广布于四海，无地、无人不通行。《诗》云：'从西方到东方，从南方到北方，无一处不平顺。'"

事君章第十七

夫子说："君子在侍奉在上者之时，出仕则想着竭尽自己的忠德，退隐则想着弥补自己的过失。不论何时，都扶助、弘大在上者之美事，而矫正、救助在上者之恶事，所以上下之间能相互亲睦。《诗》云：'心中有爱，有什么话不会说。心中有君王，哪一天会忘记君王。'"

丧亲章第十八

夫子说："孝子在其双亲远去时，哭泣没有婉转的余声，行礼不讲究仪容，说话不加文饰，穿华美的衣冠则不安，听到乐声也不欣悦，吃到美味也不觉甘甜，这就是孝子的哀戚之情啊。双亲死后三天就进食，圣人教人不要让死者伤害生者，虽然消瘦，但不至于毁灭了人要生下去的天性，这是圣人所行的善政啊。孝子服丧不超过三年，向民众表明哀戚是有终点的。为死者制作内棺、外椁，裹身之衣被，抬死者入殓；陈列簠、簋等礼器以祭奠，让人们对死者表达哀戚之情；拍胸、跳跃，放声痛哭，以悲哀之情送走死者；以占卜寻找墓穴、墓地，从而稳妥地安置死者；让死者进入宗庙，以对待鬼神之礼祭祀死者；春秋时节举行祭祀仪式，在合适的时机思念死者。对双亲，生时致力于爱与敬，死时有充分的哀戚之情，那么天生之民的大本也就做到最充分了，死和生的大义也就完备了，孝子的侍奉双亲也就齐全了。"

开宗明义章第一

章旨：圣人本天，立孝为教。至德要道，以顺天下。

[经文] 仲尼居，曾子侍。

孔子字仲尼，弟子避讳孔子之名，但经文开首，不能不明指其人，故称其字，以下则尊称“子”。居，郑玄以为居于讲堂，似不确；唐玄宗注本以为闲居，可从。《礼记》有《孔子闲居》篇，开篇说：“孔子闲居，子夏侍。”子夏问孔子以诗，孔子乃为子夏论诗乐。《仲尼燕居》篇：“仲尼燕居，子张、子贡、言游侍，纵言至于礼。”本经孔子对曾子论孝，与此情形相似，孔子师徒深入进行专题讨论。唯因孝至关重要，故单列为“经”。

孝道至孔子而大明

孔子生当礼崩乐坏之际，志在重建秩序，故“述而不作，信而好古”（《论语·述而》），删述六经，备记尧舜禹汤、文武周公之言行、制度，中国之道由此可道、可学、可传。

郑玄《六艺论》谓：“孔子以六艺题目不同，指意殊别，恐道离散，后世莫知根源，故作《孝经》以总会之。”《钩命决》记孔子曰：“吾志在《春秋》，行在《孝经》。”司马迁说：“夫《春秋》上明三王之道，下辨人事之纪，别嫌疑，明是非，定犹豫，善善恶恶，贤贤贱不肖，存亡国，继绝世，补敝起废，王道之大者也……拨乱世反之正，莫近于《春秋》。”孔子以《诗》《书》见王者之治，以《春秋》大义拨乱反正。然而，天下人何以立身行道？乃有《孝经》之作。

孔子出鲁入卫，仪封人曰：“天下之无道也久矣，天将以夫子为木铎。”（《论语·八佾》）孔子以前之圣贤无不有大孝之德，且以孝教化天下。孔子删定六经，对此多有保存。夫子在无道之世，顺乎天、应乎人，为曾子说《孝经》，从义理上阐明孝为德之本，教之所由生，从而确立孝为个人修身居仁、共同体臻于良序善治之大道。孝之大义，至孔子而大明。

孔子立教，向来以孝为根本。

《论语》首章论以学养成君子，次章即为有子论孝悌章。可见孝在孔学中之至高地位，学而孝悌，然后可以成为君子。

《为政》篇收论孝四章，可见孔子之意，为政必本乎孝，对此孔子还有专门论述：

> 或谓孔子曰："子奚不为政？"子曰："《书》云：'孝乎惟孝、友于兄弟，施于有政。'是亦为政，奚其为为政？"（《论语·为政》）

孔子以为，以孝齐家，就是为政。

《里仁》篇又有论孝四章，可见孔子以为孝为仁之本。《中庸》曰："仁者，人也，亲亲为大。"亲亲就是仁之本，"本立而道生"，此本内含爱人、敬人之道，循此道而行，至于爱敬一切所遭遇之人，则为仁。亲亲是人所固有者，故人皆可以至于仁，孔子说："仁远乎哉？我欲仁，斯仁至矣。"（《论语·述而》）人而不能亲亲，则无以至于仁。

孔子删定六经，以孝一以贯之。《诗经》诵孝者甚多，《尚书》多记先王孝行；礼乐无不本乎孝，无不成人之孝德，教人以孝；《易》"立天之道曰阴与阳，立地之道曰柔与刚，立人之道曰仁与义"，《三才章》本乎此，而蛊、家人等卦直接论孝；《春秋》表彰孝子，贬斥不孝。故前人多以为《孝经》乃六经之总会，马一浮《孝经大义》论《孝经》总会六经之旨曰：

> 须知六艺皆为德教所作，而《孝经》实为之本；六艺皆为显性之书，而《孝经》特明其要。故曰一言而可以该性德之全者，曰仁；一言而可以该行仁之道者，曰孝。此所以为六艺之根本，亦为六艺之总会也。

孔子说《孝经》，为万世四海立法。修习圣学，不能不博学于六经之文，然亦必约归之于《孝经》，方能立身行道。圣人之学不是琐碎辞章之学，甚至也不是义理思辨之学，而是身体力行之学，《孝经》所立由孝悌而成德、施教之道，乃是人人可行之坦坦大道。

孔子讲学论孝，弟子多传孔子之孝教，如有子、子游、子夏、闵子骞，最为杰出者当为曾子。

曾子，孔子弟子，名参，字子舆，在孔门弟子中，孝行最为杰出。《史记·仲尼弟子列传》记："曾参，南武城人，字子舆。少孔子四十六岁。孔子以为能通孝道，故授之业，作《孝经》。死于鲁。"《汉书·艺文志》也说："《孝经》者，孔子为曾子陈孝道也。夫孝，天之经，地之义，民之行也，举大者言，故曰《孝经》。"可见，曾子系孔子晚年弟子，孔子教授曾子以孝道，曾子记录而为《孝经》。故完全可以说是孔子作《孝经》，盖孔子作其大义也；也可以说是曾子作《孝经》，盖曾子或其弟子作其文本也。《孝经》乃孔门圣经，无疑义也。

曾子得孔子孝道之大义，而多有阐发，可见于大、小戴《礼记》，尤其是《大戴礼记》有《曾子本孝》《曾子立孝》《曾子大孝》《曾子事父母》诸篇，孝之大义经曾子阐述，更为完备。

曾子后学传承此学。子思师从曾子，作《中庸》，其中长篇论孝，与《孝经》颇多相通之处。孟子为子思再传弟子，《孟子》也多论孝。可见重孝是思孟学派所传之要义。

人人当学《孝经》

《孝经》问世之后，传播日广。

汉人十分重视《孝经》，五经设博士，五经博士不论专治何经，均通《论语》《孝经》，匡衡给出过解释："臣闻六经者，圣人所以统天地之心，著善恶之归，明吉凶之分，通人道之正，使不悖于其本性者也。故审六艺之指，则人天之理可得而和，草木昆虫可得而育，此永永不易之道也。及《论语》《孝经》，圣人言行之要，宜究其意。”（《汉书·匡张孔马传》）故史籍记汉人之学，常在其所专治之经外提及《论语》《孝经》，如汉宣帝继位之前，“至今年十八，师受诗、《论语》《孝经》”（《汉书·宣帝纪》）。

由于《孝经》篇幅短小，《孝经》教育很可能比《论语》教育更为普及。汉平帝三年夏，诏令地方广设学校，“乡曰庠，聚曰序，序、庠置《孝经》师一人”（《汉书·平帝纪》）。汉明帝立制，“自期门羽林之士，悉令通《孝经》章句”（《汉书·儒林列传上》）。故汉人谓：“汉制使天下诵《孝经》，选吏举孝廉。”（《后汉书·荀韩锺陈列传》）

故汉代确定《孝经》为教育之基本内容，此后历代朝野无不重视《孝经》，其遭冷遇仅在二十世纪。但其大义塑造了两千多年来中国人的基本观念，以至今日也可清晰看到。中国人欲自知，不能不学《孝经》体会《孝经》大义。个体生命成长与良好秩序维护，关键也在弘大孝道。而基于《孝经》，亦可发展出人类更好地自我理解之义理体系。

关于《孝经》文本的流传，《隋书经·籍志一》有清晰记述：

> 夫孝者，天之经，地之义，人之行。自天子达于庶人，虽尊卑有差，及乎行孝，其义一也。先王因之以治国家，化天下，故能不严而顺，不肃而成。斯实生灵之至德，王者之要道。
>
> 孔子既叙六经，题目不同，指意差别，恐斯道离散，故作《孝经》，以总会之，明其枝流虽分，本萌于孝者也。
>
> 遭秦焚书，为河间人颜芝所藏。汉初，芝子贞出之，凡十八章，而长孙氏、博士江翁、少府后苍、谏议大夫翼奉、安昌侯张禹，皆名其学。又有《古文孝经》，与《古文尚书》同出，而长孙有《闺门》一章，其余经文，大较相似，篇简缺解，又有衍出三章，并前合为二十二章，孔安国为之传。
>
> 至刘向典校经籍，以颜本比古文，除其繁惑，以十八章为定。

故今日所传《孝经》，系西汉末年刘向所校定。此前不分章，刘向分之为十八章。不少大儒为之作注，郑玄之注曾长期流行，但唐以后散佚。通行唐玄宗御注本，宋人邢昺为之作疏，即今日十三经注疏本《孝经注疏》。清人辑郑注，皮锡瑞作《孝经郑注疏》，较为可取。这是分别影响两个时代、可为典范之注疏。宋以来各家注疏甚多，颇可参阅。

［经文］子曰："先王有至德、要道，以顺天下，民用和睦，上下无怨，女知之乎？"

郑玄以"先王"为禹，恐不确。唐玄宗注本统谓之"先代圣德之主"，泛泛而论，大体可以成立。若从发生学意义上论，此处"先王"应当指舜。

舜首创孝之教

孔子删定《尚书》，断自尧舜，盖孔子以为，自觉的中国文明成型于尧舜。《尧典》记载，帝尧"克明俊德，以亲九族；九族既睦，平章百姓；百姓昭明，协和万邦"，帝尧依凭其大德，聚合众多族、邦为单一的华夏共同体。帝尧又"命羲和，钦若昊天"，确立敬天，成为此共同体之共同终极信念。由此两项工作，帝尧初步缔造华夏天下。

当帝尧年老体衰，开始寻找王位继承人，首先拒绝"启明"之胤子朱，与"方鸠僝功"之共工，最终大家推举舜：

帝曰："咨，四岳，朕在位七十载，汝能庸命，巽朕位。"

岳曰："否德忝帝位。"

曰："明明、扬侧陋。"

师锡帝曰："有鳏在下，曰虞舜。"

帝曰："俞，予闻，如何？"

岳曰："瞽子。父顽，母嚚，象傲，克谐。以孝烝烝，乂不格奸。"

帝曰："我其试哉！"

可见，地位低下的舜，完全是凭借其大孝之德，获得继嗣王位的机会的。其原因大略有二：

第一，帝尧已初步建立华夏共同体，确立敬天，从而“黎民于变时雍”，天下已从帝尧之制中得到好处。帝尧与天下人都希望帝尧之制延续下去，而《中庸》指出孝者之大德就在于，“善继人之志，善述人之事”。据此，帝尧与天下人相信，舜能继承帝尧之事业和法度，从而巩固新生的华夏天下。

第二，帝尧已从政治上构造华夏共同体，并确立敬天，然而新制初立，人心不安，具体表现为“百姓不亲，五品不逊”（《尚书·舜典》）。此时华夏共同体最紧迫的事务是建立普遍而有效的教化机制，教人以亲、顺之德。而舜在家中恰好施行了这样的教化，以其大孝让不亲不顺之家人“克谐”，能够和睦相处；“乂不格奸”，各尽其分，不至于奸恶。有见于此，帝尧和天下人相信，舜若为王，则可立孝为教，广教天下人，华夏天下得有普遍的教化之道，新生的华夏共同体可得以维系和进入善治良序。

可见，舜承尧之位实乃运会所际，有不得不然者，而舜也确乎以其大孝之德，继承而又弘大帝尧之事业，立万世不易之孝教，终于巩固华夏。故经文所说“先王”，若就源头而言当为舜，在中国文明史上，舜第一个以孝为德，立孝为教，故孟子对舜之大孝多有讨论，《中庸》赞曰：

> 子曰：“舜其大孝也与！德为圣人，尊为天子，富有四海之内。宗庙飨之，子孙保之。故大德必得其位，必得其禄，必得其名，必得其寿。故天之生物，必因其材而笃焉。故栽者培之，倾者覆之。《诗》曰：‘嘉乐君子，宪宪令德！宜民宜人，受禄于天。保佑命之，自天申之！’故大德者必受命。”

《中庸》中赞美舜，以其大孝为主，并指出舜正是以孝而有大德，因大德而受天命为王。其中说及“天之生物，必因其材而笃焉”，与《圣治章》有暗合之处：天生人，必有爱亲、敬亲之情，此即是人之“材”。培植而使其生长，则可以有笃厚之至德。

敬天故法祖

以孝为至德、要道，孔子归之于先王，此正源于敬天之心。

《国语·楚语下》记载，“古者，民神不杂，民之精爽不携贰者，而又能齐肃衷正，其智能上下比义，其圣能光远宣朗，其明能光照之，其聪能听彻之，如是则明神降之，在男曰觋，在女曰巫。”显然，古时之神有人格，可对人事发布指令；沟通人神者乃巫师，可以法术降神，听神之言，转达于人。

中国以西各文明，要么仍停留在这种状态，可置之不论；要么由此发展至于闪族的唯一真神教，而其基本结构不变：神有其体，能言。《创世记》：神说“要有光”，就有了光。《约翰福音》说：“太初有言（word），言与神同在，言就是神。”中文版本翻译此处的言为道，不准确。神既然言，人靠神的言得救，则不能不有先知（prophet），即传达神言之人。正是通过先知，神命令人，对人颁布律法，全面规范人的一切行为，对人进行全面统治。

哲学家们经常也扮演先知的角色，最为典型者是苏格拉底。尤其是临死之前的苏格拉底，反复对人提及，他听见有个声音对他说话。而他本人，则转身对人说话，喋喋不休，甚至经常强拉着人与他说话。通过言辞，他说服别人，引领别人接受自己的真理。《理想国》中，他将从事城邦制度设计时说：“让我们以言辞从头开始创造一个城邦。”可以说，两千多年来的西方哲学就是以言辞构造人、构造城邦或构造神的国。哲学家是先知，其利器就是言说，其言说则有可能成为法律。

但中国文明的演进路径与此不同。

《国语·楚语下》继续记载：巫师时代之后，“及少昊之衰也，九黎乱德，民神杂糅，不可方物”。以至于秩序大乱，“颛顼受之，乃命南正重司天以属神，命火正黎司地以属民，使复旧常，无相侵渎，是谓绝地天通。”绝地天通的基本内涵是神不再降临人间，对人间之事发布命令。这是文明演进的巨大转折，不可能一蹴而就：“其后，三苗复九黎之德。”不过，“尧复育重黎之后，不忘旧者，使复典之”。此即《尧典》所记，“乃命羲和，钦若昊天”，帝尧再度确立敬天。此为帝尧对中国文明作出的一大贡献，孔子叹美曰：“魏巍乎，唯天为大，唯尧

则之。”（《论语·泰伯》）

而与巫师所求、与神教所崇拜之神相比，天的最大特点是不言：

子曰：“予欲无言。”子贡曰：“子如不言，则小子何述焉？”子曰：“天何言哉？四时行焉，百物生焉，天何言哉？”（《论语·阳货》）

天最大，天生万物，人不能不法天而生、法天而知。而天不言，则人何以法天？《诗经·大雅·文王》说：

上天之载，无声无臭。仪刑文王，万邦作孚。

上天的运转是无声的，天不颁布律法给人。那么，律法从何而来？周人相信，可取法已没之文王，以文王之法度治天下，自可得到万邦之信服。《中庸》说：“君子之道本诸身，徵诸庶民，考诸三王而不缪，建诸天地而不悖，质诸鬼神而无疑，百世以俟圣人而不惑。质诸鬼神而无疑，知天也；百世以俟圣人而不惑，知人也。是故君子动而世为天下道，行而世为天下法，言而世为天下则。远之则有望，近之则不厌。”君子以身作则，可为人所取法。

最为重要的是，当周人取法文王，文王已故而为先王。文王以其德赞天地之化育，以其行创制立法，至其已故，这些法度行之已久，在其故去之后，仍为人所循，可见其顺乎天理人情事实，则可以成为稳定的法度。故在敬天的中国，“先王”之法为良好法度之主要渊源，敬天，所以法祖。而先王之法成为恒久之法，需要后王之孝，尊重先王之法，而不以己意任意变动之。

可见，先王之法的形成过程十分复杂：先王以其德行取法于天，经共同体内所有人的共同参与，并经实践之检验，方凝定为法度，故此法实出于共同体之共同行动，法度就是生活本身。至于神教的先知之法，则完全出自神的单方面命令，或来自先知之妄言，所有其他人只能无条件服从，法在生活之上，共同体是绝对的被统治对象。

孔子生当礼崩乐坏之际，欲重建秩序，乃“述而不作，信而好古”（《论语·述而》），以求先王之法，由此而得先王之孝道、孝教。

历代圣王无不大孝

自舜以来，孔子之前的三代明王无不有大孝之德，且以孝为教，尤其是周人。故唐玄宗解“先王”为先代圣王，亦无不可，如《中庸》在上引叹美舜之大孝之后又叹美周初圣王之孝：

子曰：“无忧者其惟文王乎！以王季为父，以武王为子，父作之，子述之。武王缵大王、王季、文王之绪，壹戎衣而有天下，身不失天下之显名；尊为天子，富有四海之内。宗庙飨之，子孙保之。武王末受命，周公成文、武之德，追王大王、王季，上祀先公以天子之礼。斯礼也，达乎诸侯、大夫及士、庶人。父为大夫，子为士，葬以大夫，祭以士。父为士，子为大夫，葬以士，祭以大夫。期之丧，达乎大夫；三年之丧，达乎天子；父母之丧，无贵贱，一也。”

子曰：“武王、周公，其达孝矣乎！夫孝者，善继人之志，善述人之事者也。春、秋修其祖庙，陈其宗器，设其裳衣，荐其时食。宗庙之礼，所以序昭穆也；序爵，所以辨贵贱也；序事，所以辨贤也；旅酬下为上，所以逮贱也；燕毛，所以序齿也。践其位，行其礼，奏其乐，敬其所尊，爱其所亲，事死如事生，事亡如事存，孝之至也。郊社之礼，所以事上帝也；宗庙之礼，所以祀乎其先也。明乎郊社之礼、禘尝之义，治国其如示诸掌乎！”

文王、武王、周公正是以其大孝成就至德，且善继先人之志，善述先人之事，前赴后继，最终膺承天命，救民于水火。故周人立国，十分重视孝道。《尚书·康诰》：

王曰：“封，元恶大憝，矧惟不孝不友。”

《诗经》多记周王、君子之孝：

吉甫燕喜，既多受祉。来归自镐，我行永久。饮御诸友，炰鳖脍鲤。侯谁

在矣，张仲孝友。(《小雅·六月》)

成王之孚，下土之式。永言孝思，孝思维则。(《大雅·下武》)

威仪孔时，君子有孝子。孝子不匮，永锡尔类。(《大雅·既醉》)

闵予小子，遭家不造，嬛嬛在疚。于乎皇考，永世克孝。念兹皇祖，陟降庭止。维予小子，夙夜敬止。于乎皇王，继序思不忘。(《周颂·闵予小子》)

穆穆鲁侯，敬明其德。敬慎威仪，维民之则。允文允武，昭假烈祖。靡有不孝，自求伊祜。(《鲁颂·泮水》)

总之，中国文明自诞生起，就以孝为大德，并立孝为教。此为尧、舜、禹、汤、文、武、周公圣圣相传之大道，中国文明的根本所在。孔子之作《孝经》，同样是“述而不作，信而好古”(《论语·述而》)，本乎三代圣王以孝成就至德要道之行事，而阐明其义理。

有，谓有诸己。《说文解字》：“至，飞鸟从高下至地也。”故同时有极高、极广之意，概言之曰，至大。《三才章》曾子叹美曰：“甚哉，孝之大也！”

德者，得也。《中庸》曰“天命之谓性，率性之谓道”，孔子说“志于道、据于德”，循道而行，有所得于己身，就是德。《尚书·皋陶谟》曰“亦行有九德”，德是行之正确方式。经文后面提及“德行”，德必见之于行事，不行则无所谓德。

此处“至德”，兼指大孝之德与由此成就之一切德行。德的条目甚多，如《尚书·皋陶谟》列举九德，“宽而栗，柔而立，愿而恭，乱而敬，扰而毅，直而温，简而廉，刚而塞，强而义”；《中庸》说：“知、仁、勇三者，天下之达德也。”然而，孔子下面将指出，孝为凡此诸德之本，这些德行都是从孝生发出来的，故孝之为德是至。更进一步，孝加上以其为本而生发出来的诸德则为德之大全，亦可谓之至。

董仲舒谓：“道者，所由以适于治之路也。”(《汉书·董仲舒传》)先王无不求治，治的状态可概括为《周易·乾卦·彖辞》所说的“各正性命，保合太和”。

如何从不治通往治？需要路、道，道的本义就是路。先王走出了达到大治之道，具体而言，就是以孝为教，教化民众以孝。孔子谓此道为“要道”，要，要约，简要而重要。后人常在军事上谈论“要道”，约有两个意思：险难之中的唯一通道，舍此别无他路；其本身却平坦易行，由此达到目标最为简捷。圣贤立孝为教，就是天下至于大治、大顺的要道：最为简捷，最为平坦，且舍此别无他路可走，故为要道。中国以西诸文明在此之外另立教化之道，要么难行，要么绕路，终究不可久、不可大。

如舜所示，先王有至德，然后才有要道。王者、君子有大孝之至德在己之身，以己身示范天下，天下人见而效法，此即为教，此为孝之为教的教化机制，即天下至于大治之要道。中国教化之大义，不外乎是，以下各章经文将反复强调这一点。

圣人之教可贵在“顺”

先王以至德、要道“顺”天下。圣人之教，其最可贵者就是“顺”。约略言之，顺有三层含义。

第一层，所教之顺。有子曰：“君子务本，本立而道生。孝悌也者，其为仁之本与！”（《论语·学而》）“本”是草木之根，根栽入地中，只要加以守护，即顺势向上生长，而有干、有枝、有叶、有花、有果实，此即是顺。

人人都有爱、敬父母之情，如孟子曰：“人之所不学而能者，其良能也；所不虑而知者，其良知也。孩提之童，无不知爱其亲者；及其长也，无不知敬其兄也。亲亲，仁也；敬长，义也。无他，达之天下也。”（《孟子·尽心上》）。圣人立孝为教，无非是教人自觉对其所固有的爱、敬父母之情，顺其内在固有之势予以扩充，由亲及疏、由近及远，推而及于所接触之天下所有人，从而有仁之全德，与他人共同形成良好秩序。

故圣人之教是顺乎人心固有之情而觉之、导之，人所固有之情顺势成长发育，而成己成人，此即为顺。黄道周《孝经集传》曰：“顺天下者，顺其心而已。

天下之心顺，则天下顺矣。”

第二层，施教之顺。施教者是治世之君子，而没有专职教化人员。而君子之教人，不是以言辞命令、要求，而是以己身之为民作则：自身爱、敬尽于事亲，而为天下所观，启发天下人，天下人效仿，以此化成天下。对此，经后文将反复论述，如《三才章》：“先王见教之可以化民也，是故先之以博爱，而民莫遗其亲，陈之德义，而民兴行。先之以敬让，而民不争；导之以礼乐，而民和睦；示之以好恶，而民知禁。”

故君子施教，实为顺势而为，顺手而为：君子是社会治理者，为政者，以其至德行其所行，就有教化之效果，而非以教化为职业。君子之至德，也非某个外部力量教给，而是自发成长出来的：爱敬尽于事亲，则可以成就至德。也因此，任何人，只要自觉于爱敬之情并发育之而有德，都可以成为教化者。所以，孝之为教，人人同时都是施教者、受教者，圣人所立之教化，实乃人的自我成长、共同成长。

第三层，教成之顺。经由孝之为教，化成天下，可至于天下人互顺，《礼记·礼运》描述这种状态如下：

> 四体既正，肤革充盈，人之肥也。父子笃，兄弟睦，夫妇和，家之肥也。大臣法，小臣廉，官职相序，君臣相正，国之肥也。天子以德为车、以乐为御，诸侯以礼相与，大夫以法相序，士以信相考，百姓以睦相守，天下之肥也。是谓大顺。大顺者，所以养生送死、事鬼神之常也。故事大积焉而不苑，并行而不缪，细行而不失。深而通，茂而有间。连而不相及也，动而不相害也，此顺之至也。

概括言之，王者治，天下顺，“各正性命，保合太和”。每个人都自我成长，并相互协调，共同成长，各尽其分，各得其所。所谓好社会，无非如此而已。

因为顺，圣人所立之教是易而简的：“易则易知，简则易从。易知则有亲，易从则有功。有亲则可久，有功则可大。”（《周易·系辞上》）所谓易者，教义至为平易。人人都有爱敬父母之情，人人都可以有孝之德，进而由孝生长出仁。所谓简者，施教至为简单。爱、敬父母之情是人所固有的，故教化机制极为简便。

因为孝之为教至为易简，故为人亲近，而收效至大。几千年来，中国维系了基本良好的社会政治秩序，规模不断扩展，生命力无限强健，正有赖于孝之为教。

顺之义大矣哉！《孝经》两千余字，一言以蔽之，曰顺。圣贤立孝为教，其根本特征就是顺。中国之教以此教为本，故而中国文明之根本特征就是顺。由此，中国人的生命得以畅发，活泼泼、有生机；中国文明则如水之东流，不舍昼夜，浩浩荡荡。

与此相对者，中国以西，广义的西方之各种教，一言以蔽之，曰逆。

西方教化之大端在一神教，其根本教义是，在人之外有人格神，全知全能全善。由此不能不断定人有罪，人唯有绝对地信神、服从神之律法和命令，才可得救。人之不作恶，固然由于恐惧神的惩罚；人的行善如爱邻如己之博爱，也只是出于遵守神命。而即便行善，人依然不能自救，须待神之拯救。此即“逆”，逆出人之外，设定绝对主体再由这个外在于人的绝对力量约束人、强制人、命令人。为此，不得不设立专业神职人员，建立建制化教会，以监督信众，约束信众。因为此教逆乎人情，传播真理的耶稣被杀死。

西方主流哲学的基本结构同样是逆。《理想国》卷七开头，苏格拉底讲述洞穴隐喻，其场景设想是，人在洞穴中，被锁链捆绑，只能看到投射在洞壁上的影子。其中一人“被松了绑”，“被逼迫站起来”，被“拖出”洞穴，看到太阳，因为刺眼而痛苦。他最终通过光得到真理，又“被强迫”下降到洞穴，教化那些被捆绑者。但洞穴中人并不乐意接受，甚至杀死那个得到真理者——苏格拉底就被他所要教化的雅典民众集体杀死。全然的逆，互逆，结果是强迫和死亡。

近世思想则普遍假定人之自利，典型者如霍布斯，断言自然状态就是丛林状态。为免于暴死的恐惧，人们通过共同订立契约，设立主权者，至关重要的是，主权者并不出自订立契约的人之中，而从人群之外降临。这也是“逆”，逆出人群，寻找至高无上的统治者，再下降统治人群，而这个主权者的第一权力是立法权，以强制性规则约束人。

可见，不论神教、古典哲学、近世政治思想，都逆出去构造绝对的外在力量，而以约束、强制为形成秩序之基本机制。可见其不信任人，更愿意相信人之外的绝对力量，也即更相信物：太阳是物，法律是物，人格神也是物，其教为拜物教，其政为物之统治。由此塑造民众之基本精神倾向是信仰和服从，沉溺于物，阴郁而缺乏生机。

乃成就普遍秩序之大道

圣人以孝道顺天下，效果有二：

第一，民用和睦。民者，万民也，不论尊卑贵贱，不分男女老幼。《说文解字》："和，相应也。"在和的状态下，人对他人行为可有稳定预期，顺畅地相互协调、配合。社会角色不同、地位不同的人们，各安其分，各得其宜，此即和，也即和而不同。睦，亲也。以孝为教，人各有德，民众之间不仅低成本合作，创造利益，共享利益，而且彼此间有深厚情谊，相亲相爱，此即睦。

圣人立孝为教，教人以爱，首先可以实现家内和睦，"父父，子子，兄兄，弟弟，夫夫，妇妇，而家道正"（《周易·家人卦·彖辞》），且相亲相爱；其次，教人以孝，则人立其成德之本，此本发育成长，可以博爱所遭遇之亲戚、乡人、国人乃至于天下人，从而可以相互亲睦。

第二，上下无怨。上、下意味着尊卑之别，这存在于各种稳定的组织中，如家中有父子、长幼的上下之别，政治维度上有君臣、君民、臣民之间的尊卑之别。简言之，只要有组织，就有领导者与被领导者、命令者与服从者之别，此即上下之别。这一点通行于古今中外，今日大量存在的企业内部同样有尊卑之别，企业主是君，管理者是臣，普通员工是民。无此上下之别，组织将无以维持其内部基本秩序而解体，无从造福于其成员。

上下之别，容易生怨。按照组织运作之机理，在上者必对在下者发号施令，若其无德，则可能放纵意志，骄横肆虐，在下者必有怨；在下者受人爵禄，若其无德，则可能怠于职责，在上者必有怨。圣人立孝为教，教人以敬，在上者敬于在下者，夫子所谓"君使臣以礼"；在下者敬于自己的职事，夫子所谓"臣事君以忠"（《论语·为政》），则可以上下无怨，以尊卑之别，各司其职，各得其所。

以上两句触及最基本的两类人际关系："民用和睦"涉及横向的伦理、社会关系，“上下无怨”涉及纵向的、公共的、包括政治的关系。这两类关系纵横交错，即构成了完整的人际网络。和睦，即相亲、相爱；上下无怨，即互敬。圣人立孝为教，以顺天下，人人博爱而互敬，良好的普遍社会政治秩序由此得以成立和维系。

圣人论孝首发之大义，是民用和睦、上下无怨，可见，圣人立孝为教，绝不只是让人爱、敬父母；这是本，而本是要向上发育成长的。教人孝双亲，只是《孝经》的第一步，《孝经》更进一步，教人由孝生发出面向所有人的至德、要道，以使天下至于大顺状态。故《孝经》所论者，乃人类走向和而不同、富有情谊的普遍秩序之大道。正因为此，或许可以说，诸经之中，《孝经》虽篇幅最为短小，大义却最为完备，有本有末，有始有终，人生、教化、政治贯通，天、人、鬼合一，于圣人之学，诚为登堂入室之要道也。

［经文］曾子辟席曰：“参不敏，何足以知之。”子曰：“夫孝，德之本也，教之所由生也。复坐，吾语女。”

孔子、曾子席地而坐，坐而论道。孔子询问曾子，曾子辟席，即从所坐之席上立起来、避开，求教于孔子而表达敬师之意也。曾子名参，据礼制，臣在君前自称其名，子在父前自称其名，弟子在师前自称其名，故曾子自称其名。凡长者问，皆当辞让而对，而况孔子将告以至德要道，故曾子谦言“不敏”，不够敏达，故不知先王顺天下之至德要道，而等待夫子之示教。孔子乃为曾子论孝与德、教之关系。

孝为唯一可以普遍之教

首先，孝为德之本。郑玄注：“人之行莫大于孝，故为德本。”上文所说民用和睦、上下无怨的大顺状态，有赖于人之有德。什么样的德？分言之曰，爱人，敬人；统言之曰，仁。其他德行均可涵摄于其中。爱人，则民用和睦；敬人，则上下无怨。经后文将反复论说：此德由爱亲、敬亲而生发，故孝为德之本。

《说文解字》："木下曰本。从木，一在其下，草木之根柢也。"本者，草木之根也。根深植于土中，一旦栽下，风调雨顺，则必定向上生长，而有树干、枝条、树叶，并且，开花结果。本字至关重要，《圣治章》说，圣人之德、教、政，"其所因者，本也"。

孔子立孝为德之本，其意谓，诸德皆可由孝生长、扩充、推广而成。有子曰："君子务本，本立而道生，孝悌也者，其为人之本欤？"（《论语·学而》）。孝悌是仁之本由孝悌可生成仁，当然孝悌本身就是仁，而可以扩充。至关重要的，孝悌之情是人人天生而有的，不待外求；自觉之，守护之，扩充之，推广之，则可以至于仁的境界，普遍地爱一切人、敬一切人。这样的成德过程，就是上句所说的"顺"，人人内在固有之情顺势成长为德，乃至于至德，如孟子所说，"亲亲而仁民，仁民而爱物"（《孟子·尽心上》），不仅爱人，进而爱万物；《圣治章》《感应章》还将指出，人可以由孝而爱、敬天地、鬼神；如此博爱、广敬，当然是无上之德，而其本则在最自然直孝。

其次，教由孝生发，圣人以孝立教。

前面孔子指出，任何人，只要自觉爱亲、敬亲之情，即可有孝之德，由此可有普遍的爱人、敬人之诸德。不过，天生人，人各不同，不是所有人都有此自觉，即便有自觉，程度也不等。而唯有当人们普遍地具有程度不等的爱人、敬人之心，人际的合作秩序才能得以维系。故教化是必要的，任何文明，欲维持其基本秩序，不能不兴起教化。

如何教化？任何人只要反身以求即可发现，孝是可教的，教人以孝是最有效率的。首先，人人皆有爱亲、敬亲之情，此为本；其次，顺此情，可有孝之德，自觉地爱、敬其双亲；再次，顺孝之德，可生发普遍的爱人、敬人之德。

圣人有见于此，乃立孝为教，其根本在教人孝。《说文解字》："教，上所施、下所效也。从攴，从孝。""教"字内含孝字，就是教人以孝。此教本乎人人自然具有之情，顺势化导，因而切实可行，并可遍教所有人。《中庸》说"率性之谓道，修道之谓教"，循人固有之性成长，即是人道，所谓教化就是修饬自己始终循此人道而行，也即自我成长，则可至于博爱、广敬。

就此而言，唯一可行而效果最佳的教，是孝之教。孝之教成本最低，因为它顺乎人心，故虽谓之教，归根到底是人之自我成长，效仿而自行；只有孝之教可遍及于所有人，因为其基于每人获得生命之最基本事实。不可能有比孝教更顺人心、更普遍之教了，故曾子曰："众之本教曰孝。"（《礼记·祭义》）

由于未见及孝，苏格拉底始终受困于关乎伦理学是否存在的根本问题：美德可教否？苏格拉底提出这个问题，针对当时的智者、类似于现代自由主义所持之享乐主义、相对主义道德观，这种道德观固然导向放纵和无耻，苏氏之救治方案则偏向另一端，为求绝对道德标准，寻求美德背后的美德之相或曰理念，乃逆出人的生命，虚构此世之外的理念世界，并以认识为德行之根本，得出"美德就是知识"的谬见，同样不能确立有效的教化之道，伦理学反而成为哲学家的智力游戏。

这成为此后西方一切哲学之大弊，其所谓伦理学、道德哲学纯粹是思辨之学，论说者本身即无践行之意，因此经常无从践行，说得越多，人越无德。

神教的确在行教化，然而很难说是教，因为它主要诉诸律法，诉诸戒律，诉诸神的命令，而做不到仿效而自行，自我成长。神教之教是逆的，虚构超出人的人格神，再降临于人，从人之外教化人。此教逆，所以其不可久，因为人们可能不再信神，则教化解体，德之本崩塌，而陷入普遍的无德状态；其示不可大，永远不能覆盖所有人，必然是局部的，因而相互之间必然冲突，而无法成为普遍的教化之道。

信夫，孝之教确为经前文所说之"要道"，舍此别无他教。普遍的人类文明，必以孝之教为教化之道。

孝道深广，不是一时半会儿可以说清的，故孔子令曾子再坐下来。语，告也，主动言说，孔子将向曾子纵论孝之为至德、要道。

孔子以前，尧舜禹汤文武周公等圣人无不有大孝之至德，并以孝为教，以顺天下。然而，凡此圣人皆为王者，力行不已。孔子非王者而有志于重建秩序，乃删述先王之政典，有见于先代圣王所行大道，欲为万世立法，乃起而阐明孝道义理体系，故本篇经文始于孔子的主动发问，其下基本是孔子论说，阐明孝道大义，原原本本，孝道至此而凝定。

朱子作《中庸章句序》谓，“夫尧、舜、禹，天下之大圣也。以天下相传，天下之大事也。以天下之大圣，行天下之大事，而其授受之际，丁宁告戒，不过如此（指中庸）。则天下之理岂有以加于此哉？自是以来，圣圣相承：若成汤、文、武之为君，皋陶、伊、傅、周、召之为臣，既皆以此而接夫道统之传。若吾夫子，则虽不得其位，而所以继往圣、开来学，其功反有贤于尧舜者。”圣王行其道，孔子明其理，而后圣人之道可道、可传、可学。孝道同样如此。

［经文］身体发肤，受之父母，不敢毁伤，孝之始也。立身行道，扬名于后世，以显父母，孝之终也。

上一节孔子指出，孝为诸德之本。那么，作为一种德的孝，本身又是如何生发的？何以谓之至德？本节对此予以论述。

人的生命得自父母

身，一身也。体，四肢也。发，毛发也。肤，皮肤也。举大小而备言之，意谓人的全幅生命都受之于父母。我身上的一切，从外到内，从粗到精，从明到幽，无一不是受之父母，包括我的肉体、我的心。

经文的表述十分精微：身体发肤是我的，此为下面将予以论说的道德自觉之主体，经文首先确定具体的我是道德自觉之主体。尽管如此，我的全部生命却是完全被动地从父母那里接受到的，这句话隐含了以下命题：

第一，生命来自父母之生育，而非父母之外任何其他力量所造。人的生命的唯一本源就是父母。任何人，若无父母之生育，就无其生命，生命所可畅发之一切，德行、荣誉、功业、利益等也全都无从谈起。

第二，我有此生命，不是我自己作为主体选择而有的，而是承受自父母。我的生命开始于尚没有我的时刻。由于父母的相遇、相爱、交合，我才得以孕育。

而这一对我生命具有决定意义的事件，非出于我的抉择，父母的存在和情意对我的存在是绝对的，父母构成我生命之绝对的，唯一的、排他的本源，其地位与任何其他人、其他力量都绝对不同。

第三，尽管如此，依此句式，毕竟，我是主体，我切实而可以把握我的身体发肤。孝之为德出自我的道德自觉，而绝非父母一方之强制。我自觉到父母是自己生命之唯一本源，而有报本返始的道德自觉。

总之，身体发肤受之父母是关于人的最基本事实，甚至完全是一个生物学事实，又具有绝对的道德意义。因为这一事实，每个人与其且仅仅与其父母处在绝对关系中，是所谓天伦。相形之下，人与任何人、任何物的关系都不可能超过此，因为，这一关系带来人之存有，也就决定了人之本性。

并且，此事实是任何人都可知的。人当然无法亲见父母生己之事，但人人在懂事之后都可见他人生其子女之事，并在成年之后亲历生养自己子女之事；据此反身而求，则可以轻易地推知、确认父母生己之事。

圣人立孝为教，首先肯定这一最基本、最显著的生物学事实，教人自觉之，由此而有道德意识之觉醒，此觉醒是“顺”乎人情而发生的。

令人惊异的是，生命得自父母这一显而易见的生物学事实，似乎只有中国圣人之教予以肯定，以为道德意识之起点。在中国以外，大多数教化机制、道德理论无视甚至否定这一点，从而误入歧途。

几乎所有神教都妄言，人为神所造。这构成神教之“始”，神教的全部教义由此推出。这个说法可信么？可证实么？可为人所见么？最重要的是，人格神是否存在本身就是个问题，故神教之教化必定是逆的。

至于西方哲学，同样刻意否认生命得自父母的事实。《理想国》卷三最后，为教化城邦的守卫者，苏格拉底决定教之以“高贵的谎言”：城邦守卫者不是其父母所生，而是“从土里长出来的”，且长出来时已是成年人，带着其武器。

这确实是个地地道道的谎言，尽管是为了高贵的目的而编造的，但以谎言行教化，倒确实是西方文明之真实写照。

霍布斯沿用这一谎言，在《论公民》中他说，为了理解人性，必须回到自然状态，在这里，“人像蘑菇一样从土里冒出来”。这个低劣的谎言构成西方现代思想之基本预设。

至于遍及中国以西各文明、形态各异的“灵魂”之说，同样旨在否定父母与其子女之间的绝对关系。灵魂决定生命，而灵魂不灭，自行寻找投胎、转生的对象，故人的生命是自己选择的，甚至可以说，父母也是人自行选定的。人的生命最多只是部分地得自父母：父母给不朽的灵魂以暂存的肉体躯壳，然而肉体常被视为无可避免之恶，是生命趋向于至善的障碍，摆脱它才能获真理。也即相信灵魂说的人普遍相信，父母所给予自己者反而是生命的羁绊，父母对我而言是一种无法避免的恶。

可以说，肯定还是否定人为父母所生，构成了中西文明分叉之始。

人是家的存在

神教幻想的神造人过程必定是笼统的：神造人，被造者没有清晰的个别面目；人被造出后，即被抛入大地，而不可能与神亲密相处。故人是无情的。人当然有爱：神要人爱神。然而，这个爱是神所命令于人的，而非人之自发。

但所有人都知道一个最基本的事实：孩子对父母的爱，从来不是出自父母的命令，而是小孩内生的，生成于孩子与父母个别的、亲密的生命互动中。可见，孝爱与神教所倡导的博爱，其动力完全根本不同：孝爱是主动生发的，博爱是被外力强制的。

在苏格拉底、霍布斯编造的“高贵的谎言”中，必定是所有人同时从土里冒出来的，同样没有清晰的个别面目，难以有任何情感。

在这两套观念中，被造者都是相同的，至少没有可辨认的“发肤”，也不可能与其造物主之间产生相亲相爱之情，故只能“逆”出去，以普遍的律法约束这成群的、无清晰面目之人。法律之治所对应的正是没有个别面目之黑压压的人群，此为西方人根深蒂固的集体主义观念之源头。

相反，中国人则知道，每个人都是个别的，互不相同的，因为，每个人都是他/她的父母个别地孕生的。因为把生命之源归于父母，故中国人肯定了人的异质，社会的多样。所以，中国人不可能是集体主义者，但中国人同样不是个人主义，因为，人与其父母间有绝对关系，人生而在天伦中。由此，则有道德意识之自然发动。这正是经文后面一句的大义所在。

身体发肤受之父母，确认了人的存在之基本事实：他者是先在的，他者是人有其生命之绝对前提。

他者是每个人生命之本源。无他者，即无我。这句话成立的基本依据是：没有父母，即没有我的生命。由此上推，没有祖父母、外祖父母，就没有我的父母；如此不断上推，则可得到一个普遍命题：没有他者，即没有我的生命，同时代的、历史上所有他者共同构成我的生命本源，还有与人同在的所有物。统言之曰天。天生我，我的生命与所有人、所有物自然地相连而相亲。

张横渠由此断言："民，吾同胞也，物，吾与也"。(《正蒙·乾称》) 对于他者，人自然地怀有亲爱之情，其大本就在自己生命得自父母之基本事实。父母构成他者之原型。人在与父母的天伦中成长，则必定基于父母待己之心，想象他者待己之心，而以爱、敬为其待人之原型。

对人而言，根本不可能存在无他者也即无人伦的"自然状态"，在此状态中不可能有人。故"自然状态"也是个"高贵的谎言"，为让此谎言成立，霍布斯不能不编造一个低劣的谎言：人是从土里冒出来的。只要否定了身体发肤受之父母，就只能背离最基本的生物学事实，把理论、教义建立在最荒诞的谎言之上：人得其生命于非人。当然，一旦走上这条路，理论家就不得不说，他者即敌人，他人即地狱，从而完全堵塞了道德内生之可能。

而肯定他者之先在及与自己的亲爱关系，道德也就油然内生。

人的"身体"得自父母的论断容易理解，经文又言及"发肤"，或有二义：

其一，即上面所说，强调生命全幅来自父母，哪怕是微小如发肤，以此突出父母与子女的关系是绝对的。

其二，强调父母生人是个别而生的。人与人的身体或无太大区别，发肤则更容易辨认。"身体发肤受之父母"旨在强调，生是个别事件，每人的生命是个别的，得自于自己的父母，而非根本不存在的普遍的、共同的父母。每一次，父母生育这个孩子，这是他们的孩子，且只是他们的，他们对他 / 她有全幅的爱；

孩子即便尚不能行走、言语，也知道这两个人是他 / 她的父母，而其他人不是，他 / 他依恋他的父母，爱之、敬之。自出生起，父母与自己的孩子在个别甚至经常是排他的关系中，由此自然形成深入骨髓的相亲、相爱之情。

正是在此个别的绝对关系中，子女由其自然的爱亲、敬亲之情，内生出自觉的孝，作为第一个德。孝之为德，不是来自所谓关于善的知识，而是来自个别的、亲密的生命交融、互动。正是这种个别特征决定了孝之内生的、自生的性质。于是，作为诸德之本的孝不假任何外力而有，由此圣人之教才是顺的。

对于生命受之父母这一事实，西方人总有各种奇异的理论予以解构。

比如，康德在《道德形而上学》一书中讨论亲子关系说：因为两性结合所生出的是一个人，且不可能将导致一个自由生命体的生成从概念上看作是物理过程，所以从实践上就只能、且必然这么看：一个人在自己未同意的情况下，就由于父母的任意所为而进入了世界。

后来不少人从此角度立论，如易卜生喜剧《群鬼》中一个角色对其母亲说："我不曾教你生我。并且给我的是一种什么日子？我不要他！你拿回去吧！"鲁迅等人受此影响而更进一步说，父母完全是因为其性欲冲动而生出子女，故无恩于子女，子女也不必对父母尽孝。

康德接着说，既然父母未征得子女同意就生育子女，父母就给自己套上了一种责任，当尽己所能创造一个令子女满意的状态，教养子女到其可以自立时。这是父母欠子女的账，还完这笔账，两者就没关系了：在父母一边，失去继续管教子女的权利，也放弃子女偿付养育费用的权利。在子女一边，对父母的养育不欠什么账，也不应再要求父母对自己承担责任。这样，双方就赢得了或再次赢得了他们的"天然自由"，于是这个家庭的社团就解体了。如果还要维持，就要靠父母与子女之间订立契约。

显然，自由、同意是康德以上论说隐含的前提，但他恰恰忽视了，父母生育子女绝非任意行为，而是自主选择的道德行为。自古以来，夫妇可以生育，也可以采取避孕措施而不生育。基于这一自由选择，当其生育子女后，父母必定尽其所能养育子女，直到其自立。这不是其对对子女被迫承担的责任，而是其自主的道德行为，也即慈爱之德。此后，父母必定继续关爱子女，单向的关切，而不会要求子女偿付养育费用。在子女一方，年幼时必定依恋父母，成年自立后，继续爱敬父母，不是为了偿付父母养育之投入，而出于真情。所以，子女自立并不导致家庭的解体，事实是，即便在西方，成年子女与其父母之间也仍保持紧密联系，且这种联系从来不是契约性的。

康德上述论述的症结在于，他不理解生命之本源、生命之真义，他不理解完整的人、真正的人。他没看到人的自然之情，没看到生育带来的子女与父母间天然而深挚的情感纽带。之所以如此盲目，乃因为其自身生命是残缺而不健全的：康德本人未婚、未育，故对父母之心完全不了解，其所谓亲子理论不过是生命不健全者的呓语而已，而不能理解亲子关系的任何道德、社会、政治理论都是不靠谱的。

西方大多数所谓思想人物的生命都是不完整、不健全的，因而看不到生命的温暖和光辉，故其理论总是灰色的甚至黑色的，习惯于以自由、责任、契约等纯粹政治性话语谈论生命、谈论亲子关系、谈论家，其思考之狭隘，其将生命、生活论政治化之偏颇，令人惊讶。

道德意识之内生涌现

认识到自己的生命受之于父母，人必然而自然地有道德意识之觉醒。毁者，非毁也，即遭人非议、辱骂。伤者，身体遭到外力伤害。《礼记·哀公问》记：

孔子遂言曰："君子无不敬也，敬身为大。身也者，亲之枝也，敢不敬与？不能敬其身，是伤其亲；伤其亲，是伤其本；伤其本，枝从而亡。"

公曰："敢问何谓敬身？"

孔子对曰："君子过言，则民作辞；过动，则民作则。君子言不过辞，动不过则，百姓不命而敬恭，如是，则能敬其身；能敬其身，则能成其亲矣。"

《礼记·祭义》记曾子之论述曰：

曾子曰："身也者，父母之遗体也。行父母之遗体，敢不敬乎？居处不庄，非孝也；事君不忠，非孝也；莅官不敬，非孝也；朋友不信，非孝也；战陈无勇，非孝也；五者不遂，灾及于亲，敢不敬乎？"

孔子说，自己的身体是从父母身体生长出来的，父母为根、为本，自己是由此长出来的枝条。曾子说，父母把自己的身体遗留在我之中。

圣人据此确定，我是复合的：自身固然是我，但我之中有父母。并且，内在于我的父母是先于自身而有的，故我不能不从父母角度反观自身。唐君毅先生曾畅论孝之形上学根据：

人当孝父母之理性根据，不在父母对我之是否爱。父母爱我，我固当报之以孝；然父母不爱我，我仍当孝父母。此孟子之所以称舜之号泣于旻天。舜之号泣，非怨父母之不爱己，而是其爱父母慕父母之意，无所底止，透过父母之心不遇承受其爱者，即一直上升，而寄于悠悠苍天也。吾为此言，其意谓人之孝父母，根本上为返于我生命所自生之本之意识。人何以当返本？因人必须超越自己之生命以观自己之生命（此种超越自己以观自己，乃万善之本，吾人本书随处论之）。而人超越自己之生命以观自己之生命，即必须认识"我如是之生命之存在，自时空中观之，非自始即存在者"。"我在未生以前，我不存在。我之存在乃父母所诞育，父母之一创造。"（《文化意识与道德理性》，中国社会科学出版社，2005年，第29页）

我的生命初成于父母之身而后出生于此世，当我出生，父母之生命自然遗在我身，我以之观自身，由此，混沌之我分化，而有心之涌现。他者进入我身而转生出我的心，此心之本在父母生我之心。由心，我具有了反身而思的意愿和能力，可以超越自身而审视自身。自我审视，很大程度上就是在我的心中，仿佛父母在审视我、监督我。有了心，人才可有道德意识。

由此而有经文所说的"不敢毁伤"。父母必定要求我保管好其遗留在我身中的其身，此心即是我心，我心如此自我要求，我对内在于我的父母之遗体承担保管责任。此即初始的道德意识。为此，我不敢放纵自己的欲望和意志，此即初始的道德行为。

这里的“不敢”，不是因为外力可能管束自己而有所畏惧，而出于自我反思，对我之复合结构的自觉，因而，我内生出约束自身之心。所谓“不敢”，是我的心担当起了责任，并立刻意识到，在变动不已的人世中的自身可能给我带来非毁和身体伤害，从而对其加以约束。

同样是《礼记·祭义》记：

乐正子春下堂而伤其足，数月不出，犹有忧色。门弟子曰：“夫子之足瘳矣，数月不出，犹有忧色，何也？”乐正子春曰：“善如尔之问也！善如尔之问也！吾闻诸曾子，曾子闻诸夫子曰：‘天之所生，地之所养，无人为大。’父母全而生之，子全而归之，可谓孝矣。不亏其体，不辱其身，可谓全矣。故君子顷步而弗敢忘孝也。今予忘孝之道，予是以有忧色也。壹举足而不敢忘父母，壹出言而不敢忘父母。壹举足而不敢忘父母，是故道而不径，舟而不游，不敢以先父母之遗体行殆。壹出言而不敢忘父母，是故恶言不出于口，忿言不反于身。不辱其身，不羞其亲，可谓孝矣。”

父母把自己的身体遗留在我之中，我当完整地保管之，并在死亡之时完整地交还父母——实际上，是完整地向下传给子孙。此处出现了多个“不敢”，正是本节经文之“不敢”。“不敢”二字在以下各章经文中将反复出现。此为理解《孝经》大义的关键所在。

一旦自觉自己的身体发肤受之父母，父母之体遗存于我之内，我就会以心支配身，自我约束。《论语·泰伯》记：

曾子有疾，召门弟子曰：“启予足！启予手！《诗》云‘战战兢兢，如临深渊，如履薄冰。’而今而后，吾知免夫！小子！”

曾子要弟子们看，父母所遗留给自己的手足在死亡之时保存完整，因为，他一生都有“不敢毁伤”之道德自觉。

故圣人确定，道德意识生发于人获得生命之道：我身属于我自己，也属于我父母，且主要属于我父母，因为父母生我，并无我的意愿参与其中，我只是被动的接受者。肯定这一点，人自然生出其心，从而能够反思，自我审视，自我约束。

这样的道德意识是内生的，出于人对于自己获得生命的事实的体认。圣人据此肯定，人可以内生地自我约束、自我成长，不假任何外力。因此，道德行为完全是属人的、当然也是为人的，这才是真正的道德。圣人发现了道德涌现之唯一可能。

相比之下，中国以西文明，由于普遍地未能给出恰当的人身论，从而缺乏严格意义上的道德理论。

神教妄言神造人，并吹气而给人灵魂。然而，人无从有心，故人无法内生道德，而必须依赖神之拯救。神教唤醒的道德意识就是绝对地顺服神，这差不多是神教信众唯一的道德行为。但显然，这种道德是反道德的，此道德意识的觉醒反而驱使人放弃其作为人的自主。神教信众因此陷入严重的自相矛盾之中，在道德与自由之间挣扎，而不得出路。

西方哲学面临同样问题：人从土里冒出来，必然无心。故社会形成秩序的唯一可能是所有人服从法律，至于道德，最重要的是正义，即行为合乎法律。霍布斯断言，何为道德由主权者决定。这样的道德根本不是内生于人的道德，仍然是外在的法律。

最令人惊讶的是康德，康德把神请出去，决心建立人本的道德理论。然而，最后仍逆出去，所谓“人为自己立法”，确立“绝对道德律令”，而自愿服从。康德建立了一套绝对义务论的道德理论，仍然不过是一套法律理论，几乎没有什么道德意味——可以作为佐证的是：康德自己的日常生活就很难说是道德的，而是完全机械的，或许是合法的，却很难说是善的、好的，更谈不上美。

马一浮先生《孝经大义》最后说：“今人目道德为社会习惯上共同遵守之信条，是即石斋［即黄道周］所谓‘束民性而法之’也。是其所谓道德者，亦是法之一种，换言之，乃是有刑而无德也。其根本错误，由于不知道德是出于性而刑政亦出于道。”这种所谓现代观念，正来自西方。

西人（编者注：本书所说“西方”系广义的中国以西，故用“西人”一词，以别于常用的“西方人”。）几乎所有名义上的道德理论，最终差不多都指向法律，此即逆。之所以如此，乃因为其不明吾身何以存有。或者以为身出于物，神或者大地，其实都是物；由此摇摆到另一端，以为身只属于自己。身出于物，则物必定反制之；身只属于自己，自可随己身之欲而行。两者都归结于外在力量也即律法的管束，令人不敢为非作恶。这个“不敢”，乃出于对外在力量之惩罚的畏惧，而绝非道德自觉。

由孝而行道

“不敢毁伤”是人自觉其生命本源而内生的第一道德意识，可谓之“守身”；而由此自觉，还激发出更为积极的道德意识，即经文所说的“立身”。

身者，己身也，自己也。父母生我，始生之时，身体幼小，心智懵懂；有爱亲、敬亲之情而无自觉之德，此可谓之“小人”。此时的我是无法独立生存的，不过，父母慈爱我，我的身、心持续向上成长。既有的爱亲、敬亲之情发育成为爱人、敬人之德和能，从而可以自我生存、与人共同生存，舒展自己的生命，而趋于“成人”，也即成长为“大人”。此即“立身”之基本含义。

人注定立己之身。“民受天地之中以生”（《左传・成公十三年》），人生而落地，天在其上，天注定引领人向上成长，挺立己身。同时，父母已立其身而生我，父母之身同样引领我向上成长，挺立己身。故自出生以后，人的生命就在成长中，而其身逐渐挺立起来。这是一个持续不已的过程，而每人挺立的程度最终也是不等的。

所有人都必定经历生命成长、逐渐挺立、成为“大人”之过程，孔子曰“吾十有五志于学，三十而立”（《论语・为政》），即便圣人也是逐渐挺立己身的。现实中所见人与人之区别正在于立还是未立，或立之程度是高是低。圣人之教正是教人立起来，立己之德、立己之功、立己之言，成为大人，也即君子，且希贤希圣，挺立于天地之间，甚至“与天地参”（《中庸》）。

在西方人所编造的高贵的谎言中，人从土里冒出来，则根本不需要立，也不可能立。

我所立者，乃我之“身”。不是心，更不是什么灵魂，而是完整的身。我身是自主的，但我身受之父母，故我身自然地在天伦中，并顺此而在兄弟姐妹、亲戚族人、乡党邻里、邦国天下之中。

故立身不可能是我自孤立，而是在人伦中立我之身，立我身于人之中。我不是一张“白纸”，这是洛克编造的谎言，完全不可信。他者是先在的，我因之而有生命，故我生而是父母之子、兄长之弟、舅舅之甥等等，我有各种人伦角色。我有身之初，自然地爱敬父母，而随着生命成长，我知道恰当地爱敬父母；同时，我的人伦认识逐渐扩展、自觉，以相应的恰当方式对待越来越多的他人。

此相应的恰当方式，就是礼。孔子曰“立于礼”（《论语・泰伯》）、“不知礼，无以立”（《论语・尧曰》）。礼是与人交接之程序、仪节，我依礼与人交接，他人以我所预期者回应我，则我的身为人所知，为人所肯定。我的生命得以舒展，我越来越多地知人、知事、知物。我的身扩展开来，我的身挺立起来，此即立身。

立身的过程就是“里仁”，即逐渐进至于仁的状态。孔子曰“夫仁者，己欲立而立人，己欲达而达人”（《论语・雍也》）。他人是先在的，则我之立身必定是与人共同立的，不立人者是不能立己的：我若不爱敬我的父母，可有自己的生命乎？我若不爱自己的弟，可以为弟所爱敬乎？我若不爱敬自己的族人，可为族人所爱敬乎？若不能得到他人之肯定，我可以立身乎？我可以通达乎？我若不能爱人、敬人，他者即转化为障碍，我就无以立身。

立身必定行道，行道然后可以立身。

《中庸》曰：“天命之谓性，率性之谓道。”有子曰：“本立而道生。”本内涵草木成长之方向、路径，此即道，草木必循此道而向上生长。人也相同。身体发肤受之父母，且由于父母之慈爱而保有生命，由此自然有爱亲、敬亲之情。此即本，内涵爱人、敬人之心，循此发用其爱、敬于生命中所遭遇的每个人，则为人道，生命成长之道。至关重要的是，此道是内生的，内生于人性中；而非外烁的，不是外部力量强加的。

人循此道而行，首先，自觉而用心地爱双亲、敬双亲，其次爱兄弟、敬兄弟，其次爱乡党敬乡党，以至于所有人，则至于仁之全德矣。此过程就是“行道”，行于此道上，生命得以向上成长而立身，同时立人、达人。

行道，首先要觉道，也即对生命成长的方向、路径之自觉和肯定。略加反思即可发现，孝道实为人人皆可轻易自觉的生命成长之道，故圣人谓“道不远人”(《中庸》)。因为，人皆有孝悌之情，这就划定了人的成长之道。对人类而言，行道首先是行孝道，扩而为行仁道，如曹元弼说：

行道者，立身之实，名所由扬。人受天地之中以生，其形直立，正当天地，立德、立功、立言，则与天地参，故身曰“立”。万物皆备于我，尽性践形，目可极天下之明，耳可极天下之聪，尽其性以尽人之性，则亲亲之仁、敬长之义达之天下，忠信笃敬行乎蛮貊，故道曰“行”。

人行孝道，已不同于自然而有的爱亲、敬亲之情，而是经过反思而有之道德自觉，此即是“志于道”；然后尽心地爱、敬父母，此即孝之德，“据于德”，以至于“至德”。至德出于行，行而不已。对人来说，自觉于道不难，难的是力行不已，《中庸》曰“力行近乎仁”，唯有力行，才能扩充爱、敬父母之情为博爱、广敬之仁，方可谓之行道，也才可以立身。

“扬名于后世”阐明孝了死生之大义。

人由父母之生而有生命，有生则有死，死是一大变故，死后不同于生前，面对必然到来之死，人难免焦虑恐惧。若不能化解之，则人难以承受生之重负。

在很大程度上，神教应此需求而生。苏格拉底于临死之前，也反复谈论灵魂问题，他相信灵魂不死，以此解脱死亡之恐惧。然则，人死后，灵魂归往何处？神教正好回应这一问题：在人之外有神，神住在另一世界，所谓神的国、天堂之类。经由神的恩典，人可由此世升入彼世，彼世不仅是时间意义上的，即“来世”，也是空间意义上的，即另一国度。人在生时若绝对服从神，荣耀神，当其死后，神即可给其不死、永生之奖赏。这是神教最诱人之处，尤其是对死亡迫在眉睫的老弱病残。

此信仰确可缓解人的死亡恐惧，但终究虚妄不实。神学对灵魂、对天堂、对来世提供了很多论证，终究无法令人信服，因而需要不断提供新的论证，包括近世以科学论证之。恐怕正是因为神教逆乎常理，才需要护教之学。

中国人敬天，天至大无外，万物均在天中，人生于斯，死于斯，生死是生命在同一空间的两个不同阶段，而死后之人不复以生人所能完全理解之方式存在：

子贡问孔子："死人有知无知也？"孔子曰："吾欲言死者有知也，恐孝子顺孙妨生以送死也；欲言无知，恐不孝子孙弃不葬也。赐欲知死人有知将无知也，死，徐自知之，犹未晚也！"（《说苑·辨物》）

西人灵魂学说谓，灵魂的核心能力是知，人死后灵魂不灭，仍然有知，于是不能不有天堂、轮回之幻想以安顿之。对死后有知、无知，中国圣贤不作妄断，既然生死两隔，则生人无从以令人信服的方式知道死后之状态，此所谓"知之为知之，不知为不知，是知也"（《论语·为政》）。圣贤清楚地知道人的认知能力是有限的，故不臆测死后之事，而以更为切实平易的心态看待生死：人死，其名却可以不朽。

灵魂有其实体，虚构来世的天堂，才有可能接受灵魂入住。而天上没有"天堂"，也就没有空间意义上的另一国度。相反，此处经文说"后世"，只是时间意义上的，从空间上说仍在自己曾在过的人世间，自己的子孙、自己同代人的子孙等等，即构成为后世。人死后，不可能去往另一空间，而可为后人所惦念，从而以名可存于后世。故圣贤以名求不死，子曰："君子疾没世而名不称焉。"（《论语·卫灵公》）

本节经文正是以此立论。孝子立身行道，其身在人伦之中，其爱、敬及于所相对之一切人，其人对孝子予以道德上的肯定，形成"舆论"，而有道德之美名。如果孝子力行不已，其名可更为广远，并且持久，或为乡党、邻里、国人所称赏，或见之于碑铭，或传之于书志，即便其离开人世，其名仍为人传颂，为人所效法，此即扬名于后世。

君子立德、立功、立言，均可扬名于后世而不朽，《左传·襄公二十四年》记：

二十四年春，穆叔如晋。范宣子逆之，问焉，曰："古人有言曰：'死而不朽'，何谓也？”穆叔未对。宣子曰：“昔匄之祖，自虞以上为陶唐氏，在夏为御龙氏，在商为豕韦氏，在周为唐杜氏，晋主夏盟为范氏，其是之谓乎？”穆叔曰：“以豹所闻，此之谓世禄，非不朽也。鲁有先大夫曰臧文仲，既没，其言立，其是之谓乎！豹闻之，‘太上有立德，其次有立功，其次有立言’，虽久不废，此之谓三不朽。若夫保姓受氏，以守宗祊，世不绝祀，无国无之，禄之大者，不可谓不朽。”

此处二君子关心的问题正是，人身死而如何不朽。穆叔说，不朽之道在于立德、立功、立言，其德化成后人，其功造福后人，其言为后人传诵，则身虽死而不朽，三者都可归于其名不朽。圣贤、仁人、志士无不扬名于后世，孔子其身虽死，而其名不朽，《史记·孔子世家》之太史公赞曰：

太史公曰：《诗》有之：“高山仰止，景行行止。”虽不能至，然心向往之。余读孔氏书，想见其为人。适鲁，观仲尼庙堂车服礼器，诸生以时习礼其家，余祗回留之不能去云。天下君王至于贤人众矣，当时则荣，没则已焉。孔子布衣，传十余世，学者宗之。自天子王侯，中国言六艺者折中于夫子，可谓至圣矣！

所谓扬名于后世，意味着其人身体虽死，仍活在人世，读孔子书，即可想见其为人，孔子仿佛就在自己面前。更为重要的是，孔子依然对人世发挥作用：历代志士仁人志于孔子之道，行孔子之道，以孔子之道修身，提升个人生命；以孔子之道创制立法，塑造良好社会秩序。如此，则孔子虽死，仍活在人世。如曹元弼说：

圣人爱、敬天下之心无穷，必使万世之人永被其爱敬，言为世法，动为世道，一举其名，而三纲五常系焉，故性善必称尧舜，而人心皆有仲尼。名存则道存，道存则万世之人心赖以正，万世之天下赖以治。万世之人皆爱之、敬之，以爱、敬其亲，夫是之谓“扬名”。名者，实之验。扬名者，诚中形外，笃实辉光，集天下之令闻广誉，以尊其亲，愈久而不忘也。

圣贤之道正是通过名传之后世的。对敬天的中国人来说，无所谓神启，圣贤之所行就是道，道在圣贤之身，中国之道就是尧舜之道，禹汤文武之道，周公之道，孔孟之道；此以下更有董子之道，横渠之道，程朱之道，阳明之道，等等。如此圣贤，其人已死，然其名不朽，则其道长在长新。道正系于圣贤之名，没有圣贤之名，道无以寄存，人们"志于道"，必念及圣贤之名，故圣贤不朽。

即便不能成就圣贤君子之名，身为士庶人，行正道，孝父母，教子弟，从而为子孙所挂念，亦可谓扬名于后世。事实上，人死之后，后人书其名于木、石之上，以时祭祀，想见其为人，也就是扬名于后世而不朽。由于人之立身成德程度不等，故扬名范围有大有小，但不朽于扬名则一。

孝可以让父母不朽

扬名于后世则自己不朽，但孝之大用不止于此，经文最后归于"显父母"，让父母以名不朽。"以"字意谓，"显父母"是"扬名于后世"之目的，子女之孝亲归结于此，故谓"孝之终也"。至此，孝方为至德，因其通死生矣。《礼记·哀公问》记：

公曰："敢问何谓成亲？"孔子对曰："君子也者，人之成名也。百姓归之名，谓之君子之子，是使其亲为君子也，是为成其亲之名也已！"

《礼记·祭义》记曾子类似论说：

亨孰膻芗，尝而荐之，非孝也，养也。君子之所谓孝也者，国人称愿然曰："幸哉有子！"如此，所谓孝也已。众之本教曰孝，其行曰养。养，可能也，敬为难；敬，可能也，安为难；安，可能也，卒为难。父母既没，慎行其身，不遗父母恶名，可谓能终矣。仁者，仁此者也；礼者，履此者也；义者，宜此者也；信者，信此者也；强者，强此者也。乐自顺此生，刑自反此作。

立身行道，而得君子之美名，社会舆论予以赞美，自然上溯至其父母，因为人人都知道，此人是其父母所生、所教养。故君子在成己的同时，也就成就其双亲，自己以名不朽的同时，也让父母、祖先不朽。孝之大者，莫过于此。

由此，两代人之间完成了完整的生命回路：父母给我生命，此为我生命之起点；我自觉这一本源，而有孝之自觉，此即道德意识之初始觉醒；由此，我立身行道，得以扬名于后世，我虽死，但已不朽；因为我与父母一气相连，故由我之名，父母也得名，由此，我让父母不朽。父母给我生命，我让父母永生。每两代人间都以如此回路相互套嵌，从而形成连绵不绝的生命之链，从先祖至子孙，每一个体短暂的生命在其中不朽。此即中国圣贤所示生命不朽之道。

此处可见中国文化之高明。

神教解决死亡恐惧的方案，大要在寄希望于所谓天堂来世。但进入天堂来世的前提是死：死之后，才可能不死。为解决死之恐惧，反而让人纠缠于死，此可谓之“死教”。中国圣人能立不朽之道的高明之处在于，不幻想天堂来世，故得以完全超出死，而以生为中心，此可谓之“生教”。中国文明之生命力正来自此。

生教也是道德的。神教之神或许可以救人，但神切断父母与子女的生命之链，人只能以互不相干的个体身份各求一己之得救，且能否得救与人是否道德无关。而在中国，父母和子女之天然关系让子女走上自我成长之路而有德，此德又回馈于父母，两代人共同不朽。中国人的不朽之道不仅依靠道德，本身也是道德的。

荣显父母，确足以构成生命成长之巨大激励，《史记·太史公自序》记其父临死之前的父子对话，读之令人感动：

太史公执迁手而泣曰：“余先周室之太史也，自上世尝显功名于虞夏，典天官事。后世中衰，绝于予乎？汝复为太史，则续吾祖矣。今天子接千岁之统，封泰山，而余不得从行，是命也夫，命也夫！余死，汝必为太史；为太史，无忘吾所欲论著矣。且夫孝始于事亲，中于事君，终于立身。扬名于后世，以显父母，此孝之大者。夫天下称诵周公，言其能论歌文、武之德，宣周、邵之风，达太王、王季之思虑，爰及公刘，以尊后稷也。幽厉之后，王道缺，礼乐衰，孔子修旧起废，论诗书，作春秋，则学者至今则之。自获麟以来四百有余岁，而诸侯相兼，史记放绝。今汉兴，海内一统，明主贤君忠臣死义之士，余为太史而弗论载，废天下之史文，余甚惧焉，汝其念哉！”迁俯首流涕曰：“小子不敏，请悉论先人所次旧闻，弗敢阙。”

圣贤制作荣显父母之礼制，用以激励士人，敦厚风俗。《中庸》谓周公制礼，“父为士，子为大夫，葬以士，祭以大夫”，此即因子之德而显父母。后世因子显贵而封赠其父祖，如明、清文武官员一品封赠三代，二、三品封赠二代，四品至七品封赠一代，树碑于乡里，书写于史志，就是经文所说“显父母”，子孙引以自豪。这些制度具有巨大的道德激励作用，今日当徐图恢复。

圣人立名教

本章论孝子以“名”不朽，可以说，圣人以名立教，故有“名教”之说。汉代行察举，举孝廉，即以士人在乡里的孝廉之名为依据，其时名教最盛。由此而有士人好名之风，难免虚张诈伪之事，故魏晋人有非名教之异议。

然而，汉代以名立教，风俗最美，如史家所说，东汉士人“所谈者仁义，所传者圣法也。故人识君臣父子之纲，家知违邪归正之路。”（《后汉书·儒林列传》）。

实际上，历代皆有非议名教者，范文正公仲淹特作《近明论》，予以驳正：

老子曰“名与身孰亲”，言人知爱名，不如爱其身之亲也；庄子曰“为善无近名”，言为善近名，人将嫉之，非全身之道也。此皆道家之训，使人薄于名而保其真。斯人之徒，非爵禄可加，赏罚可动，岂为国家之用哉？

我先王以名为教，使天下自劝：汤解网，文王葬枯骨，天下诸侯闻而归之，是三代人君已因名而重也；太公直钓以邀文王，夷齐饿死于西山，仲尼聘七十国以求行道，是圣贤之流，无不涉乎名也；孔子作《春秋》，即名教之书也，善者褒之，不善者贬之，使后世君臣，爱令名而劝，畏恶名而慎矣。

夫子曰“疾没世而名不称”，《易》曰“善不积，不足以成名”，然则为善近名，岂无伪邪？臣请辩之。孟子曰“尧舜性之也”，性本仁名；“三王身之也”，躬行仁义；“五霸假之也”，假仁义而求名，后之诸侯，逆天暴物，杀人盗国，不复爱其名者也。人臣亦然。有性本忠孝者，上也；行忠孝者，次也；假忠孝而求名者，又次也；至若简贤附势，反道败德，弑父叛君，惟欲是从，不复爱其名者，下也。人不爱名，则虽有刑法干戈，不可止其恶也。武王克商，式商容之闾，释箕子之囚，封比干之墓，是圣人敦奖名教以激劝天下。如取道家之言，不使近名，则岂复有忠臣烈士，为国家之用哉？

针对见识短浅者之务实薄名，王船山《读通鉴论·五代中》有痛心疾首之论：

李从珂之入篡也，冯道遽命速具劝进文书，卢导欲俟太后命，而道曰：“事当务实。”此一语也，道终身覆载不容之恶尽之矣。实者，何也？禽心兽行之所据也。甘食悦色，生人之情，生人之利用，皆实也。无食而紾兄臂，无妻而搂处子，务实而不为虚名所碍耳。故义者，人心之制，而曰名义；节者，天理之闲，而曰名节；教者，圣人率性以尽人之性，而曰名教；名之为用大矣哉！宰我以心安而食稻衣锦，则允为不仁；子路以正名为迂，而陷于不义；夫二子者，亦务实而以名为缓者也。一言之失，见绝于圣人。推至其极，曾元务实以复进养亲，而不可与事亲。贤者一务实，而固陋偷薄，贼天理，灭风教，况当此国危君困之际，邀荣畏死，不恤君父之死亡，而曰此实也，无事更为之名也，其恶岂有所艾哉？

今日所谓现代观念也无非是重复王船山所批评的观念，重实而轻名，其结果是，精英群体廉耻丧尽，利欲横流，甚至以无耻为高尚。当高尚遭到解构之后，人世徒留一地鸡毛。

重振“名教”，才能收拾人心，引导整个社会知耻而向道，然后才可重建优良秩序。

[经文] 夫孝，始于事亲，中于事君，终于立身。

本节夫子再论孝之始终，引入事君，揭示个人由孝走向天下之要道。

事君让生命得以舒展

上节论及，对生命本源自觉而自我约束，进而立身行道，其终点是父母以名不朽。此处则概括其大义为“事亲”，以爱、敬之情侍奉双亲。这是孝之本体。具体如何侍奉双亲，《广孝行章》有简要论述，《论语》《礼记》等各书有更为全面的论述。

但圣人指出，事亲只是始，本节重点在“中于事君”。中者，中间，中介，由出发点到目标所必经之地。据经文，由事亲这个开端到最终的立身，必须经过事君这个中间环节。此中有大义。

人由父母所生，故生而在与父母的天伦中，生而在家中。然而由父母可推本于天，人由天所生，是为“天民”，孟子曾用过这个词；或曰“天下人”。天下至大，任人行走，所以人自然有走向广阔天地之倾向，“格”天地之间的万物，经世间各色人等，历天下千情万事，然后可以有《大学》所谓“致知”，然后可以不断成长，知天而事天。

那么，人如何进入天下？人如何与父母、兄弟之外的他人，建立关系？无非有三种途径：

第一种，男女结合成为夫妻。不过，由此所组成的也是一个排他的家。

第二种，志同道合者结为朋友。不过，朋友之间缺乏严密组织，因而其所能从事之事业是相当有限的，且其范围也必定是非常有限的。

第三种，陌生人结为君臣关系。这种人伦是五伦最为特殊而又至关重要的。

君臣关系呈现出最为清晰、严格的上下尊卑关系，其运作的基本形态是命令—服从。故唯有借助君臣关系，人方能构建起较严密的组织，有效动员、分配资源，共同从事个体、家、朋友不能承担之事。最重要的是，君臣关系的范围是无限的，比如一个国家，人口规模可达数亿。

不只是国家借助君臣关系组织，超出小作坊的企业也必定以君臣关系组织；现代社会有大量非政府组织，也是以君臣关系组织的。欧洲的一神教教会，同样如此，相当于一个政府。

概言之，所谓君臣就是以命令—服从为其运作形态的组织内部的一对人伦。现代人以为君臣只存在于古代，此大谬不然，执着于名而不见其实。只要人想建立和维持严密而高效的组织，就不能不借君臣关系。古代有君臣关系，今天，按照德国社会学家韦伯的理论，君臣关系比古代更为普遍：现代社会的基本特征就是各领域广泛建立科层化官僚制度，不仅在国家中，且在企业中。此即君臣关系。

人之为天下人，必借助君臣关系。家的范围注定是有限的，朋友的范围同样是有限的，唯有君臣关系，可以让人与一切人建立紧密关系，从而无限量地伸展其生命。若无君臣关系，人局限于家、朋友圈，心识无以扩充，生命无以舒展，关乎生命成长之重大问题无从解决，甚至连生命都无以保存。

自觉的中国文明，就是诞生于尧舜之建立明确的君臣关系，由此才有文明之创发、积累。苏格拉底、亚里士多德、霍布斯、卢梭等西方哲人亦切切以维护城邦或树立主权者为其思考之重点。故圣贤教人，以事君为立身所必经之中间环节。凡不知事君者，皆不足以立其身。

唯有中国圣人教人立身

“立身”再次出现。

上节经文指出，自觉生命本源，人即可以有道德自觉而“立身行道”，立德立功立言而与父母共同不朽，立身在中间环节；本节经文，立身则为孝之终。

可见，圣人以为，立身是成人之手段，又是成己之目标。圣人之教，无非就是教人立身。立身是持续不断的过程，自生命诞生那一刻开始，贯穿生命全过程的就是立身而已。由于立身而有德，由于有德而立身，故立身既是中间环节，又是目标。

圣人以此揭示人是生成的，归根到底，人是自成的。身者，己也，即完整的自身。圣人所设定的人生成长目标不是物质收益之最大化，不是虚幻的长生不老，更不是同样虚幻的转世，而就是立身，挺立自身。马一浮先生说立身大义曰：

《孝经》之义终于立身，立身之旨在于继善成性，圣人以天地万物为一身。明身无可外，则无老氏之失；明身非是幻，则无佛氏之失；明身不可私，则一切俗学外道皆不可得而滥也。

《孝经》之大，正在于其紧紧抓住身，以身立论，故能以立身为枢纽，而成就无所不通之德教。

近世以来，常有人批评中国文化，尤其是批判孝道，以为其否定个体，束缚个体。固然，孟懿子问孝，子答之曰“无违”（《论语·为政》），无所违逆于父母，顺从父母之命；《孝经》下文又论及移孝为忠。近世以来，多有人据此两者而非孝，以为孝不合乎平等、独立、自由等所谓现代精神。

然而，《谏诤章》将指出，“无违”绝不等于盲从服从。这两节经文更以“立身”为枢纽。以上两节提出两个孝之“始终”，各种侧重：

在第一个始终中，孝始于父母，终于父母；始于父母给我生命，终于我给父母以永生。重心在父母，父母与我的绝对关系划定了我的生命之道。

在第二个始终中，孝始于我的事亲，终于我的立身。重心在我自身，父母对我的生命成长并不构成限定，而是构成出发点。无此出发点，我就不能成就我自身，如孔子所说：

古之为政，爱人为大。不能爱人，不能有其身；不能有其身，不能安土；不能安土，不能乐天；不能乐天，不能成其身。（《礼记·哀公问》）

“成身”就是立身，然而，何以立身？前面已引用这段之前的论述，孔子指出，“身也者，亲之枝也，敢不敬与？”君子敬其身，故自我约束，由此而爱人、敬人，从而在与他人的共存、互动中保其身，进而立其身、成其身。不能爱人、敬人，则其身遭毁伤，谈何独立、平等、自由？

故己身得自父母，恰恰构成立身之本。正因为此身受之于父母，因而才是独一无二的，仅属于我，我跟其他人是分立的、不相同的，故我有身。又因我身与父母的绝对关系，我有了心，从而有了立身的意愿和能力，也即有道德自觉，自我约束，自我提升，此即立身，进而“达己”，行走于广阔的天地，独立地、自主地舒畅自己的生命。

纵观人类文明，只有中国圣贤以立身为中心思考。天生人，天命之谓性，具体呈现为父母生人，所以人是个别的、不同的、自主的，需要成长、立身，也可以成长、立身。这就是“顺”，每个人顺其性而立身，则天下大顺。

相反，西方文明普遍地不见个别的人，神教、哲学均断定，人是同质的，因而其实很难说人有其自身。若所有人都相同，何来己身？何来，仅仅属于我的身？

西方人之神教或哲学见神、见法律等物而不见人，故也无所谓立身：

根据神教教义，人是被造的，有原罪，则只能等待神的拯救，无所谓立身。

在苏格拉底—柏拉图的洞穴隐喻中，人是被捆绑的，当然不能立身。苏格拉底说，如果看到太阳的哲人非要叫他们站立起来，他们没准会杀死哲人。

现代契约论者倒是假定，在自然状态中，人是独立、自由、平等的。然而在此，同样没有立身，只有相互残杀。契约论要终结自然状态，出路是设立主权者，其以法律治人。此时，人也不能立身。

归根到底，根据西方神教或哲学，人的生命得自非人，其对人拥有绝对权威。人仅有其身，而无其心。人身痛感于这些非人的绝对之物的压迫，而有追求平等、自由、独立之焦虑，从而完全没有心思、当然也没有能力立身。

［经文］《大雅》云：“毋念尔祖，聿修厥德。”

孔子删述六经，以诗书礼乐教弟子。孔门议论人事、讨论义理，常引用《诗经》诗句、《尚书》片语作结，以申明其意。以下各章多引《诗》《书》。

《诗经》有风、雅、颂三体，《诗大序》曰："雅者，正也，言王政之所由废兴也。政有小大，故有《小雅》焉，有《大雅》焉。"孔疏曰："《小雅》所陈，有饮食宾客，赏劳群臣，燕赐以怀诸侯，征伐以强中国，乐得贤者，养育人材，于天子之政皆小事也。《大雅》所陈，受命作周，代殷继伐，荷先王之福禄，尊祖考以配天，醉酒饱德，能官用士，泽被昆虫，仁及草木，于天子之政皆大事也。诗人歌其大事，制为大体；述其小事，制为小体。体有大小，故分为二焉。"本章以《大雅》诗句作结，意在表明，孝乃天下大事。

所引诗句出自《诗经·大雅·文王》，乃周公戒成王之词。《毛传》曰："无念，念也。聿，述。"尔指称成王，祖指文王，诗句意谓：念及你的先祖，继承其德行并以之修己之身。

本章经文指出孝为至德，其始则在对"身体发肤，受之父母"的自觉，也即"念"及自己生命得自父母的事实，而自我约束，立身行道。人之德生发于此一念，若无此一念，不可能有德，故圣人引诗句，拈出这个"念"字，教人时刻念及自己生命的本源，把自己置于生生不已的生命之流中。

本章经文言"事亲"，诗句予以延伸谓"念祖"。我生命得自父母，父母生命得自其父母，我的祖父母，以此类推，故念及父母，必定念及父母以先之祖宗，沿此生命之流上溯，推本于天，而知天生人、以祖宗配天之大义，《三才章》《圣治章》对此有所论述。

我身既是父母之遗体，推而上溯，亦是祖宗之遗体，明乎此则我必定更为自觉地自我约束，传承祖宗之德。《中庸》说："所谓孝者，善继人之志，善述人之事也。"孝之大者，无过于继述先祖之德：立身行道所依凭者，德也；人可以配天者，德也。

天子章第二

章旨：爱亲敬亲，诸德之本。天子之孝，冠于五品。

上不驕高而不危制節謹度滿而不溢高而不危

也、、以也滿而不溢所以長守富也富貴不離其

以能保其社稷而和其民人蓋諸侯之孝也詩

戈兢兢口臨深淵一履〻冰

［经文］子曰："爱亲者，不敢恶于人；敬亲者，不敢慢于人。"

夫子这句话在《天子章》，统摄五等之孝，是孝为德之本的展开，打开了由孝之德通往普遍的社会政治秩序之大道。

经文首先提出建立和维系良好的普遍的人在际秩序所需之两种基本情感：爱和敬。人由父母所生，至少最初的人生成长是在亲密的人际关系中，在家内，父母与子女之间自然有深刻的相爱之情，子女对父母也自有敬意。依靠这两者，家内即可形成良好而有情谊的秩序。

人际关系若仅限于内部相亲相爱的小型共同体，则面对陌生的外人，因没有自然的联系而必定互不信任甚至仇恨。在较原始的部落社会，人们就受此情感支配而难以接受外人。《理想国》卷一关于正义的对话就透露出古希腊人主流的正义观：帮助同胞，伤害敌人，其所谓敌人即外邦人。受此观念支配，人心封闭，不接受陌生人，甚至以敌意待之，其共同体必定局限于小规模而无法扩大，不可能有普遍的社会政治秩序。今人迷信所谓古希腊文明，却不知古希腊社会一直处在相互不信任的困境中，故而停留在城邦林立状态，未能进入普遍社会政治秩序中。至少就这一点而言，其文明是低级的。

共同体规模越大，生命越能舒展畅发。亚当·斯密曾指出，卷入分工体系中的人口规模越大，分工可以越细密，从而效率越高，人们所得之福利也越大。这只论及生命之一个维度，其实，此原理也适用于社会政治维度，尤其是精神、文化维度。置身于超大规模共同体，人可与较多人建立有情谊的关系，其视野更广远，其精神更深邃，这甚至对人类生育也有利。故大规模从来都是优势，而最大规模则是所有人生活在同一共同体，此即普遍秩序。

中国人之根本信仰是敬天

人类历史上各个文明最伟大的圣贤无不追求涵括所有人于一体之普遍秩序。苏格拉底于古希腊之意义就在于此。他试图超越古希腊狭隘的正义观，建立普遍正义观，打破城邦对人之精神束缚，人对所有一切人敞开，有普遍的爱人、敬人之情意。只不过，其努力不算成功。

在中国以西，最终取得成功者是基于唯一真神信仰的神教。在此之前，每个城邦、每个族群拜其保护神，这些地方性神灵封闭人心，让不同城邦、族群的人相互疏远、隔绝、敌视。唯一真神教降临，所反复宣称之第一教义是，我是唯一真神，其他神都是假的，须予以消灭。故唯一真神教在传播过程中，努力消灭一切地方性神灵。其所及之处，所有人共信同一个神，以此神为中介，原来相互隔绝、互不信任的信众成为兄弟姐妹，相互亲爱，此即神教之“博爱”。当然，所有人崇敬唯一真神，自甘为仆，也塑造了信众的敬畏之心，乐于服从至高权威。故唯一真神教打开了普遍秩序之门，故基督教诞生后，罗马才得到其维护帝国普遍秩序之精神纽带，统一欧洲观念也正发源于此，一路发展到今日的欧洲联盟。同样，正是伊斯兰教让破碎的阿拉伯半岛第一次成为统一的政治体，并向外扩张，维系超大规模的信仰共同体。

中国之道与此不同。

最初的情形，也是众神分立，于是有《国语·楚语下》所记颛顼之“绝地天通”；帝尧再次“绝地天通”，终于成功，“乃命羲和，钦若昊天”（《尚书·尧典》），在族群、各邦国所拜众神之上确立敬天。孔子评价帝尧之功业曰：“大哉尧之为君也！巍巍乎！唯天为大，唯尧则之。”（《论语·泰伯》）此后，中国人之根本、最大信仰是敬天。

天遍覆无外，突破地方性神灵对人心之束缚，本来相互分立甚至多有敌意的成百上千族群、邦国之人，乃有共同生活之意愿，而成就华夏文明与政治共同体，且持续扩展。

天也让人有相互爱敬之心，孔子曾这样刻画天：

子曰："予欲无言。"子贡曰："子如不言，则小子何述焉？"子曰："天何言哉？四时行焉，百物生焉，天何言哉？"（《论语·阳货》）

天的呈现首先是四时之运转，其次是生万物以及人。《周易·系辞》曰："天地之大德曰生。"天生人，并在生人时命人以性，《中庸》所谓"天命之谓性"。人得生命于神是"造"，人得生命于天是"生"，两者性质完全不同，人之性也完全不同。

天生人，天命人之性是仁，如董仲舒说："仁之美者在于天。天，仁也。天覆育万物，既化而生之，有养而成之，事功无已，终而复始，凡举归之以奉人。察于天之意，无穷极之仁也。人之受命于天也，取仁于天而仁也。"（《春秋繁露·王道通三》）朱子《仁说》亦谓："天地以生物为心者也，而人物之生，又各得夫天地之心以为心者也。故语心之德，虽其总摄贯通、无所不备，然一言以蔽之，则曰仁而已矣。"

不过，体天而知仁，甚不易也。而天不在人之外，天、人不二，人在天之中，故天生人，对每个具体的人来说则是父母生其子女。对子女而言，双亲即乾坤或曰天地，张横渠《西铭》就是要人由父母体认天地。父母生人，人自然而有爱亲、敬亲之情。

"双亲"之大义

本章经文首先肯定爱亲、敬亲这一人类普遍具有的情感。经文谓"爱亲"、"敬亲"，亲者，亲近而有深厚情谊也，具体而言就是父母双亲。经文谓之"亲"，直下肯定父母生人这一事实所顺势确立之人际本然、自然之情。

上章经文谓"身体发肤受之父母"，肯定了我的生命得自父母之基本事实。而父母之能生我，因其有相爱相亲之情。没有父母之相爱相亲，则不可能有我的生命。故我的生命之有，即因为亲爱。当我出生，父母天然地亲我，这是人世间最为浑沦而无私之深情。我之所以得以保有自己的生命，完全因为父母之亲我。

这是天生的，因其基于一个最基本的生物学事实。一般哺乳类动物出生之后，即有相当的生存能力，人类却完全不同。按生物学的说法，人类直立行走后，骨盆开口处的宽度缩小，妇女不能在孩子于腹中完全成熟之后产生，只能在其极不成熟时提早生产。则婴儿在出生之初，全无自我生存能力。也即，尽管其身体已独立，其生命仍与父母为一体，完全仰赖父母之抚养才能保有自己的生命。任何人都知道，只要离开父母几天抚养，婴儿就会夭折。

夫子论孝悌之生发，谓“三年然后免于父母之怀”（《论语》），可谓一语中的：婴儿的生命包裹在父母之怀中，父母就是每一个新生的生命之天。唯有在父母之怀中，婴儿才能保有其生命。更进一步，孩子依靠父母的时期相当之长，要到十几岁后，孩子才可初步具有生存能力。

故孩子出生之后相当长时间，父母与子女之间维系着至为亲密的关系。无此关系，则其生命随时可能终结。正是基于这一最基本的生物学事实，圣人断定，“身体发肤，受之父母”，子女从父母接受其生命，其中有绝对的亲爱之情，子女生于父母之亲，得其生命于亲之中。对任何人来说，父母构成绝对的亲。对人类而言，因亲而有生命，生命与亲是一体的。《诗经·小雅·蓼莪》如此咏叹：

父兮生我，母兮鞠我。拊我畜我，长我育我。顾我复我，出入腹我。欲报之德，昊天罔极。

人的生命由父母之相亲而得以孕育，并在父母对我之绝对的亲爱中初步成长，这种亲是个别的、单向的、无微不至的、非功利的，因而是绝对的，从人类角度而言则是普遍而无例外的。

圣人立孝为教，正是洞见了这一普遍而绝对的事实，并命名父母为“亲”。对每个人而言，“双亲”一词唤醒的总是对慈爱之深切记忆，并且，这个记忆将伴随人的一生，尤其是在自己生育子女之后越发真切，张祥龙先生对此论之甚详：

这个与他/她被养育同构的去养育经验，这个被重复又被更新的情境，在延长了的人类内时间意识中，忽然唤起、兴发出了一种本能回忆，过去父母的养育与当下为人父母的去养育交织了起来，感通了起来。当下对子女的本能深爱，与以前父母对自己的本能深爱，在本能记忆中沟通了，反转出现了，苍老无助的父母让他／她不安了，难过了，甚至恐惧了。于是，孝心出现了。他／她不顾当时生存的理性考虑，不加因果解释说明地干起了赡养无用老者的事情，他／她的子女与他／她的父母的生存地位开始沟通，尽管说不上等同。起头处，她不会知道年老父母的“用处”，或知道了一点也影响不了日常的行为模式。因为在有孝之前，人活不过多老，也积累不了多少能超出中年人的智慧。但凭着内时间意识中过去与当下的交织，越来越多的“过去”被保持在潜时间域中，只要有恰巧应时的激发，那跨代际的记忆反转就可能涌现。此为人的意识本能的时间实现，与功利后果的考虑无关。“养儿［时］方知父母恩”，说的就是构成孝意识的时间触机。（《家与孝：从中西视野看》，三联书店，2017 年，105–106 页）

可以说，孝是亲的反转，明乎亲，则可以论孝矣。不明乎父母对子女之亲，则无以论人。

爱亲、敬亲即良知良能

对每个人说，生命起步于亲，每个人生命最初也最深切的经验也是亲。对每个人而言，只要他是父母所生，则世界从一开始就必定是明亮的、温暖的，其所在的人际之情感必定绝对是亲，否则，其生命就不能存有。父母的亲爱之情是作为子女的我的世界之根本属性。也因此，我的本心是光明的。在父母之慈爱中，我自然地依恋父母，爱父母，敬父母，即经文所说之“爱亲”、“敬亲”。

此爱、此敬是生命之自然倾向，在我尚未出生之时，我在母亲腹中，我的生命与父母是一体的；当我出生，我落入父母怀中，依恋父母、爱之、敬之，即是我作为人所做的第一个行为。最初可能是本能的，然后是自觉的，在父母长期的亲爱之中，成为我的习惯。父母之慈爱我，我之爱敬父母，均不假思索，纯然本然，顺乎自然，如孟子所说：

孟子曰："人之所不学而能者，其良能也；所不虑而知者，其良知也。孩提之童，无不知爱其亲者；及其长也，无不知敬其兄也。爱亲敬长，所谓良知良能者也。亲亲，仁也；敬长，义也。无他，达之天下也。"（《孟子·尽心上》）

宋明儒倡导"致良知"，爱亲、敬亲就是人的良知良能。人自然就知之，自然而行之，并且是好的、善的；人因此而有其生命，其生命循此可以成长发育，故谓之良知良能。圣贤立教、《孝经》全部大义，正立足于此人人自然而有之良知良能，人人亲历、可见的事实，简单而重大，不假外求。由此顺势生发、扩充，则可以有至德、要道，而顺天下，此即"致良知"。

故圣贤之教均重爱亲、敬亲之情，比如孟子专门讨论舜对父母之深情：

万章问曰："舜往于田，号泣于旻天，何为其号泣也？"

孟子曰："怨慕也。"

万章曰："父母爱之，喜而不忘；父母恶之，劳而不怨。然则舜怨乎？"

曰："长息问于公明高曰：'舜往于田，则吾既得闻命矣；号泣于旻天，于父母，则吾不知也。'公明高曰：'是非尔所知也。'夫公明高以孝子之心，为不若是恝，我竭力耕田，共为子职而已矣，父母之不我爱，于我何哉？帝使其子九男二女，百官牛羊仓廪备，以事舜于畎亩之中。天下之士多就之者，帝将胥天下而迁之焉。为不顺于父母，如穷人无所归。天下之士悦之，人之所欲也，而不足以解忧；好色，人之所欲，妻帝之二女，而不足以解忧；富，人之所欲，富有天下，而不足以解忧；贵，人之所欲，贵为天子，而不足以解忧。人悦之、好色、富贵，无足以解忧者，惟顺于父母，可以解忧。人少，则慕父母；知好色，则慕少艾；有妻子，则慕妻子；仕则慕君，不得于君则热中。大孝终身慕父母。五十而慕者，予于大舜见之矣。"（《孟子·万章上》）

父母慈爱子女，然后子女有爱亲、敬亲之情，这种常态的情感互动，不足为奇。舜之大孝恰恰表现在，其父母不慈，舜仍不改其爱亲、敬亲之情，即孟子所谓“怨慕”。这是因为，舜深切地体认“身体发肤受之父母”之大义，不管父母现在对自己如何，始终能够肯定父母与自己的绝对关系，始终铭感自己生命源头上的亲爱。正是从舜与父母看似不正常的关系中，圣贤确立了爱亲、敬亲之绝对性，从而为道德和秩序找到了最普遍也最坚实的根本。

圣人立孝为教，其教义其实非常简单，就是提醒、启发人们，你的生命得自父母，也即得自最为纯净的爱，成长于全无功利的爱，那么你该何为，不是清清楚楚、明明白白吗？圣人只是提醒人们，你的世界在本源上是明亮的，你就生于明之中，你的心是怎样的，不也是清清楚楚、明明白白的吗？

哪怕这世上所有人恨你，也总有一丝明亮：你的父母永远亲你，这世上永远有你之亲。故《周易》明夷卦之后是家人卦，《序卦》解释说：“夷者，伤也，伤于外者必反于家，故受之以家人。”故世界永远不会漆黑一片。有了爱亲、敬亲这一点明亮，人就可以顺势自我成长。

西方人刻意否定亲

令人惊异的是，西方人基本忽略了这一显而易见的事实，而是通过种种繁复的幻象，人为地让自己的世界和人心幽暗化，反过来却又到外面寻找光。

《创世记》谓神造人，故北美十三邦《独立宣言》说，“我们主张，以下真理是自明的：所有人被造而平等（created equal），他们被其造物主（Creator）赋予若干不可剥夺之权利”云云。显然，造物主是以其“要有”的意志造人的，而非基于爱。他与其被造物间也难有亲情，因为两者不可能有个别的、亲密生活之经历。神确实也教人孝敬父母，但在爱神之次，《马太福音》说：“人的仇敌，就是自己家里的人。爱父母过于爱我的，不配作我的门徒，爱儿女过于爱我的，不配作我的门徒。”最亲的父母之爱遭到压抑，而人最爱的上帝却不是人之亲。

在《理想国》中，苏格拉底/柏拉图设想，为了让城邦守卫者全心全意地爱城邦，城邦应当立法实行共妻、共子制：男女青年定期交配，生出孩子后，立刻交由城邦专门机构抚养，且绝不能让父母知道谁是自己的孩子，以免两者有相亲之情，这样方可避免私人之爱，分散城邦守卫者的公共忠诚。在此制度中，父母不得亲其子女，其子女也不得爱敬其父母。

霍布斯同样否定人最自然的亲爱之情。在《论公民》第九章《论父母对孩子的权利兼论世袭制王国》（此处用应星的译本，贵州人民出版社，2003年）开头，他引入两个命题："人是一个动物"；"索斐瑞斯克斯是苏格拉底的父亲，因此也是他的主人"，为证明这一点，他开始讨论父亲支配权的起源，为此，"我们就得回到自然状态中"。霍布斯理论的最大影响也许就是自然状态理论，其实，剥离人的现实处境，把人分解、还原到原子化甚至动物状态，也就是自然状态，乃西方常见而基本的运思方式："在这种状态中，因为自然的平等，所有成年人都被看成是相互平等的。在那里，凭借自然的权利，胜利者就是被征服者的主人；因而，凭借自然的权利，对婴儿的支配权首先属于最早以其权利拥有他的人。显然，一个新生儿先在他母亲而非别人的权利中，其结果就是，她可以按照她自己的意思、依照她自己的权利来养育或遗弃他。"换言之，"在这样一种自然状态中，每个已育妇女既是母亲，又是女主人"。

这是一幅冷酷的画面，其实出自幻想。霍布斯的论述充斥着貌似冷静的断言，略加思索，即可发现其实为幻想：他声称回到"自然状态"，但显然，既然有生育活动，则至少已有一定程度的夫妻关系，进而有父母与子女之间的伦理关系，则他所谓丛林状态必定不是自然的；他又大谈权利、支配权等政治关系，完全忽略了母亲与子女间天然的深厚情感，而不加解释地断定其为主人与奴隶的关系。随后，霍布斯说，仅仅由于男女订立契约共同生活，对孩子的支配权才转移给父亲。

恐惧父慈子孝，无视甚至否认人所固有的爱亲、敬亲之情，似乎是西人之通病。在《爱弥儿》中，卢梭决心遵循自然培养爱弥儿成为健全的人，然而，卢梭的前提却是，爱弥儿的父母早早双亡，完全与家庭教师共同生活。由此可见，卢梭的自然一点儿也不自然，他取消了人人成长的自然环境，从而爱弥儿的生命成长是完全反乎自然的，也即不"顺"，他没有感受到父母之亲，也就缺乏人之为人的基本情感体验。

大体上可以说，西方具有重大影响的观念体系普遍忽视甚至刻意否定父母与子女的天伦，而逆出去，为人另寻本源，于是，人在本源上不是与人同在，而抛入各种稀奇古怪的非人之物之脚下，或者是神，或者是大地母亲，或者干脆就是空无，所谓的自然。人在本源上是无亲的，因而是孤独的、脆弱的，随时可能死掉，他的世界是冷漠的、幽暗的，他的心当然是封闭的、幽暗的。他有一点点期待光的照入，同时对此充满疑惧甚至怨恨，谁知道这个外面的光想干什么。因此，教化在西方始终难以畅行，则秩序只能主要依赖自外部降临的权力和法律，也即强制与暴力。

博爱、广敬之中道

人一旦有了爱亲、敬亲之情，就有了爱人、敬人之“本”，即《圣治章》所谓“其所因者，本也”；有子所谓“孝弟也者，其为仁之本与？”本就是根，必定会生长，爱亲、敬亲之情，生长成普遍的爱人、敬人之心。

经文再次出现“不敢”。相比于首章“不敢”，更进一步：“不敢毁伤”起于对自己生命本源之自觉而自我约束，以保存自己的身；本章的“不敢”，起于对良知良能之自觉而自我约束，以情谊待人。两章也有先后次第：因为有不敢毁伤之意，所以不敢恶于人、不敢慢于人，曹元弼解释说：

爱、敬者，孝之至情，礼之所由起。“爱亲者”二句为全经要旨，五孝通义，言爱其亲者不敢憎恶于他人，必推爱亲之心以爱人也。敬其亲者不敢怠慢于他人，必推敬亲之心以敬人也。惟爱亲、敬亲，故能爱、敬他人。源之远者其流长，根之茂者其实遂。爱亲者温厚慈祥，视虐戾不仁之事，其心恻隐不忍，如向燎之必避，故不敢恶。敬亲者慎重恭巽，视怠傲忘身之行，其心怵惕不安，如临谷之将坠，故不敢慢。且爱人者人恒爱之，敬人者人恒敬之。其身见爱敬于天下，则天下亦爱敬其亲。反是而恶人者人亦恶之，慢人者人亦慢之，出乎尔者反乎尔者，灾及于亲矣，故孝子不敢也。爱、敬本出一诚，有恻怛护惜之心，必有慎重敦勉之意。父母之于子，爱之至也，惟其至爱，故扶持保抱，顾复拊畜，心诚求之，不知劳瘁，如执玉，如奉盈，所谓敬也。反而思之，爱、敬可知矣；扩而充之，爱、敬无穷矣。

经文有三个主体：亲，人，以及隐含的我。我的生命经验让我自然地爱亲、敬亲，而相对于自身，双亲就是他人，尽管有特殊关系，但已非自身而是他人，由爱亲、敬亲，人已走出了自爱、自敬，迈出爱、敬他人的第一步。这一步至关重要的，唐君毅先生说：

在现实世界中人皆知爱我，然道德生活之开始，即为超越单纯之自爱而爱他人。人能爱他人之根据，在能忘我而以他为自。人之所以能忘我而以他为自之爱，其根据在何处？人之以他为自之爱首当对何人表现？吾人可答曰：人之所以能忘我而以他为自，其根据直接说在吾人本有以他为自而忘我之仁心仁性，然亦同时即由于父母未生我以前我原是无我……而念“我之由父母生，初只有父母而无我”，即最直接之引发我今之无我忘我之意识，使我之仁心我之无我之我忘我之我呈现者。(《文化意识与道德理性》，中国社会科学出版社，2005 年，第 30 页）

父母构成我生命中的第一个他者，事实上也是最重要的他者，我之得到和保有自己的生命，完全仰赖于此他者。人是因为他者而有其身的，人得到生命根本不是自己的决定，而是他者的决定。奇妙的是，这个他者对我只有慈爱。而我对此他者，自始也只有爱和敬，爱、敬这个他者是我的天性。

此即人对他者之初始情感，圣人以为，此足以成为普遍地爱人、敬人之大本大源。圣人立孝为教，只是要人自觉此本，予以扩充、推广。父母作为初始的他者，固然是特殊的，但我在此已立定爱、敬之心，我对父母之爱、敬已成为我对人之自然倾向，随着我生命的扩展，我以此心对待所遭遇之人，作为爱、敬之对象的他者的范围不断扩展，由亲及疏、由近及远，从兄弟、九族、邻里、乡党、一国同胞，以至于天下，博爱自己所遭遇、所知之一切人，广敬自己所遭遇、所知之一切人。

此即博爱、广敬一切人，本章经文所说“不敢恶于人”、“不敢慢于人”的“人”，就是泛指一切人，而非特指父母。更进一步，还可及于物，孟子所谓“亲亲而仁民，仁民而爱物”(《孟子·尽心上》)，此可谓之“仁”。

在此，爱人、敬人之情是由自然之本“顺”势生长出来的，由此决定了，本乎爱亲、敬亲的爱人、敬人之心必定是有等差的：爱己之亲是起点，也最为持久、深厚，由此向外，其爱人之情可能因人而别；敬同样如此。如此，爱亲、敬亲在人心中确立了爱、敬之生命意向，因而对自己所遭遇的一切人有爱、敬之情，而非疏远、敌视、仇恨之意。

也就是说，以孝教化的仁爱之人普遍而有别地爱人、敬人：其爱人、敬人是普遍的，尽管其爱、敬之情因人而异。此为爱人、敬人之中道，“极高明而道中庸”。由此仁爱，可以有普遍的社会政治秩序，而且后面将指出，相比于墨家之兼爱、西方人之博爱，仁爱更为切实可行，并且更为广大、普遍，因为仁爱顺乎人心。如此社会，哪怕再大，也有深情厚谊。

由于忽视甚至否定父母与子女之亲，西方神教、哲学普遍不明爱人、敬人之本，不能如待人一样面对他者。

对神教信众而言，神是绝对的他者，令人畏惧。此他者对人不亲，人对其敬畏之情远远超过亲爱。人之博爱，系出于遵守这个绝对的他者之命令，为了博爱，人必须不爱己，也不爱双亲。

如此他者构成一绝对的压迫者，故人有出逃的倾向。然而，当人启蒙、摆脱这个绝对的他者之后，发现自己在荒野中，作为他者之人，对我而言如同猛兽。故霍布斯说，人在自然状态中，皆有暴死之恐惧。西方存在主义者说，他人即地狱。那么，我的自由、幸福就系于有效地支配他者。故鲁滨逊把第二个进入荒岛的星期五变成了自己的奴隶，如此，两人才能相互免于暴死之恐惧。

现代西方学者对他者较能温情对待者，大约是犹太裔法国现代哲学家埃曼纽尔・莱维纳斯（可参阅孙向晨著《面向他者——莱维纳斯哲学思想研究》，上海三联书店，2008 年）。他肯定了生的决定意义，肯定人的生命是在家中展开的，我得到生命是通过父母之生，因而我是被拣选的，而非出于我的自由意志。不过由此，他却走向强调他者的在场对我构成“无条件”的责任，则与康德殊途同归，逆出于人，有树立他者为绝对者之危险，而非顺势自主成长，故其学说终究于大道一间未达。

可见，西方思想由于种种偏失，始终不能洞察、肯定父母亲子女、子女爱敬父母之基本人情，逆出而别循爱人、敬人之法。其努力或许可以塑造和平秩序，但人际终究缺乏深情厚谊。

［经文］爱、敬尽于事亲，而德、教加于百姓，刑于四海，盖天子之孝也。

上章为总论，阐明由爱亲、敬亲至于爱人、敬人之道，统摄五等之孝，本节始专论天子之孝。

天子不是主权者

首明天子之义。

天生万民，天要所有人生下去，为此而设天子。普天之下，天子地位最为尊贵，其责任也最大。《白虎通义》开篇第一句话是："天子者，爵称也。爵所以称天子者何？王者父天母地，为天之子也，故《援神契》曰：'天覆地载谓之天子，上法斗极。'《钩命决》曰：'天子，爵称也。'"天子既为爵位，即非至高无上的主权者——故在中国，从来没有西人讨论政治所离不开的基本概念：主权，主权者。

天子爵位命自天，也就对天担着义务，天对其施加之责任是，惠泽天下万民。故汉文帝下诏曰："朕闻之，天生民，为之置君以养治之。"（《史记·孝文本纪》）天生万民，天要万民生下去，生得更好，为此而立君，故汉代有士大夫曰："臣闻：天生蒸民，不能相治，为立王者以统理之。方制海内，非为天子；列土封疆，非为诸侯，皆以为民也。"（《汉书·谷永杜邺传》）为此，天子必须得民心，如孟子说："民为贵，社稷次之，君为轻。是故得乎丘民而为天子，得乎天子为诸侯，得乎诸侯为大夫。"（《孟子·尽心下》）

天子在万人之上，其职责在于以德教加于百姓，做到这一点的起点则是，天子本人爱、敬尽于事亲。

经前文言，"爱亲者不敢恶于人，敬亲者不敢慢于人"，此为通论；至于天子，其爱亲、敬亲之情达到极致，则其不敢恶于人、不敢慢于人之情也达到极致。对天子而言，其不可恶、不可慢者当为天下所有人，故天子始终、全面节制自己的欲望、意志，不敢让天下人生厌恶之情，不敢怠慢天下人。

更进一步指出，天子爱、敬尽于事亲，自可体认对人最为极致的爱、敬之情。天子以此情对待天下万民，则可以博爱天下之人，广敬天下之人，由此可以做到“民之所好好之，民之所恶恶之，此之谓民之父母”（《大学》）。在爱敬尽于事亲的生命经验中，天子作为儿子体会为人子者之心，据此可以推知万民之所好、所恶，反过来确定自己作为天子所当行者，以父母待己之慈爱对待万民，博爱之，广敬之。

天子之至德莫大于博爱、广敬天下人，而成就此至德之本，则是爱、敬尽于事亲。从位上看，天子在所有人之上，那么如何教天子？有两种机制：

第一，天子既然为天之子，则当法天而行。天生万民而欲其生，天子代天教养万民。历代圣贤要天子敬天，正是此意，经文后面也会涉及。

第二，更为亲切的教化则是孝之教化。不管后来如何尊贵，天子也是父母所生，其身体发肤受之父母，故生而有爱亲、敬亲之情，可扩充为普遍的爱人、敬人之心。圣人只说，天子既然君临天下，则其爱、敬当充极于天下所有人。则反推以求，其爱敬父母之心当至于尽。故历代皇子教育，也以孝教为本。

天子以身作则教人以人文教

由爱敬及于天下人，则有德教加于百姓。此即天子之职守。

对天下万民，天子必须做一些事情，此即“加”，施加。天允许天子可加之于百姓的，当然不是强制，不是权力，而是德和教。圣人以为，在天之下天子对万民所担当之大义是施德、教于百姓。

《尚书·大禹谟》曰：“德惟善政，政在养民。”天之心要万民生，故天子之德首先体现在养民上，创造各种条件，让万民生下去，生得更好，此即天子之大德。《尚书·舜典》记帝舜组织中国第一个政府，首先是命大禹平水土、命后稷播种百谷，此即养民。

不过，天子之责不止于此，除了养民，还要教民。在任命了禹、稷之后，帝舜命契“敬敷五教”，后面又命夔“典乐，教胄子”，此即教民。教民旨在辅助万民顺其性而成长，彼此相亲互敬，从而维系协调合作、情谊深厚的社会。由此，万民得以“各正性命，保合太和”。

孔子论施政次第，“富之”然后“教之”(《论语·子路》)。天子爱民，则有德于天下万民，万民得到惠泽；敬民，则施教于天下万民，把万民当作独立自主的人对待，通过教化，辅助其成长，立身行道。

那么，天子所教者何也？不是教人信神，更不是信唯一真神，而是教人以人伦大义。帝舜命契教化万民：“百姓不亲，五品不逊。汝作司徒，敬敷五教，在宽。”关于五教，按《左传》的说法是父义、母慈、兄友、弟恭、子孝《左传·文公十八年》；按孟子的说法是父子有亲、君臣有义、夫妇有别、长幼有序、朋友有信《孟子·滕文公上》。不论哪一种，都与神无关，只与人有关。天子之教只是教化处在人伦关系中的每个人尽己之义。这种教化内在于人的日常生活，只是让人更为自觉地生活而已，故可谓之“人教”、“人伦教”“人文教”，旨在让人的生活文质彬彬。

孔子删述六经，以六经教养弟子，形成“文教”，天子或曰政府承担人教、文教之责，此教可以覆盖所有人，其教化目标只有一个：每个人更自觉地生活，成为好丈夫、好妻子、好儿子，好兄弟，以及成为好公民、好官员、好天子。

然而，天子如何教化？经文谓“刑于四海”，此天子施教之机制。

刑，法也，此处作动词，树立法度。郑玄注本作“形”，其意相通：己身先有形，则可以成为法度，为人所取法。四海，中国以外的四夷，形容天子之教遍及天下。

“刑于四海”意谓，天子爱、敬尽于事亲；当然，因天子继位，其父必已去世，故经常只是事母；或者更有可能，天子之双亲俱已不在，故人所见者，乃天子本于爱亲、敬亲之情而成就之博爱、广敬之至德。

因为天子地位最为显赫，故天子之爱敬，不管哪种，均可为天下人所共见。

当天下人见天子之所行，必起而模仿。最切实者是孝敬自己的父母，且由此而扩充爱敬之心及于乡邻、国人，包括敬天子。此即天子之教化机制。可见，天子施教，不是依靠言传，不是运用命令，而是以其身施教天下。孟子说："舜尽事亲之道而瞽瞍砥豫，瞽瞍砥豫而天下化，瞽瞍砥豫而天下之为父子者定，此之谓大孝。"（《孟子·离娄上》）。

关于孝教之具体机制，《三才章》将专门论述。概括言之，就是君子形于己身而以身作则。所以，天子，以及天子以下的君子固然都在施教，但其施教至顺。因为，圣贤所立之教顺乎人心：人人生而有爱亲、敬亲之情，由此扩展，可以博爱、广敬一切人，故不必设立建制化教会以教人、监督人，归根到底，孝之为教，是万民自我教化。天子之所以可施行教化于天下，因其自觉生命本源，爱、敬尽于事亲，自行生发博爱、广敬之仁。其施行教化的方式不过是自身示范于四海，故其位虽为天子，但其教化之权威仅出于己身，也即自身之德。他不是以权力命令人、要求人，只是示范于人启发人。天下人风化而从之，不是因为天子权力之强制，而是因为自身本有爱敬父母之情，受启发而反身以求，则可以自孝其亲，自行生发爱人、敬人之仁。

所以，天子之教不是依靠权力，而是依自身之德；万民之向善，乃是自行向善，而非因为畏惧。《庶人章》说："故自天子至于庶人，孝无终始而患不及者，未之有也。"教化在平等而自主之人中间展开，人人反其本，各各可自觉。

故圣人所立教化内涵平等之大义。与此相应者，《大学》也说："自天子以至于庶人，一是皆以修身为本。"由此，中国的政治也是平等的，天子固然地位崇高，然而，形成和维护秩序绝非依靠天子拥有和行使绝对权力，而依赖每一个人，每个人在其位上自我教化，自我治理。于是，权力从来不是政治的中心，更不是全部。良好秩序的形成不是权力之事，而是"德教加于百姓"，而此德、教又是人人可以自致者，因其以孝为本，故顺。

西方之教、政均反乎是，因为其本是逆的。

据神教教义，全知全能全善的神在人之外，人有原罪，只能等神拯救。故神对人有绝对权威，神是主人，人是奴仆，神、人之间绝对不平等。又，神言说，故需先知或专门的神职人员，对人传达并监督人遵守神言、神命。由此形成教权，管理灵魂的权力。其教化是要求、命令，对不服从者，可借神力以律法惩罚之。可见，教化者对被教化者享有绝对权威，教化实乃权力之事，谈不上平等。正因为此，神教建立教会权力体系，并与世俗权力为争夺统治权而战。

与此教权相对之世俗统治者，完全不重视德、不关心教，只追求权力，且与神对应，热衷于寻求所谓“主权”。近世政治哲学即以权力为中心展开其思考，主权是其核心观念，或归之于国王，或归之于人民。此后政治运作之唯一焦点就是权力的分配与再分配，所谓投票选举就是定期决定权力归属。在此，绝对的不平等始终隐然存在。

历史上，以上两种权力争斗不已。当神权据于优势地位时，必取消人的信仰自由，故有宗教裁判法庭制度，有烧女巫风气，有十字军东征，有漫长的宗教战争。当世俗权力占优时，必然是国家主义（nationalism），国家权力直接统治每个人，近世欧洲即是如此，军国主义、殖民征服－帝国主义、法西斯主义、纳粹、极权主义等等，均源于此。

面对无所逃于其间的绝对权力，西方人有自由的焦虑，因而有种种关于自由的论说，其实是自由的焦虑之投射而已。

当然，在中国，法家、兵家也有此倾向，以获得和保有权力为王者事务之全部。但这毕竟只是中国文明之歧出，而非主流。

以权力尤其是绝对权力为中心实施治理，或可维持人际和平秩序，但这只是底线性质的，不足匹配于人之天性。天子不是以权力施行统治，而是广施德、教于天下，则是顺乎人心的，可成就宜人的天下秩序。

后文《诸侯章》归结诸侯之孝为“然后能保其社稷”，《卿大夫章》归结卿大夫之孝为“然后能守其宗庙”，本章无类似表述，其中有大义焉。

天子有其生身父母，而又事天如父，此乃天子不同于其他君子之处。故对天子，祭天之礼重于宗庙祭祀祖宗，《圣治章》谓“孝莫大于严父，严父莫大于配天”，此正对天子而言，据此，“周公郊祀后稷以配天，宗祀文王于明堂以配上帝”。

天子既然为天之子，则当孝于天。如何孝于天？《尚书 · 泰誓中》说：“惟天惠民，惟辟奉天”，《尚书 · 皋陶谟》说：“天聪明，自我民聪明；天明畏，自我民明威。”天子爱、敬万民，德教加于百姓，得百姓之欢心，就是其孝之终也，此乃对天而言。

若天子不能尽其对天之孝，也即不能加德教于百姓，甚且残害天下，则必有革命。此乃非常之事，圣人于此不论。

［经文］《甫刑》云：“一人有庆，兆民赖之。”

《甫刑》出自《尚书》，今作《吕刑》。《孝经》每章均引诗作结，唯本章引《尚书》，郑玄解释说：“书录王事，故证天子之章。”《尚书》收录尧舜以来王者之政典，本章论天子之孝，正是王者之事。

一人，指天子，因为天子在天下最为尊贵的位上。《礼记·曲礼下》说：“君天下，曰天子。朝诸侯，分职授政任功，曰予一人。”予一人是天子对诸侯之自称，《白虎通义·爵称》解释说：“王者自谓一人者，谦也，欲言己材能当一人耳。故《论语》曰：‘百姓有过，在予一人。’臣谓之‘一人’何？亦所以尊王者也，以天下之大、四海之内，所共尊者一人耳。故《尚书》曰：‘不施予一人。’”天子自称“予一人”是表示谦卑，诸侯称天子为“一人”，则是尊称。

此一人拥有最高政治权力，但如经文所言，此一人以其德教加于百姓，也即，天子除有为政之责外，还有教化之责。在中国，至少自经典有明文记载的尧舜时代以来，天子，更宽泛地说天子所代表的政府，始终负有教化之责。《开宗明义章》圣人谓“先王有至德要道，以顺天下”，王者有至德，行教化。

现代人看到西方所谓政教分离观念和制度，对天子兼行政、教，颇有疑义，甚至非议。殊不知，此制度恰恰是中国文明高明、卓越之处。

中国的政教合一之传统

对应于天子“一人”，中国以西神教信奉所谓“唯一真神”，其世俗政权则尊主权者。

然而，唯一真神虽自称唯一，却并不完整：神只管人的灵魂，神的国也在人的来世，人死后方可进入。故神教信众想象的世界是时间上先后有别、空间上上下两分的现世与来世，两者性质完全不同，且来世更重要，教会服务于人进入来世。但人又不能不首先在现世生活，于是，人在现世的肉体的生活不能不交给另一机构管理。

神教文明的典型特征就是所谓灵性生活与世俗生活之两分，教会、政府两个管治体系之两分，神之唯一反而造成了深刻的两分。这种两分贯穿于西方个体生活、公共秩序的方方面面，使之陷入普遍而难以弥缝的撕裂中。

灵性的、世俗的两个权威之间为了争夺对人的控制权又相互斗争，导致个人、共同体无从形成内在融贯而连续的整全秩序，而同时在时间、空间两个维度上断裂。

故两千多年来，欧洲历史多呈现为各种各样的分，而基本上没有合。伊斯兰世界同样如此，印度也是如此。

相反，中国人敬天，不存在从现世终结处开始之来世，不存在此岸之上的神的国。人存身于统一的生活世界中，生老病死皆在其中，今世、后世只是时间上先后相续的两个不同阶段而已，而无空间上的隔绝，人生于斯，死于斯。

故中国只有“一人”作为治理者，如董仲舒所说：“古之造文者，三书而连其中，谓之王。三书者，天、地与人也；而连其中者，通其道也。取天、地与人之中以为贯而参通之，非王者孰能当是？”（《春秋繁露·王道通三》）天子贯通天、地与万民，政、教并施。正是这个“一人”的统一治理，避免了人和共同体之撕裂，确保秩序之完整，中国因此而可大、可久。

欧洲人受尽教会、王权分立而冲突的折磨，十五六世纪以后，其思想政治人物试图确立王权之绝对性，此即当时占据思想、政治主流的绝对主义（absolutism），马基雅维利、博丹、霍布斯等人是此义理的阐发者，他们希望君主获得全部权力，唯有如此，才能建立整全、融贯、稳定的普遍社会政治秩序。

欧洲现代国家构建的第一步也确实如此展开：英格兰国王亨利八世断然宣告，自己是安立甘教会领袖，从此英国才有了相对健全的国家秩序。现代国家的基本原则就是，王权是唯一统治者。不过，英格兰和苏格兰的分裂危险始终存在，其重要原因即在于两地信仰不同，尽管同属基督教，神造成分，无所不在。

或以为，政、教分立而竞争的格局，有利于信仰自由。此又大谬不然，盖其不明中西之教之大别。

近世欧洲之所以有政教分立制度，只是因为，一神教是独断而排他的。一神教的第一教义是神的唯一，不可崇拜其他神灵。问题是，因逆乎人心，传教者各说各的话，神教必定分裂，唯一真神教就至少分为三个，但还是各自坚持其唯一，乃相互争斗，并驱动政治权力为之厮杀，此即宗教战争。同一神教内部，也不断裂变出宗派，比如基督教内部的天主教、新教，新教又继续裂变；伊斯兰教内的逊尼派、什叶派，彼此相互争斗，并驱动政治权力为其卖力，导致宗派战争。权力卷入宗教，何来信仰自由？

欧洲长期陷入宗教战争，令其文明备受折磨，故有政治的觉醒，也即世俗权力之崛起，以王权控制教会，禁止教会制度化操纵权力，此即所谓政教分离。这种制度是治疗一神教文明病症的药方。不过，其效力相当有限，美国总统小布什在“9·11”后告诉美国人民，“这场反恐十字军战争是要花时间的”。亨廷顿马上宣告，文明冲突正在到来，他所说的文明冲突就是宗教冲突。果然，中国以西两个一神教之间今天再度陷入严峻的冲突之中。

只是，亨廷顿不了解中国文明，把儒教与两个一神教并列，以为中国也会卷入宗教冲突中。事实是，儒教跟一神教完全不同，故中国文明的深层机理完全不同于中国以西。关键在于，王者施教，教人以人伦而已。

大体上可以说，中国的教化机制就是“一个人教，多个神教”。自孔子创立文教以来，则是“一个文教、多种神教”。中国民众信奉各种各样的神灵，中国人所信奉的神大概是全世界最丰富的。中国以西的神教也陆续进入中国，在中国都有大量信奉者。但政府在此之上，施行普遍的人文教，而这大体上不与神教冲突。相反，两者逐渐渗透，影响。文教柔化了神教的极端性。于是在中国，几千年来，众神相安无事，没有爆发严重、大规模、持久的宗教战争。

这是人类文明史独一无二的奇迹，此奇迹的保障就是，王者一人高居于众神教之上。人类各大文明中，只有中国，从其诞生起就实现了王者一人君临天下的格局，其结果就是“兆民赖之”。“兆民”形容天子所治天下人数之众多。自尧舜时代有天子以来，中国就是超大规模的文明与政治共同体，几乎在历史任何时期都是全世界规模最大的。因为，王者一人高居众人之上，遍覆无外，所有人，不论其信什么神，属哪个种族，都可以依赖王者。而普遍的文教塑造了普遍的国民精神，助成政治上的一统和稳定。此即一体多元之治理中道：多元的神教并存，而以文教凝聚多元为一体。

故政教不分、王者一人君临天下，实乃兆民之庆。这一结论适用于今日天下。重要的是，此教是人文之教。中国圣人所立的人文之教，是唯一可和天下为一家的普世之教，固为此教只是教人做人、成人。

诸侯章第三

章旨：诸侯位高，既富又贵。以孝成德，保其社稷。

王之法服不敢服非先王之法言不敢道非先

德行不敢行是故非法不言非道不行口無

擇言身無擇行言滿天下無口過行滿天下無怨惡三者

備矣然後能守其宗廟蓋卿大夫之孝也詩云夙夜匪懈以

事一人

中国始终是超大

［经文］在上不骄，高而不危。制节谨度，满而不溢。高而不危，所以长守贵也。满而不溢，所以长守富也。富贵不离其身，然后能保其社稷，而和其民人，盖诸侯之孝也。

天子有养民、安民、教民之责，而中国自尧舜时代诞生始，就是一个超大规模的文明与政治共同体，如《尚书·尧典》所说："克明俊德，以亲九族。九族既睦，平章百姓。百姓昭明，协和万邦。"这是中国之基本格局。

中国以西诸文明则相反，如两河流域、古希腊罗马或印度，其政治均从小国寡民起步，甚至长期处在这种状态，而始终无法构建起稳定的超大规模共同体，因而其政治思考、政治制度对中国其实没有多大价值。今日中国欲求善治，唯有返回中国之道，因为，世上唯有中国人长期在思考实践超大规模共同体的治理之道。

由超大规模，自然形成多层级的治理结构，其具体内涵在历史不同时期有所变化，大约可分为两个阶段：三代行封建，王所统之天下分封为国，其君为公、侯、伯、子、男等诸侯；诸侯又分封大夫，其所治者为家，当然其规模远大于今日五口、七口之"家"，而有数千规模，包括异姓之士人。由此，整个社会划分为五等人，即经文所列之天子、诸侯、卿大夫、士、庶人。天子无从直接治理万民，而是通过诸侯、卿大夫关联于庶民。

这套制度维持了近两千年，至孔子时代开始瓦解，战国时代彻底崩溃，秦汉建立稳定的郡县制：皇帝之下，天下划分为一百多郡，郡下分设一二十个县（元代以来则为省县制），皇帝任命郡县主政官员，治理庶民。《汉书・地理志》序言描述从封建到郡县演变之历史过程如下：

周爵五等，而土三等：公、侯百里，伯七十里，子、男五十里，不满为附庸，盖千八百国，而太昊、黄帝之后，唐、虞侯伯犹存，帝王图籍相踵而可知。

周室既衰，礼乐征伐自诸侯出，转相吞灭，数百年间，列国秏尽。至春秋时，尚有数十国，五伯迭兴，总其盟会。陵夷至于战国，天下分而为七，合从连衡，经数十年。

秦遂并兼四海，以为周制微弱，终为诸侯所丧，故不立尺土之封，分天下为郡县，荡灭前圣之苗裔，靡有孑遗者矣。

秦所建立的郡县制一直延续至今，尽管中国的规模后来持续扩大。要描述今日中国之政制，最好的说法仍然是：郡县制。

不论在上述哪种体制下，从位置最高的王或皇帝到最底层的庶民之间，均设有若干层中间治理者，可统称曰“君子”。君子一词广泛出现于六经中，多指在位而承担社会治理责任者；即便孔子以学养成的士君子，也仍以出仕为其行道之要途。秦以来郡县、省县的主政官员相当于封建制下之诸侯、卿大夫，各级政府内部的公务员相当于封建制下之士。社会能否形成良好秩序，取决于这些君子是否有德与能。

诸侯之位仅次于天子，故经文曰“在上”，“高”。孔子说，诸侯若做到在上位而不骄，则虽身在高处，却不至于倾覆，可以长久保有其高贵之位。在封建制下，天子之位最高，但其所直接控制的区域只是王畿，其余分封给诸侯。诸侯之位，实有其悠久的历史渊源，天子只是予以承认而已。有大量的诸侯国，自尧舜时代甚至更早就已存在，历经夏、商、周三代而不坠。相反，天子之权威取决于天下诸侯对其认可之程度。故在封建制下，诸侯常失之于骄，比如从西周末年起，诸侯就不朝周王，乃至于对公然周王开战。所谓骄就是放纵权力欲望，肆无忌惮，尤其是对上不敬。

诸侯也拥有大量资源，天下之人民、土地多在诸侯控制之中。且在封建制下，诸侯对周王除了应召出征等少数义务之外，自行支配其疆域内之资源和人民之产出。郑玄注曰："费用约俭，谓之制节。慎行礼法，谓之谨度。无礼为骄，奢泰为溢。"孔子指出，诸侯若能节制其财政用度，谨慎对待礼法制度，则虽财富充满，却不至于溢出来，也即不失之于奢侈，则可以长久地保有财富。此乃先圣之教诲，周公反复叮咛其子弟不可逸，"无淫于观、于逸、于游、于田"（《尚书・无逸》），逸就是蔑弃礼法，放纵欲望。

孝之大义在于传承父祖之事业

富贵不离其身一句，圣人当然不是操心诸侯能不能保有其富贵，天子之位都是为民而设的，若不得民心则会失去，何况诸侯？圣人意谓，万万生灵之身家性命系于有天下、有国者之富贵，富贵是诸侯承担其责任的必要报酬，诸侯若能如孔子所说"道千乘之国，敬事而信，节用而爱人，使民以时"（《论语・学而》），也即不骄、制节，则下得民心，上敬天子，自可富贵不离其身。反之，失去富贵，必意味着其胡作非为，甚至招来刀兵之灾，而受害最大者则为民众。

那么，诸侯在上不骄、制节谨度之激励从何而来？经文未明言，但《天子章》两个"不敢"统摄五等之孝，激励即在于此：因其有爱亲之情，所以不敢讨人厌恶，为此而制节谨度；因其有敬亲之情，所以不敢怠慢于人，为此而对人不骄。

本章有两个"长守"，同样，内涵爱亲、敬亲之义。长，谓时间之长远、长久，以至于永远；守者，保有也，据守而不失。"长守"引入代际传承问题，孝之大义正在于此。

诸侯之位得自其父，其父得自其祖，以此可上推至始祖。首章言"身体发肤，受之父母"，此就个体之身而言，生命得自父母；对有位之诸侯言，其爵禄并非自有，同样是受之于父、祖。己身是父母之遗体，因而"不敢毁伤"，那么，爵禄也是父母之遗产，同样"不敢毁伤"。为此，诸侯需谋求长守其富贵，因为此富贵虽为己享有，却不属于己而属于父母，使其遭受毁伤，乃是遗父母以羞。故经文说，诸侯之孝在于“保其社稷”。

君子皆立社。《白虎通义·社稷》说：“王者所以有社稷何？为天下求福报功。人非土不立，非谷不食。土地广博，不可遍敬也；五谷众多，不可一一祭也。故封土立社，示有土尊。稷，五谷之长，故封稷而祭之也。《尚书》曰：‘乃社于新邑。’《孝经》曰：‘保其社稷，而和其民人，盖诸侯之孝也。’稷者，得阴阳中和之气，而用尤多，故为长也。”古代各级共同体均立有社，同时祭祀土地之神和五谷之神。王者立社，诸侯立社，卿大夫同样立社。君子治理之根本在土地，“封建”一词的原意是封土建国，故古人以“社稷”代称诸侯对其封土所拥有之治理权。

诸侯有其骨肉之身，也有其治理之体。诸侯固然要保其身，但首要义务是保有父母所遗之社稷，也即对其共同体的治理权，并将其安然传给子孙。事实上，自己的生命已融贯于其中，保其社稷，则自己得以不朽。更重要的是，父祖的生命也在其中，保其社稷，则父祖的事业得以延续，父祖也得以不朽。

“保其社稷”当对上而言，诸侯之位命自天子，对上不骄，事天子以忠，可得天子之欢心，天子不废其爵禄，也会在其死后，策命其后人继位。当然，诸侯保其社稷，还需得到其治下之民的认可。故经文说，诸侯之孝还见之于“和其民人”。

在古典词汇中，人、民两词的含义有所不同：民一般指庶民，人一般指分担治理之责的君子，在诸侯之下有卿大夫和有位之士，此即人。上引孔子论诸侯为政之道，也说“节用而爱人，使民以时”，即此处经文之民和人。经文指出，诸侯之大义在于和其所属之庶民、君子。其意约有两层：首先，诸侯努力让庶民、君子两群体各自均在和的状态，相互协调而不争不害；其次，诸侯还要让庶民与君子之间相和。孔子曾告鲁哀公以和此两者之道：

> 哀公问曰：“何为则民服？”孔子对曰：“举直错诸枉，则民服；举枉错诸直，则民不服。”（《论语·为政》）

诸侯任用君子治民，君子在诸侯与民众之间，与民众直接接触。若诸侯所用之人有德有能，仁以待民，则民众心悦，民心可归于诸侯；否则，用人不当，诸侯难免失去民心。失去民心，则诸侯无以保其社稷。所以对诸侯来说，最重要的事情是“举”有德有能的君子在上位。

本章论诸侯之孝，始于对其身之本源的自觉，与常人不同者，其身在特定的位上，此位同样受之于父母。自觉于此，则诸侯不敢毁伤父母所遗之身与位，由此而有诸侯之德：在上不骄，制节谨度。以此两德为政、施教，诸侯可以上得天子之欢心，下得臣民之欢心，从容长久保有父母所遗之身与位。由此形成孝爱之回路：始于爱亲、敬亲之情，终于传承父、祖之事业。

［经文］《诗》云：**“战战兢兢，如临深渊，如履薄冰。”**

此处所引诗句出自《诗经·小雅·小旻》。郑玄注曰：“战战，恐惧。兢兢，戒慎。临深恐坠，履薄恐陷。”经文引用此诗意在强调，诸侯居于尊贵之位，当有如临深渊之感，意识到自己随时可能倾覆；诸侯拥有财富，当有如履薄冰之感，意识到自己可能为欲望所淹没。由此，诸侯戒慎恐惧，克自畏抑，自我约束，善加节制。这是处在上位的君子长保其富贵之关键所在。

这种自我约束的道德意识生发于爱亲、敬亲之情，曾子于病重之时郑重引用该诗句：

曾子有疾，召门弟子曰：“启予足！启予手！诗云‘战战兢兢，如临深渊，如履薄冰。’而今而后，吾知免夫！小子！”（《论语·泰伯》）

曾子一生抱着“身体发肤受之父母，不敢毁伤”的信念，因而自我约束，不敢恶于人，不敢慢于人，得以保全父母所遗之手、足。可见，曾子之守身的道德自觉，与诸侯之守国的政治道德自觉，都生发于爱亲、敬亲之情。

卿大夫章第四

章旨：先王之道，即为法度。不敢逾越，言行无过。

事父以事母而愛同資於事父以事君而敬同故母取其愛
取其敬兼之者父也故以孝事君則忠以敬事長則順忠不
以事其上然後能保其祿位而守　祭祀蓋士之孝也
興夜寐無忝爾所生
用天之道分地之利謹身節用以養父母此庶
人之孝也故自天子至於庶人孝無終　始而患不
及者未之有也

［经文］**非先王之法服不敢服，非先王之法言不敢道，非先王之德行不敢行。是故非法不言，非道不行。口无择言，身无择行。言满天下无口过，行满天下无怨恶。三者备矣，然后能守其宗庙，盖卿大夫之孝也。**

在中国社会治理体系中，家始终是根本。只是，虽然同为家字，其内涵发生过重大变化。

在三代封建制下，家的规模较大，构成社会治理之完整单元，其首领为大夫。今人所熟悉的核心小家庭，则在此封建之家内。

战国以后，封建之家解体，代之以宗族制度，宗族对小家的控制相对要小很多，且不属于正式治理单元。国家法律认可的基本社会单位是核心小家庭，即战国以来人们所说“五口之家”“八口之家”。

在封建时代，大夫领导一个家，若在诸侯公室、天子王室承担职事，则为卿。《白虎通义·爵称》解释说：“公、卿、大夫者，何谓也？内爵称也。曰公、卿、大夫何？爵者，尽也，各量其职尽其才也。公之为言公正无私也；卿之为言章，善明理也；大夫之为言，大扶进人者也。”故通言之，卿大夫就是基层社会治理单位之领导者。

天子、诸侯的权威是通过卿大夫才至于庶民的，对庶民而言，其所感受到的德教主要、且直接来自卿大夫，诸侯、天子则是间接的。大部分士也是服务于卿大夫的。故在封建时代，卿大夫实掌有多数社会资源，诸侯权威实来自卿大夫之认可，天子权威又来自诸侯之认可。可见，卿大夫权威是整个封建君子群体权威之基石。这样，当封建制松动、解体之时，治理权威就有不断下移之趋势，如孔子观察到的：

孔子曰："天下有道，则礼乐征伐自天子出；天下无道，则礼乐征伐自诸侯出。自诸侯出，盖十世希不失矣；自大夫出，五世希不失矣；陪臣执国命，三世希不失矣。天下有道，则政不在大夫。天下有道，则庶人不议。"

孔子曰："禄之去公室，五世矣；政逮于大夫，四世矣；故夫三桓之子孙，微矣。"（《论语·季氏》）

封建治理权威首先从天子转移到诸侯，故有春秋中期齐桓公、晋文公之伯（霸），由此，"礼乐征伐自诸侯出"；然后，权威继续下移至卿大夫，各国均出现了大夫专权之局，此即"政逮于大夫"，著名者如鲁"三桓"专权。孔子行道天下，主要就是与各国专权的卿大夫打交道。

故对维护良好社会秩序而言，卿大夫的角色至关重要，其关键在于遵守礼法，本章重点在此。

先王之所行即为法度

本章有三"不敢"，由《开宗明义章》的"不敢"所转生，与《天子章》两个"不敢"相呼应，在此具体表现为敬畏礼法，不敢逾越。

本章三言"先王"，并言及"法服"、"法言"。"先王之法服"、"先王之法言"等语句清楚表明，圣人以为，先王之所行，足以为法度。孔子曾对此有所阐明：

子曰："父在，观其志；父没，观其行；三年无改于父之道，可谓孝矣。"（《论语·学而》）

观察一个人是否有德，当其父在世时，从外部约束其行，故重点在观察其心志是否正；其父去世后，无人从外部约束，有其志则可有其行，故直接观察其行，即可知其人之志，从而知其为人。孔子说，若其人在其父去世几年内，对其父所行之道无所改变，则可谓之孝。"无改"出于对父之爱、敬，以及由此生发的自我约束。无改，必定循之而行，其父之所行也就成为其子孙之礼法。

孔子于本章指出法度形成之基本机制，而孝在其中至关重要。这样的礼法形成机制，不同于西方。

在中国以西的神教文明中，神能言，神以其言颁布律法给人。当然，这是人以神的名义造法，其法昭昭俱在神典之中。到现代，主权者代替了神，在所谓社会契约论中，人民订立契约，设立主权者，其首要权力是颁布律法。神教塑造了西人基本政治观念：秩序只能由法律塑造，神或国家的主要功能就是颁布法律。

中国人敬天，而天不言；即便有各种神灵，也都不言。天和神都不向人颁布法度，但社会治理显然需要法度。若法不出于神，或者换一个说法，人不能假神作法，当然只能由人生法。

然而，法度出自什么人才是善的？法家主张“法后王”，其理论类似于霍布斯，法律出自统治者的意志，其权威来自国家权力之强制。秦制即循此而立，因而行之不远。

圣人则以为，良好的立法之道是法先王。先王之法要害在于“先”。王者必有所行，有所创制。当其在世之时，人们可能慑于其权威，不敢论其是非。即便不当，人们也被迫遵守。但当其死后，人们可以其行动表达意见。某些先王所行之法，人们不再遵行，即可见其有不公之处，自然为人废弃。若人们继续遵行之，则可见其较为优良，为人所认可，即可成为礼法。孔子所说“三年无改”，其含义正是，后王观察先王之所行是否为人认可，若众人认可，自可循行，而定为法度；若不认可，则可择机改变。这样，成为礼法的先王之法固然出自先王之志，其最终成为礼法却出自臣民之抉择，因而，先王、臣民、后王先后参与，共同生成礼法，此礼法出于公，自然能平。

“法先王”系圣人论礼法的要点所在，也是儒家政治思想的关键所在。孔子删述六经，就是“法先王”。经历了秦制法后王所致之大乱后，汉代儒者的基本政治诉求就是复古，以更化各种制度。此后历代遵行的法度，也多出于先王之“故”、“故事”，“祖宗之法”等等。以现代人眼光看，这是守旧，实则恰恰是审慎和公正，这种做法恰恰可以限制立法过程中君主的意志专断，让更多人在时间维度上先后参与，此系立法为公的大智慧。如此礼治，实为优良的规则之治。

礼法的渊源既然在先王之法，则孝在礼法形成过程中就居于枢纽地位。后王有孝之德，先王之道才得以保留而成为礼法。先王刚死，后王即仓促更改先王之制度、事业，人们也就无从表达其对后者之评价，先王之法也就完全没有机会成为礼法。相反，后王意志立刻变成法度，支配社会，但其是好是坏，人们根本未曾参与意见。若每代王者都如此行事，则根本没有稳定而优良之礼法，邦国、天下不可能有良好秩序。

在西方，英格兰普通法法律家也强调法先王、尊重先例。在西方诸法律传统中，普通法不同于神法传统，也有别于罗马法，强调尊重先例，其形成、运作机理，颇有通于礼治之处，而它恰恰是现代西方法治之典范。

受此法律传统影响，英国哲人爱德蒙·伯克发展出保守主义思想，其根本义理无非是孝，尊重历史，取法先王，善待习俗。现代哲人哈耶克传承这一思想和法律传统，主张自发秩序理论。惜乎其未能溯及人人皆有的爱亲、敬亲之情，仍在空洞的知识论中打转，终究未为尊重传统找到切身依据，其所构想的自发秩序，也缺乏爱、敬之情的滋润，故难久、难大。

守法意识同样出于孝

本章经文同样阐明，守法意识出于孝，即经文所说的三个“不敢”，因为敬亲、爱亲，所以“不敢”。

在神教文明中，人之所以守法，乃因为律法是神所颁，人服从神即表现为信仰并绝对服从神律，故守法意识来自其对神的绝对权威之畏惧。即便西方现代法律观念，也要么诉诸自然，要么诉诸主权者，人们对法律有一种深刻的畏惧。支撑西人所谓法律信信仰者，还有一种对无法律状态之隐隐恐惧，因为，法律全面塑造秩序，一旦法律不为人信仰，人们就会堕入丛林状态，这正是神和霍布斯最担心的。

而先王不是神，故人之守法意识不是来自对先王之信仰和恐惧，而由人对其身、位本源的自觉以及保身、传位的道德责任转生出来。人自觉其“身体发肤受之父母”，因而“不敢毁伤”，则必定正己谨身，敬畏礼法，不敢逾越。否则，身陷囹圄，父母蒙羞。也就是说，守法意识在中国是一种内生的道德意识，而非对外部绝对力量的信仰和畏惧。事实上，礼法本就是顺乎人心而生成的，生成于历时性生活过程中，不是神从外面对人的约束。故人们自主地进行道德选择，总是会选择守法，当然，这种选择常在日用而不知的情形下完成。

表面看起来，由此而来的守法意识，其强度弱于神教文明：中国人不可能“信仰法律”。很多现代法律人期待中国人如此，而每每失望。不过，恰恰是这种人本的守法意识，才可以普遍而持久。要人信仰法律，也就是要人服从于物，这本身就是对人的尊严的否弃。人以道德的态度对待法律，方能树立起人的尊严，肯定人的自主。而有尊严和自主的人完全可以自我成长并良性互动，所以，即便人们不信仰法律，秩序也依然可以形成并得以维护。当然，教化至关重要，以启发众人之道德自觉，由此而有守法意识。

因而在中国，道德、教化是法律发挥作用之前提，光秃秃的法治在中国是不可能正常运转的。追求法治之士不能不同时重视道德、教化。两者相辅相成，才有良好秩序可言。

上文所言先王之法或曰礼法，范围非常广泛，本章列举了法服、法言、德行。

法服，合乎先王法度之衣冠。各色人等的自然身体相差不大，文明之别首先在于衣冠。有衣冠，然后身体人文化，故《周易·系辞下》叙述文明演进，其中关键一环是“黄帝、尧、舜垂衣裳而天下治，盖取诸乾坤”。黄帝、尧、舜缔造中国的第一步正是制作中国之衣冠。帝舜曾对禹说：“予欲观古人之象，日、月、星辰、山、龙、华虫，作会；宗彝、藻、火、粉米、黼、黻，絺绣；以五采彰施于五色，作服，汝明。”（《尚书·益稷》）可见，舜也是服先王之法服。

舜所说的衣冠之具体形制，今已难完全推明，但圣人对衣冠制度之用心，彰彰可见，无衣冠，不华夏。不幸的是，一百多年来，中国人所服者，尤其是精英群体所服之所谓正装、礼服，已非先王之法服。衣冠已非华夏，安有中国文明？今日欲图中国文化复兴，不能不用心于恢复华夏衣冠。

法言，合乎先王法度之言，道的意思是言说。人以言与人相交接，由言，可以见人之善，可以见人之恶。孔子说：“乱之所生也，则言语以为阶。”（《周易·系辞上》）所以，君子所言当合乎法度，《仪礼·士相·见礼》记言之法度：

“与众言，言使臣。与大人言，言事君。与老者言，言使弟子。与幼者言，言孝弟于父兄。与众言，言忠信慈祥。与居官者言，言忠信。凡与大人言，始视面，中视抱，卒视面，毋改。众皆若是。若父，则游目，毋上于面，毋下于带。若不言，立则视足，坐则视膝。”三代君子皆学诗，固为，“不学诗，无以言”（《论语·季氏》)。《论语》对于如何言然后为法言，有大量论述。

德行，有德之行。人必然行，行可能有德，亦可能无德。“志于道，据于德”（《论语·述而》)，志于先王之道而行，则可以得之于己身，此即德。当然也可以先王之典范养成己身之德，《尚书·舜典》记帝舜命夔“典乐，教胄子：直而温，宽而栗，刚而无虐，简而无傲”。圣人之教正是教人成德在己身。

以上三者，服在最先。因为，人与人相交，必先见其服，然后听其言，然后见其行。孔子曾论君子当慎言行：

子曰：“君子居其室，出其言，善则千里之外应之，况其迩者乎？居其室，出其言不善，则千里之外违之，况其迩者乎？言出乎身，加乎民；行发乎迩，见乎远。言行，君子之枢机，枢机之发，荣辱之主也。言行，君子之所以动天地也，可不慎乎？”（《周易·系辞上》)

故君子非先王之法言不敢道，非先王之德行不感行，孟子曾与人有如下对话：

曹交问曰：“人皆可以为尧舜，有诸？”

孟子曰：“然。”

“交闻文王十尺，汤九尺，今交九尺四寸以长，食粟而已，如何则可？”

曰：“奚有于是？亦为之而已矣。有人于此，力不能胜一匹雏，则为无力人矣；今曰举百钧，则为有力人矣。然则举乌获之任，是亦为乌获而已矣。夫人岂以不胜为患哉？弗为耳。徐行后长者谓之弟，疾行先长者谓之不弟。夫徐行者，岂人所不能哉？所不为也。尧舜之道，孝弟而已矣。子服尧之服，诵尧之言，行尧之行，是尧而已矣；子服桀之服，诵桀之言，行桀之行，是桀而已矣。”

曰：“交得见于邹君，可以假馆，愿留而受业于门。”

曰：“夫道，若大路然，岂难知哉？人病不求耳。子归而求之，有馀师。”

(《孟子·告子下》)

孟子说，服先王之法服，道先王之法言，行先王之德行，则人皆可以为尧舜。孟子又推本而言，尧舜之道，孝悌而已。非先王之法言不敢道，非先王之德行不感行，其源在孝之德。

经文接下来指出，卿大夫基于其对生命、爵禄来自父祖的自觉而自我节制，遵守礼法，则可以言行恰当。

择，皮锡瑞认为，当读为“斁”字。《洪范》序曰：“我闻在昔，鲧堙洪水，汩陈其五行。帝乃震怒，不畀洪范九畴，彝伦攸斁。鲧则殛死，禹乃嗣兴，天乃锡禹洪范九畴，彝伦攸叙。”可见，斁是叙的反义词，意为败坏。经文指出，卿大夫若能基于孝而自我约束，则可以避免败坏的言行。

如此则能保其宗庙。郑玄注：“宗，尊也；庙，貌也。亲虽亡没，事之若生。为作宫室，四时祭之，若见鬼神之容貌。”宗庙所奉正是父祖，保其宗庙，也就意味着父祖不朽，此为子孙之大孝。关于宗庙祭祀，《圣治章》《感应章》将予以详尽讨论。

故卿大夫之孝也构成一个回路：始于爱敬父祖之情，生发道德意识，包括守法意识，终于保守父祖之家。阮福在《孝经义疏补》中说：“卿大夫以保其宗庙祭祀为孝，则不敢作乱，不敢不忠不仁、不义不慈。儒者之道，未有不以祖父庙祀为首务者。”

[经文]诗云：“夙夜匪懈，以事一人。”

本章所引诗句出自《诗经·大雅·烝民》。夙，早；夜，暮；匪，通非；懈，惰也。一人，指天子，也可泛指为人君者，如诸侯。

卿大夫承担着基层治理之责任，天下秩序之好坏，民众是否得福利，最终取决于卿大夫是否尽责，故对其最基本的道德要求是不可懈怠。孔子教导弟子为政，两次论及此义：

子张问政，子曰：“居之无倦，行之以忠。”(《论语·颜渊》)

子路问政，子曰："先之，劳之。"请益，曰："无倦。"(《论语·子路》)

孔子所说的"无倦"，即此处之"不懈"。卿大夫爱亲、敬亲，则不能不事君忠而无倦，正是"不敢"之意。

以上两章论诸侯、卿大夫之孝，归于保守其父祖之位。自战国以来，只有国王、天子还是世袭的，当然，建立共和之后，天子也不再世袭。至于天子以下，则两千多年来，都不再行世袭制，郡县（元代以来的省县）官员均由国家委任，并有固定任期，随时迁转。

然而，圣人以上所言之大义，今天依然成立，因为中国文明之大框架未变，那就是敬天而非信神。那么，承担治理责任之君子何以有德？仍然是始于爱亲、敬亲；爱亲者不敢恶于人，敬亲者不敢慢于人；由此，君子自我约束，遵守法纪，服务民众；君子如此，则可以保其官职而不失。

事实上，在郡县时代，士人需要更自觉的道德意识。在三代封建时代，诸侯、大夫之位世袭，道德意识来自保其父祖之社稷、宗庙；在郡县制时代，众人皆为庶民，机会对所有人开放，唯有德能出众者方可脱颖而出。而其德，只能始于爱亲、敬亲所激发之道德意识。由于其官职随时可被免去，故出仕的士君子更需戒慎恐惧，自我约束。诚能如此，则可以保有其位，且有升迁机会，在更大范围内行道，有德于民，有功于国，扬名于后世，以显其父母。更进一步，君子若有至德，还可以德礼相传，惠泽子孙，自立为名门世家。可见，在郡县时代，德更重要，而圣人云：孝者，德之本也。这个道理，通于万世。

士章第五

章旨：士为中介，上下流动。家内施教，成就公民。

曾子曰甚哉孝之大也子曰夫孝天之經也地之義
民之行也天地之經而民是則之則天之明因地之利以
順天下是以其教不肅而成其政不嚴而治先王見教之
可以化民也是故先之以博愛而民莫遺其親陳之以德
義而民興行先之以敬讓而民不爭導之以禮樂而民和
示之以好惡而民知禁詩云赫赫師尹尹民具爾瞻

［经文］资于事父以事母而爱同，资于事父以事君而敬同。故母取其爱，而君取其敬，兼之者，父也。故以孝事君则忠，以敬事长则顺。忠、顺不失，以事其上，然后能保其禄位，而守其祭祀，盖士之孝也。

前三章所论天子、诸侯、卿大夫，可统称君子，西人称为“贵族”，为各层级之统治者；以今日情形言之，则为高、中级官员，国家各领域之领导者，包括但不限于政治领域。下章所论庶人，系社会中数量最多、处于底层之普通民众。本章所论之士，则居于君子、庶民之间。

阶级转化性角色：士

《白虎通义·爵》解释说：“士者，事也，任事之称也。故《传》曰：‘通古今，辩然否，谓之士。’何以知士非爵？《礼》曰：‘四十强而仕’，不言‘爵为士’。”与天子、诸侯、卿大夫不同，士不是一级爵位，凡对君承担一定职事的人，均可称为士。经典中有“卿士”之类的称呼，盖其本来身份是诸侯，但承担王室事务。至于本章所说的士，则出身于庶民，而有一定德能，可担当天子、诸侯、卿大夫等君子所分配之职事。他们直接处理各种事务，故其对社会运转所发挥的作用也有中介性质：上层君子的权威通过他们作用于庶民，从而塑造秩序。

在三代封建制下，君子世袭，故其群体相对封闭；士则对庶民开放，庶民中优秀者皆可成为士，参与社会治理。战国以后行郡县制，所有官职均对庶民开放，在特殊情形下，庶民甚至可以为皇帝。庶民上升进入社会、国家领导之位，即为士。故在社会结构中，士是一个阶层转化性角色。

孔子兴学，学生多出身庶民，但学六经之文而明修齐治平之道，有君子之德能，故称之为“士君子”。通过汉晋的察举制或者唐宋以来的科举制度，其中的优秀者可进入政府，组成钱穆先生所说的“士人政府”。

这是人类历史上最早形成的现代政府。庶民可以为士，可以享有文化、社会、经济、政治等方面的权威和权力，这就是平等；士人组成的政府有专业能力，在皇帝领导下形成严密的科层制，治理相互平等的所有人。按照德国社会学家韦伯的标准，这就是现代国家。也就是说，中国早在两千多年前，就建立了人类历史上第一个现代国家。而这种制度，欧洲人要到十八九世纪才建立起来。可是，深陷于欧洲中心论和德意志民族主义的韦伯扭扭捏捏，不愿承认这一点，因为他的德国在他那个时代面临的核心问题正是建立这样的国家。曾鼓吹“历史终结论”的福山，倒是很爽快地承认这一点。

士群体可以上下流动，这是中国社会两千多年来保持平等的显著标志。恰恰是这一转化性角色，需要其意识之转化：一介庶民，如何习得修齐治平之道？

当然可以通过学。孔子兴学，正是以学六经之文养成士君子，故《论语》首章论学。

然而，仅此是不够的。盖学而习之，方知其中三昧。尤其是处理政务，非比书斋学问，需要相应的德与能。君子的子弟，在今日则为官员、企业家的子弟，可就近观察其父兄处理政务、公司事务，而有所学，甚至可以有习的机会，这样，在其得位之前，就已对未来将承担之事务有所了解。庶民子弟则无此便利，在其出仕前路上有一道巨大的鸿沟：如何对政务有最初步的理解、体认？这其中最为重要的是，如何掌握处理君臣关系之道，也即妥当处理行政上的上级、下级之关系的能力？若其没有简便切近的渠道学习此道，就输在起点上，社会阶层结构必然趋于固化。而一个社会，若庶民向上流动的渠道狭窄，致其等级固化，绝不可能是好社会。

圣人有见于此，而发明家、国一体之道，从而为庶民弟子向上流动、承担治理责任，打开了通途，此即本章要义所在。《论语》首章论学，次章则为有子论孝，其大义正与本章相发明。

父子之义有助于体会君臣之义

资，取也，用此物可以达到彼目的之意。今人有“资源”一词，意即可用于实现某种目的的财物；又有“投资”一词，意即投入一笔钱物，可生出更多的钱财。《大学》曰：

所谓治国必先齐其家者，其家不可教而能教人者，无之。故君子不出家出成教于国：孝者，所以事君也；弟者，所以事长也；慈者，所以使众也。《康诰》曰：“如保赤子。”心诚求之，虽不中不远矣，未有学养子而后嫁者也。

善哉“未有学养子而后嫁者也”之喻。女子不可能在学会养子之后再嫁人生子。而事实上，人人皆曾为人子女，从父母之养育、慈爱自己，即可自行推知养育、慈爱子女之道。其要点，则在于本章经文所说的“资”。

对庶民子弟而言，虽未亲见国家、公司治理过程，仍可进而从事之，只要善于“资”，且“心诚求之”：因为，人人都生而在家中，生而在与父母的天伦中，此即人人可“资”之生命经验，若能心诚求之，既可由此而初步具有公共生活之基本心智。

正因为如此，本章经文突出父子之伦：完全没有任何政治生活经验的庶民子弟，资于父子之伦的大义，心诚求之，则可以初明君臣之义。

天生人，男女自然有别，其身体构造、其心理倾向均有所不同。男女结合为夫妻，生育而分别为父、母，其与子女的关系有同又有别：父母对子女均有慈爱，这一点，两者相同；而除了爱，父亲对子女还有严，这一点，两者有别。《礼记·表记》说：“今父之亲子也，亲贤而下无能；母之亲子也，贤则亲之，无能则怜之。母，亲而不尊；父，尊而不亲。”相应地，子女对母之情大体上就是爱；对父，除了爱还有敬，正是在下者对在上者之敬。

圣人以为，家内自然而有的子对父之敬，可资以在家外公共关系中事君。臣对君所需要者，主要就是敬。《大学》云：“为人臣止于敬。”孟子云：“君臣主敬。”元首与其股肱，君与臣，虽然休戚一体，但两者上天下泽，名分甚严，故事君以敬为主。正因为此，家内就可以训练子弟的公民美德：敬官长。由此，即便庶民子弟，也可以出于事君。

父子之伦立则家道正

部分地基于这一教化之大用，圣人强调，家以父子之伦为本。由此才有本章经文乍看令人惊异之叙述："资于事父以事母而爱同，资于事父以事君而敬同。故母取其爱，而君取其敬，兼之者，父也。"

家内人伦，无非两轴：纵向的、代际的父子之伦，横向的、同代的夫妻之伦。夫妻者，本于阴阳和合之天道，有合两姓之好的大用，固然为人伦之大者。故六经之中，《周易》上经始于乾、坤两卦；下经始于咸卦论男女之相感，恒卦论夫妻之长久；《诗经》始于《关雎》，歌咏男女成就夫妇之美。可见，圣贤极为重视夫妻之道，盖无夫妻，则无生，无生，则无家，甚至也无人。

然而，圣贤列五伦，则以父子为首，孟子谓帝舜"使契为司徒，教以人伦：父子有亲，君臣有义，夫妇有别，长幼有序，朋友有信"。（《孟子·滕文公上》）《中庸》列天下之达道五，"曰君臣也，父子也，夫妇也，昆弟也，朋友之交也，五者，天下之达道也"。《白虎通义》列三纲："三纲者何谓也？谓君臣、父子、夫妇也。"此两经论公共秩序，故首列君臣，而列父子在夫妻之先。

据经籍所记，父子关系之突出，始于舜。《尚书·尧典》记：舜以孝闻名天下，帝曰："我其试哉！"女于时，观厥刑于二女。厘降二女于妫汭，嫔于虞。帝曰："钦哉！"此谓舜作出努力，让帝尧之二女离开帝尧之家，入于虞为妇。

此乃舜对中国家庭制度发展作出之巨大贡献：在此之前，或为从妇婚制。在此制下，夫妇关系不稳，则父子关系不明。帝舜确立从夫婚制度，夫妇关系逐渐明晰、稳定，则父子关系趋于明晰、紧密，父亲自觉地承担起教养子女之大义，父子一伦为人伦之大者。

唐君毅先生曾论及夫妇生育子女而促成夫妇关系之提升：子女之诞育，自哲学上言之，即爱情之客观化，由此而使夫妇间关系道义化，从而可以促进夫妇间情谊。同时，以对子女之情谊为媒介，夫妇间之情谊即间接化。“此种夫妇情谊之间接化，宛若造成一夫妇之距离。然此距离同时增加夫妇间之敬意，使夫妇关系更成一种超儿女私情之关系……儿女私情主宰之夫妇关系，恒不免注目对方之身体，以对方之身体为满足欲望之具。然有子女以后，则注目于子女之身体。”而子女之身体非男女本能欲望之对象，故夫妇对子女之爱有超出欲望的纯精神意义。爱子女的身体，就是爱不能为欲望对象之身体的开端。（《文化意识与道德理性》，第 35–36 页）

《周易》下经首先是咸卦，少男少女相感而有成夫妇；《序卦》说：“夫妇之道不可以不久也，故受之以恒。”然则，夫妇如何长久？男女之爱情，来得快去得快。唯当夫妇生育子女，夫妇关系才可以恒久。首先，如唐君毅先生所说，子女的出生让夫妇超出男女欲望，得以进入道德生活境界，相爱之外更有互敬，此为夫妇关系长久之要道；其次，子女本身就可以延续夫妇的生命至其死后，《圣治章》说“父母生之，续莫大焉”，圣人立孝道，正是教子女让父母之生命恒久，父母教养子女，也正是在延续自己的生命。夫妇关系的道义化和追求恒久的生命意识，让父子一伦得以突出。相比于夫妇之爱情，相对于夫妇有限的生命，这一伦清楚地显示了情谊和生命之恒久。

略加思索即可发现，父子之伦立则家道正。父子之伦可涵括夫妻、兄弟两伦：有父子，必然已有夫妻；有父子，也可以有兄弟。反过来则未必成立：有夫妻，未必有父子。今日颇有夫妻并不生育者，虽然名义上有家，却无父子一伦。

圣人确定父子关系为家庭秩序之枢纽，才构造了最完整、最稳定的家，并让男女老幼各得其所。且以父子为枢纽，家得以成为完整的社会组织，自然地成为教化之所。

一旦父子一伦突出，子女的情感发育即趋于完整：在爱之外，又能敬。故经文说，家内兼有子女之爱、敬的人是父，故父是家的中心。确定这一点，为人类文明成熟之基本特征。

古人所说三纲之“父为子纲”，其大义部分正在于此。父为子纲肯定父子有上下之别，此上下之别可通于家外：父亲在家内教子以敬，则子进入家外的大社会（西方人所谓 Great society），即可具有进入基于君臣上下关系的组织中所需之基本心态，从而具有成为公民、成为“天下人”之基本心态。

反之，家若不以父子为中心，而以夫妻为中心，必定只是简单的生活单元，而难以成为相对单独的社会组织单元；其中或有情感，却无法施行教化。若不能在家内养成事君之心智，庶民子弟必困于家中，其生命不得舒展畅发。

孝为家国贯通之道

圣贤所定家制及其伦理，让家、国相通，由此建立了最为易简的教化公民、培养治理者、保证阶层开放、维护社会平等之机制。

普遍的社会政治秩序得以正常运转的前提不仅是互爱，还有成员对权威的普遍服从，比如服从长官、遵守规则等，此即敬。如霍布斯所说，在没有权威的自然状态中，人人都有暴死的恐惧。然而，如何教人有敬上之心？

神教的办法是树立拥有绝对权威的神，其反过来命令人、支配人，要人绝对顺服；神可以惩罚人，故令人畏惧。神教中的世俗权力也常以神的名义要人绝对服从。西方哲学则致力于树立城邦的绝对权威，如现代哲学所说的“主权者”，意思就是至高无上者，拥有可以毁灭任何个人的暴力，从而令人畏惧。

天不惩罚人，也未要人绝对服从，故王、君子无法借天令人畏惧。相反，天生人，人人都有自主意识。于是，教人服从的责任就转入家中，从孩子开始，养成其敬父之心。经过家内之潜移默化，孩子在家外即知服从权威，且大体知道如何表达对权威的敬意，而不会犯上作乱。《论语》全书第二章论孝，首先肯定的正是家内教化所具有的这一效用，有子曰：“其为人也孝弟，而好犯上者，鲜矣；不好犯上，而好作乱者，未之有也。”犯上，乃冒犯家内之尊者，主要是父；作乱则指蔑视君上，破坏公共秩序。孝悌之人可有公民之首要德行：服从。然后才是爱人。

更进一步，父子一伦也可教化庶民子弟初具士君子之德。《左传·僖公二十三年》：“子之能仕，父教之忠，古之制也。”在家内，父亲对儿子严，儿子对父亲有敬意，父亲即可教其子以此敬意对待即将侍奉之君，此即经文所说“以孝事君则忠”，对孝中隐含之敬加以转换，成为对君之忠。以敬事长则顺，机制相同：侍奉兄长有敬，经过转换即可用于侍奉官长。士君子出仕，而大体知道敬君、顺上，则可以与君、上各得其宜。

故《大学》提出治国必先齐其家谓：“其家不可教而能教人者，无之。故君子不出家而成教于国：孝者，所以事君也；弟者，所以事长也；慈者，所以使众也。”事父之敬可教人事君之道，事兄之悌可教人事长之道。曾子说：

是故未有君，而忠臣可知者，孝子之谓也；未有长，而顺下可知者，弟弟之谓也；未有治，而能仕可知者，先修之谓也。故曰：孝子善事君，弟弟善事长，君子一孝一弟，可谓知终矣。（《大戴礼记·曾子立孝》）

由孝可以知忠，忠通于孝，故汉代士大夫韦彪曾上书阐明选人之道：“夫国以简贤为务，贤以孝行为首。孔子曰：‘事亲孝故忠，可移于君’，是以求忠臣必于孝子之门。’”（《后汉书·伏侯宋蔡冯赵牟韦列传》）

汉晋所实行的举孝廉制度，正是基于这一观念设立的，事实证明这一观念是成立的。史家公认，东汉风俗最美，顾炎武解释其原因是：“光武有鉴于此，故尊崇节义，敦厉名实，所举用者莫非经明行修之人，而风俗为之一变。至其末造，朝政昏浊，国事日非，而党锢之流、独行之辈，依仁蹈义，舍命不渝，风雨如晦，鸡鸣不已，三代以下风俗之美，无尚于东京者。故范晔之论以为，桓、灵之间，君道秕僻，朝纲日陵，国隙屡启，自中智以下靡不审其崩离，而权强之臣息其窥盗之谋，豪俊之夫屈于鄙生之议，所以倾而未颓、决而未溃，皆仁人君子心力之为。”（《日知录·两汉风俗》）此处所谓“行修”，首先是修孝行。

至关重要的是，这是最为易简的公民教育之道，治世君子养成之道。教化在家中进行，在孩子出生以后的日常生活中进行。不必设立专门的建制，国家也基本上不用介入，只要君王以其家教示范天下即可。此教化机制是顺的，从家引导孩子顺势进入社会，成为好人、好公民，其成本最低，而成效极为显著。

同样重要的是，如此君子养成之道有助于政治的开放、平等。帝舜本为“侧陋”之人，其人生成长经历中完全缺乏对治理的切近观察和理解；胤子朱和共工则有此优势，若遴选标准就是现成的治理知识，帝舜根本没有机会。然而，孝却给了帝舜以机会，可以说，举孝子为预备的治世君子制之，可以确保权力开放给任何人，因为，任何人都是父母所生，只要足够自觉，都可有大孝之德，则任何人都可以凭借此德获得机会。以孝遴选君子，恐怕是人们所能找到的最有利于政治平等的制度安排。

究竟以什么标准选士，对于社会能否保持流动，至关重要。孝行是最为自然、普遍而可信的，后世的科举制虽然不完全考察孝行，基本上也坚持一个原则：尽可能让更多人参与到竞争中，为此，不惜保持选士考试内容之简单易学，比如主要考核《四书》，以八股文取士。这些制度设计旨在让贫寒子弟也可以学习、考试。若附加太多复杂内容，他们将无机会。这是大智慧，因为，只有政治保持开放、阶层不固化，社会才有活力，文明才有生命力。

中国以西诸邦国多不明上述大义，故其对家内人伦，进而对家、国关系之思考，及其所立教化、政治制度，颇多偏失。

常见的偏颇是，否定家而由城邦施行教化。典型者是《理想国》：哲人以高贵的谎言教化城邦守卫者，谓其从土里长出来，大地是其共同的母亲，父亲被刻意遮蔽。更进一步，城邦守卫者实行共妻、共子、共财制，家完全消失，无以施行教化。于是，城邦承担起教化之全责，哲人王施行教化，只为塑造公民，故城邦的教化完全是政治性的，其所教成之人不成其为完整的人。苏格拉底所谓美德，智慧、勇敢、节制、正义，归结于正义。这确实是公民的美德，问题是人被架空了，完全没有日常生活的美德可言。

这构成后世西方政治哲学讨论美德之源，其所谓美德基本可归入公民美德、也即，政治生活的美德，且倾向于将其与私人生活的美德相分离、相对立。由此，西人不能不在日常生活之外建立单独的、公共的实际上就是政治的教化机制。然而这立刻引发出一个难题：施行教化的统治者本身之德行，从何而来？这是一个逻辑悖论，近世以来的共和主义者也始终面临这一困境。于是，所谓公民美德之教化不能不预设政治之外的神教之教化。

但由神教施行教化，则存在多重断裂。

神教以亚当夏娃的关系为模板，其信众乃以夫妻关系为家内决定性人伦，则必定只见爱，不见敬——这是因为，敬完全献给了神。如此，家仅为一生活单位，教化只能交给家以外的教会。

神教又割裂人身，分之为灵魂与肉体；灵性教化所养成之德，固然可以部分转用于世俗生活，包括维系政治秩序，但归根到底，神教引人向往来世，也即死后的世界，本无意教养其成为在现世担责之公民。麻烦在于，教会垄断了教化权，世俗国家据此放弃其教化职能，由此形成西人对国家施行教化之心理恐惧和观念神话。但其实，教会并未在塑造公民。

西人对于家的认识，也存在严重偏颇，其中之一是，虚妄地强调母亲的支配地位否定父亲的角色。

在古希腊神话中，首先有大地该亚，她生了乌兰诺斯，并与之乱伦结合。但对其所生之子女，身为父之乌兰诺斯充满憎恨；其子克洛诺斯乃在其母鼓励下，割掉其父之阴茎。但克洛诺斯同样残暴地对待其孩子，将其逐一吞食，幸免于难的其子宙斯乃起而复仇，打败其父，取而代之。由是，弑父成为西方文化明中反复出现之事实、其文学、思想中反复描述之主题《理想国》的“高贵的谎言”中，大地为城邦守卫者共同的母亲，而无父亲。

霍布斯在《论公民》中断言，在所谓自然状态中，母亲由于生育、抚育其子女而对子女享有支配权。婚姻关系出现后，经母亲同意，此支配权可转让给父亲，父亲对子女之权力如同主人对奴隶之权力。在此可见，霍布斯颠倒因果，家反倒成了政治体，以权力统治为中心，并成为政治共同体构建的模板，当然也就取消了家的教化功能。

出于对这种父权制的反抗，近世西人在理论上编造、美化所谓“母权”社会，相信单靠母亲即可维系正常家内秩序。这一理论得到现代国家福利制度支持，今日在不少国家，单亲家庭大量存在，仅母亲抚养孩子。在这样的家中，孩子或许可以得到爱，却无从养成敬。

相比于凡此种种偏颇，圣贤以父子为中心，兼爱、敬之教，平实而圆融：人所能组成的最自然因而也最普遍的社会组织——家，即可成为教化之基础性场所，在此，孩子既可习得爱人之情感和能力，又可习得敬人之情感与能力，从而具有进入社会所需之基本情感和能力，成为好人；更可进入政治结构，成为好公民；既知道如何爱人，也知道如何服从官长。由正常家内生活可生长出良好的整全的社会政治秩序，此即是“顺”，这是人类发明的最自然也是成本最低的秩序生成与维护方案。

今日家利之弊

本章大义在“资”字、“取”字：取事父之敬，可为庶人子弟事君之台阶；但终究只是资、取，两者在性质不同的两个领域。对此，经后文会明确指出，《圣治章》所说：“父子之道，天性也，君臣之义也。”

另，本章归结于“保其禄位，而守其祭祀”。诸侯、大夫之位是世袭的，士之“禄位”则是自己所得者，相当于今日之工资、福利，因岗位而异。士没有治理权，当然也就没有宗庙、社稷，只在自家室内祭祀父、祖。

自战国以来，除皇家以外的所有人，其成为社会治理者，均起步于士；自二十世纪初行共和制以来，即便地位最高的治理者也起步于士。就此而言，本章最有现实意义。在此状态下，所有人家的子弟对治理都是陌生的，其如何掌握公共生活之基本伦理，成为合格公民？他当然可以通过书本学习君子之德能；但仅此是不够的，君子德能之训练需要长期实践，而他唯一的实践场所是在家中，此实践从他出生就开始，即其对父之敬。此敬可转用于恰当地对待家外公共组织内之在上位者。故共和时代，家内伦理生活训练对于公共秩序之维系，更为重要。

不幸的是，二十世纪以来的文化政治运动多次猛烈冲击家，有些文人激烈地控诉所谓“父权”压迫。再加上生育政策强制、城市化等因素，家庭结构剧烈变化，独子家庭似成为家制主流；在此家内，父亲地位下降，角色扭曲，不能承担起教化之责。结果，家丧失其教化功能，尤其是不能教子弟以敬，导致子弟进入家外而不知敬人，不知尊重权威、秩序，此为当今社会秩序混乱之大源。

故本章在《孝经》中居于比较重要的地位。对普遍良好的社会政治秩序之形成和维系而言，人有博爱之情固然重要，有敬人之情同样重要，《论语》有子论孝悌章甚至置此于先。因为在陌生人社会，人们相互对待的首要情感是敬；对此社会秩序之维护而言，人们尊重权威至关重要。而所谓现代价值倾向于否认这一点，故敬所遭受的破坏远大于爱。即便今人讲孝，也重爱过于敬。重新体认《孝经》所揭示之大道，不可不兼顾敬、爱。

［经文］诗云："夙兴夜寐，无忝尔所生。"

诗句出自《诗经·小雅·小苑》。忝，辱也。所生，谓父母。经文引此诗句谓，士一旦入仕，即应不分昼夜，勤勉尽责；修身慎行，方不让父母因其蒙羞、遭辱。

此处"所生"之义甚大，它肯定：人之获得生命，由父母之"生"。父母是生命之本源，人的生命始于此，又归本于此。任何人，只要认知这一基本事实，自有道德意识之觉醒。圣人之教无非提醒、启发人们认知、肯定这一事实。

而只要人认知、肯定这一事实，德就开始生长，有子所谓"本立而道生"，这里又有一个"生"字，道不是外人灌输的，而生成于己身。只要肯定了父母生自己，必然肯定自己对父母的爱、敬之情，自然生成人的成长之道：扩充对父母的爱、敬之情为普遍的爱人、敬人之心。人循此道而行，即有各种德行。因此，道是内生的，生于己之身；德也是在内生的，生于己之行；道与德于人都是顺的，而非递的。

本章经文所论，也是唯一自然而可行的由人到公民的养成机制。父生母养这一最自然的事实，就构造了教化人成为公民的出发点，唯一需要做的只是自觉父之关键作用，事之兼以爱、敬。这种公民教养机制也是顺的。

中国以西之神教或政治理论多无视或否定生之事实，则其道德理论必定逆出而外生，其公民养成机制同样逆出而外生，由城邦专门建立此种教化体系，从而割裂日常生活与公共生活，从而引出亚里士多德被迫沉思的所谓难题：好人是不是好公民？事实上，西人通常相信，这两者是分立的，甚至是对立的，此观念必定让美好生活、让良好而整全的秩序成为不可能。

庶人章第六

章旨：用天分地，以养父母。庶人之孝，通乎上下。

子曰昔者明王之以孝治天下也不敢遺小國之臣而況於公侯伯子男乎故得萬國之懽心以事其先王治國者不敢侮於鰥寡而況於士民乎故得百姓之懽心以事其先君治家者不敢失於臣妾而況於妻子乎故得人之懽心以事其親夫然故生則親安之祭則鬼享之是以天下和平災害不生禍亂不作故明王之以孝治天下也如此詩云有覺德行四國順之

用天之道，分地之利，谨身节用，以养父母，此庶人之孝也。

庶，众也。庶人者，普通人，也即黎民百姓，处在社会结构之最下层，占人口之绝大多数，故谓之庶人。

农、工、商固然属于庶人，上一章所说的士，其身份也是庶人，只因德行出众，得以脱颖而出，承担社会治理之责任。此所谓德行，以孝最为重要，此为庶人自然可有之德，并可据以生发出其他德行。庶人数量众多，其能否做到普遍的孝，对社会风气之良窳有决定意义。

庶人之孝，呈现了孝之最基本义：养父母。

或有人怀疑，孝只是养父母吗？子曰："今之孝者，是谓能养。至于犬马，皆能有养，不敬，何以别乎？"（《论语 · 为政》）此章并非否定养，而是说，孝子不可仅止于养，需要养、并且能敬。养仍然是基础，不养就无所谓敬。反过来也可以说，敬，然后才能养，不敬、不爱，何以能养其父母？古往今来皆有弃养其父母者，无不因为其对父母无爱、不敬。

另，《纪孝行》章谓"养则致其乐"，最基本的养是确保年老体衰的父母有生活保障，但不止于此，令父母得其乐，同样也是养。若无深爱，何以能致其乐？

养父母关乎天地

那么，何以养父母？庶人必定通过自身劳作，而获取养父母之资财，而经文谓之“用天之道，分地之利”。大哉斯言！正是在庶人养父母中，从单纯的人事向精微之处上升，及于天、地，以下各章予以畅论。

在此之前，经文完全就父母生养子女立论，天子、诸侯、卿大夫、甚至士之孝，差不多都从“身体发肤，受之父母，不敢毁伤”引申而出，除了“天子”一词外，完全没有出现天地二字。

但归根到底，父母生人，只是天生人之具体呈现。中国人敬天。天生人，具体呈现在父母生其子女；天要其所生之每个人都维持其生，父母慈爱、教养其子女，可以分天之道、用地之利，以养其子女；反过来，子女也同样分天之道、用地之利，以养其父母。所有人，哪怕最普通的庶人，不论其为父母，或为子女，生命均展开于天地之中。

《孝经》由此确认，所有人，不论贫富贵贱，均生于天地之中，孝就因此而生发，孝是天经地义，孝通人于天地，此后经文即循此展开。

子曰“天何言哉？四时行焉，百物生焉”，似可用于解读此此处的用天之道”、分地之利。

四时周而复始地运转，春生、夏长、秋成、冬藏，此即天行之常道。所谓用天之道，就是子女循此四时之运转，以养父母。比如，循四时安排生产活动，尤其是农业生产，春生则耕种，夏长则耕苗，秋收则穫刈，冬藏则入廪，如此方能有所收获，以之可以养父母；或者，父母之身体，因四时而有变化，子女当顺时保养之。

天生万物于地上，皆可造福于人，此即地对人之利，比如天生植物、动物，可供人衣食，地中矿产等自然资源可供人利用，此即所谓“分”，分之于地，可以养父母。

人在分地之利时，当循天之道。“乾知大始，坤作成物”（《周易·系辞上》）天生而地养，故“用天之道”句可统摄“分地之利”句，比如，天生五谷菜蔬，虫鱼鸟兽，人以时而食，养其父母，合于天道，则可以用之不尽，如孟子所说：“不违农时，谷不可胜食也；数罟不入洿池，鱼鳖不可胜食也；斧斤以时入山林，材木不可胜用也。谷与鱼鳖不可胜食，材木不可胜用，是使民养生丧死无憾也。”（《孟子·梁惠王上》）若违背天道，取之无节，则人无以养其父母。

古人为此制定不少礼制，正是今人所说之生态意识。所谓“生态”，乃是天地之间生生不已之情势，人也在其中。人当体认、护持天地之生意，自我节制，此即是对生我的天地之孝，也即对父母之孝。曾子曰：“树木以时伐焉，禽兽以时杀焉。夫子曰：‘断一树，杀一兽，不以其时，非孝也。’”（《礼记·祭义》）孝父母至深者，必推本于敬天地。天地生万物，故孝子必取物以时。如此，则万物为人所用，而不害其生长繁荣。取天生之物而不以其时，可见其不敬天，人不敬天，其爱敬父母之情终归无根。

今日物质极大丰富，然多有取之非时者，更有各种以人工变乱天物的做法大行其道，其果然能自养并养父母乎？天生万物以及人，张横渠谓“物，吾与也”，人物一体，不敬物而害物，则其生命难免反受其害。

除了用天之道、分地之利，养父母，还需谨身节用。谨身者，谨于自身也，也即自我约束。此出自开宗明义章“不敢毁伤”，对应于诸侯章之多个“不”，卿大夫章之“三不敢”。在上位者固然需要自我约束，庶人在社会结构最底层，同样需要自我约束。节用者，节制用度。放纵欲望，则物不足用。节制用度，才能养父母。“谨身节用”，近似于卿大夫章之“制节谨度”。

天子、诸侯、卿大夫、士之孝，经文皆有“盖”字，含有推测而不敢断言之意，本章则直言“此”，未用谦辞，因为，养父母是孝子最基本而显而易见之情，无需推测。本章只说“谨身节用”，而未提及恶、慢之事，因为庶人之位已在最下。又庶人之孝后未引诗句作结，因为还有下节，总结五等之孝。

最好的养老制度

庶民之孝就是养父母，曹元弼说：“庶人之孝，孝之质也，士以上则当由此神而明之以致其精，扩而充之以极其大，各随其分以尽尊亲之义，宏爱敬之施。但五孝一理，能行庶人之孝，即已无负天地之性。”此性就是养父母。

《开宗明义》谓“身体发肤受之父母”，父母给子女以生命，并教养子女成人；

当父母年老体衰，子女自当报本而养父母。此非外部权威强加的义务，而是人人油然而生之深情，所谓“顺”。任何人只要自觉其生命本源，必有此情；只不过有些人因为利欲或激情塞其心，无以自觉，故需要教化，但教化也只是启发其自觉本心而已。

父母是需子女之养的。今日绝大多数人供职于各类组织，从中获取薪资以自我供养；退休后，又有国家福利制度所提供之退休金，似不需子女物质上的供养。然而，所谓退休金实非自己工资扣除所存，而来自子女所在整个一代劳动者收入之转移。从集体意义说，父母辈的生活仍赖于子女辈之养。

从经济学角度看，此制度未必有效率，因为这套制度的运作会耗费大量成本。相反，子女各养其父母，几乎没有信息成本、管理成本和资金转移成本，经济效率最高。自古以来，中国人重储蓄，不仅为了教育子女，也为了养父母，后者正是基于孝，前者则养成子弟之孝。

更为重要的是精神之养，不管父母年老后有没有收入，子女之亲情对父母晚年生活之安宁，具有决定意义。老年人面临死亡恐惧，其最大的困扰是不安，故孔子道其志，首先是“老者安之”（《论语·公冶长》）。从此角度说，唯有子女可以安养父母。在此子女之孝养之中，子女、父母有至亲之情，子女以自己的生命给年老的父母带来温暖，可缓解老者之死亡焦虑，使之安。今日社会固然可用金钱雇佣子女之外的人养父母，然而，养者与所养者之间没有至亲之情，死亡恐惧无以缓解，则老者之生命难免于不安，而多有悲苦。

不管从什么角度看，最好的养老制度是人各养其父母。当然，鳏寡孤独废疾者，也即没有子女者，需某种养老福利。不过，这也不一定通过国家福利，而可以通过其他制度解决，如古代宗族内部提供福利，在此所提供的不仅是财物，更有一定情感。人是有情的，生命离不开情，各种制度设计必须尽可能地有助于保持情谊甚至生成情谊。不顾情谊的物质主义是不人道的。

就此而言，现代国家福利制度颇有不人道的意味。此制度的精神基础是神教，神教破家，人转而依靠教会，教会收取信众资财，提供福利。在此，好赖还有基于同一信仰的兄弟情谊。世俗化之后，福利提供者转为国家，经过繁杂的管理流程，其间有严重成本消耗。更重要的是，国家对民众不可能有任何情感，也不考虑人的情感，故国家福利制度实施的结果，很有可能是人际相亲互敬之情趋于淡薄，以致共同体瓦解。比如在欧美，国家福利制度正在瓦解家庭，其长远后果十分严重。

［经文］**故自天子至于庶人，孝无终始而患不及者，未之有也。**

以上分论天子、诸侯、卿大夫、士、庶人之孝，此节总结五等之孝，与《天子》统摄五等之孝类似，而呼应《开宗明义》所论两个孝之始、终。

圣贤之道的平等大义

一般解本节之“无”为无有，“患”为祸患。简朝亮《孝经集注述疏》不以为然，解“无”为无论，“患”为忧心，似更准确。马一浮《孝经大义》也作此解，“言未有不能事亲、不能立身者也”。《说文解字》：“患，忧也。”《论语》出现的“患”字，全作忧心解，无一可解为祸患。故此处之患，亦当作忧心解。

《开宗明义章》言及孝的两个始终：第一个：“身体发肤，受之父母，不敢毁伤，孝之始也。立身行道，扬名于后世，以显父母，孝之终也。”第二个：“夫孝，始于事亲，中于事君，终于立身。”

本节基于这两者立论：上自天子，下至庶人，无论于孝之终，还是于孝之始，忧心自己做不到，这是不可能有的事情。意即，孝是人人都可以做到的，人不论高低贵贱，不论贫富穷通，都不可能有任何理由说，自己不能孝。因为，作为孝之终的立身行道、扬名于后世、以显父母，很多人可能做不到；但是，孝之始，不过是不敢毁伤，自我约束而已，无所谓做不到；作为孝之终的立身，人或许做不到，但作为孝之始的事亲，无所谓做不到。如果有人说自己做不到这两个孝之始，必定是孟子所说：“是不为也，非不能也。”（《孟子·梁惠王上》）

正是在此意义上，孝为“至德”。“至”不仅有极致之意，也有遍至之意。人人皆可有孝之德，人人皆应有孝之德。因为，人人都是父母所生，得到过父母之慈爱。因此，人人都天然有不敢毁伤进而有爱亲、敬亲之情；即便有些人的这种情感较为淡薄，只要略加提醒，即可轻易认识到并肯定父母对自己的慈爱，从而激发其爱敬之情，这就是孝。没有任何德比孝更自然、更普遍，故圣人谓之“至德”。当然，由此德也可以生发出其他德，乃至于察于天地，在这个意义上，孝同样是“至德”。

与此类似之表述是《大学》：“自天子以至于庶人，一是皆以修身为本。其本乱而末治者，否矣，其所厚者薄而其所薄者厚，未之有也。”在社会政治地位上，天子、庶人形同天壤，但此处以语气断然之否定句式表示，两者在一点上是平等的：每个人都是人，均当以修身为本。哪怕贵为天子，若不能修身，则不能保其身，遑论明明德于天下。

《孝经》同样指出，每个人都是人，都可以孝，都应该孝。哪怕贵为天子、诸侯，若不能孝，则不可能有德，不可能爱人、敬人。如果说两者有区别的话，那也只是，地位越高，越应尽孝，因而《天子章》说：天子当“爱敬尽于事亲”，爱亲、敬亲达到极致，如此才能“德教加于百姓，刑于四海”。当然，庶人之孝也不尽出于天子、君子之教化，因为庶人同样可以对自己本源有所自觉，而爱亲、敬亲，以养父母，进而爱人、敬人。

《大学》《孝经》两论之间有密切关系。“修身”之“身”得自父母，乃父母之遗体。“身体发肤，受之父母，不敢毁伤”，为此，人不能不修身，因为，“爱亲者，不敢恶于人，敬亲者，不敢慢于人”，此即修身之动力。修身，然后可以“立身”，可以更好地事亲，可以事君，可以行道，然后可以明明德于天下，则“扬名于后世，以显父母”。

《大学》以修身为本，由此上溯，亦可谓孝为修身之本。《大学》开篇谓：“大学之道，在明明德，在亲民，在止于至善。”《孝经》所说人人自然而有的爱亲、敬亲之情，就是人所固有之“明德”，人人可以体认之，可以“明”之而不间断，而自觉地爱亲、敬亲，这就是“亲民”之始，也是爱、敬天下之人的大本。《大学》所说“为人父，止于慈；为人子，止于孝”，则是“止于至善”之一端。因此，本乎《孝经》所揭示之本，可以推明《大学》大义；《孝经》立修身之道，然后可以至《大学》之齐家、治国、平天下。

以上论五等之孝，自尊而卑，由天子、诸侯、卿大夫，到士、庶人。任何一个文明社会，必有社会、政治上的上下尊卑之别，如此方能有效地组织起来，形成正常秩序，人得以“各正性命，保合太和”。

这一自尊而卑的次序已见后文教化之义：天子、诸侯、卿大夫之孝，对其本人之德行成长当然至关重要，同时也是以身施行教化，其教化对象正是本章所说庶人，在上位者以其孝行唤醒庶人之孝的自觉。唯有如此，天下之父母才能得其所养，天下之各家内才能形成良好秩序，方有邦国天下之良好秩序可言。

略加观察亦可发现，经文对居于社会政治结构中间的诸侯、卿大夫，多强调不敢毁伤、自我约束之德，对居于两端的天子和士、庶人，则强调其因爱、敬父母之情而自我成德之义：庶人之孝最为质朴，故谓其“养父母”。天子以孝教化天下之责任最大，故归本于“爱敬尽于事亲”，至于士人之孝是“资于事父以事母，而爱同；资于事父以事君，而敬同”。上自天子，下至庶人，因其爱、敬双亲之情，而成就其至德要道。

可见，天下人尽管有地位之别，但因其生命均受之于父母，同样可以成德，只不过，天子之爱敬当及于天下所有人，庶人的范围较小，但每人都在各自的位上发挥其维护良好社会政治秩序之作用。人人凭其德参与天下之治，尽管每人所能发挥之作用有大小、广狭之别，但人人都是主体。圣人本乎人心所立之教、政，归结于所有人之自修、自治，自我成长。《孝经》《大学》共有的“自天子至于庶人”表述，清楚呈现了圣贤之道的平等大义。

相反，西方神教、政治理论几乎都归结于某个绝对力量自外的统治，所谓“法治”亦然。人非主体，更难平等，因为外在的绝对力量是主宰者，而某些人可以其代理人名义获得绝对权力，如教会对信众，主权者对民众。于是，在中国以西，长期存在奴隶制，即便美国，其宪法也公然确认奴隶制，故奴隶制在其立国之后长期保持。即便在法律上废除奴隶制之后，制度化的歧视也无所不在。正是基于这些历史经验，黑格尔、福山等人的历史理论断言，历史的起点是主奴结构，历史就是奴隶通过斗争、争取主人承认的漫长过程。他们又幻想历史的终结，然而，只要预设了主奴结构，就总会有奴隶。于是，追求平等成为常态，而终究不得平等，所有人也就无暇自我成长。

三才章第七

章旨：天地生人，命人以孝。圣人立教，顺治天下。

曾子曰敢問聖人之德無以加於孝乎子曰天地之
人為貴人之行莫大於孝孝莫大於嚴父嚴父莫大
配天則周公其人也昔者周公郊祀后稷以配天宗祀
王於明堂以配上帝是以四海之內各以其職來祭夫聖
之德又何以加於孝乎故親生之膝下以養父母日嚴聖人
因嚴以教敬因親以教愛聖人之教不肅而成其政不嚴
而治其所因者本也父子之道天性也君臣之義也父母
生之續莫大焉君親臨之厚莫重焉故不愛其親而
愛他人者謂之悖德不敬其親而敬他人者謂之悖禮
以順則逆民無則焉不在於善而皆在於凶德雖得之
君子不貴也君子則不然言思可道行思可樂德義可
尊作事可法容止可觀進退可度以臨其民是以
其民畏而愛則而象之故能成其德教而行其政令
詩云淑人君子其儀不忒

［经文］曾子曰："甚哉，孝之大也！"

子曰："夫孝，天之经也，地之义也，民之行也。天地之经，而民是则之。则天之明，因地之利，以顺天下。是以其教不肃而成，其政不严而治。"

上章已有"用天之道，分地之利"之文，实已暗示孝本乎天地，本章申明此意，进而申明《开宗明义章》"顺天下"之大义。

天大，孝亦大

章名"三才"，出自《易传》。《周易·系辞下》曰："《易》之为书也，个大悉备，有天道焉，有地道焉，有人道焉，。兼三才而两之，故六。六者非他也，三才之道也。"《周易·说卦》曰：昔者圣人之作《易》也，将以顺性命之理，是以立天之道曰阴与阳，立地之道曰柔与刚，立人之道曰仁与义。兼三才而两之，故《易》六画而成卦。分阴分阳，迭用柔刚，故《易》六位而成章。

中国人敬天，唯天为大，天不像神那样，在万物之先，以其意志、用其言创造万物和人。张横渠说："天包载万物于内，所感所性，乾坤、阴阳二端而已。"(《正蒙·乾称》)乾坤者，性也；阴阳者，气也，万物以之而生化："太和所谓道，中涵浮沈、升降、动静、相感之性，是生絪缊、相荡、胜负、屈伸之始。其来也几微易简，其究也广大坚固。""浮而上者阳之清，降而下者阴之浊，其感通聚结，为风雨，为雪霜，万品之流形，山川之融结，糟粕煨烬，无非教也。"(《正蒙·太和》)由此而有地、有人，成就三才。三才者，天、地、人也。

唯天为大，“民受天地之中而生”，故唯人有灵，如经后文所言“天地之性人为贵”。而天不在人外，天人不二，人秉天命之性，在大地之上，循其性而成长，则可以贯通天地。“兼三才”之兼，意为贯通，在天地之中的人可以其德贯通天地，如《中庸》所说：“唯天下至诚，为能尽其性；能尽其性，则能尽人之性；能尽人之性，则能尽物之性；能尽物之性，则可以赞天地之化育；可以赞天地之化育，则可以与天地参矣。”

孝者，德之本也，故人人皆可以孝立身行道，贯通天地。

开篇记曾子叹美之词，谓孝为“大”。

孔子曾以“大”叹美帝尧和天：“大哉尧之为君也！巍巍乎！唯天为大，唯尧则之。”（《论语·泰伯》）帝尧经亲睦九族、平章百姓、协和万邦，合众多族群、邦国为一体，故其为君远大于此前分立各族、各邦之君。“大”君的评论显示，孔子以为，作为稳定的文明和政治共同体之华夏成型于帝尧。

孔子又谓天为“大”。请注意，天不是高，而是大。因为天不是神，神对人而言是高，神有另一个国，所谓天堂，位在高处。故西方观念特别重视空间，因为其观念中有两个空间。天是神妙莫测、生生不已的万物之全体，万物与人以及经下文将论及之神明、鬼神，无不在天之中，故天只是大而非高。准确地说，大涵括高，却比高更为弘大。

此处曾子叹孝之“大”，盖以此前经文论五等之孝，可见其涵盖所有人，上章结语谓“自天子至于庶人，孝无终始而患不及者，未之有也”，人人都可有孝之德；由此德又可生发普遍的爱人、敬人之心，从而生成和维护人际和睦、上下无怨的秩序。孝内在固有于每个人，孝贯穿生命每个环节，孝贯通生活各个面相，故曾子谓之“大”。《感应章》还将进一步阐明孝之大，“孝悌之至，通于神明，光于四海，无所不通”。

孝之大，实本乎天之大：亲亲就是天道，由亲亲至于仁民、爱物，可以赞天地之化育，故曾子叹曰大。

孝在人性中

经者，常也。天有其常道，即生而不已。首先是生，孔子谓天：“四时行焉，百物生焉”;《周易·系辞上》说，“天地之大德曰生”。其次是不已。哀公问曰：“敢问君子何贵乎天道也？”孔子对曰：“贵其不已。”（《礼记·哀公问》）《中庸》曰：

天地之道，可壹言而尽也：其为物不贰，则其生物不测。天地之道，博也厚也，高也明也，悠也久也。今夫天，斯昭昭之多，及其无穷也，日月星辰系焉，万物覆焉。今夫地，一撮土之多，及其广厚，载华岳而不重，振河海而不泄，万物载焉。今夫山，一拳石之多，及其广大，草木生之，禽兽居之，宝藏兴焉。今夫水，一勺之多，及其不测，鼋鼍、蛟龙、鱼鳖生焉，货财殖焉。《诗》云“维天之命，于穆不已”，盖曰天之所以为天也。“於乎不显，文王之德之纯”，盖曰文王之所以为文也，纯亦不已。

故天之经就是生生不已，其中可见天之仁心、爱心，故天之经亦可谓之爱，爱而不已；父母生其子女，自然有无尽之爱；子女因爱而生，自然而有爱亲之情，此为孝之根本义，即《天子章》所说之“爱亲”。

义者，宜也，所当行者也。地在《周易》为坤道，“坤道其顺乎，承天而时行”（《周易·坤卦·文言》），地顺承天，故地之义就是顺。子女生命得自父母，生而对父母敬顺，顺也是孝之大义所在，孔子论孝，首标“无违”（《论语·为政》）。顺于亲，即《天子章》所说之“敬亲”。

行者，人自然本有之行。“身体发肤受之父母”，此为基本的生物学事实，由此得到生命的过程，以及由此所确立的子女与父母的绝对关系，爱、敬父母之情即已内在于人心中，并见之于行。孟子曰：“人之所不学而能者，其良能也；所不虑而知者，其良知也。孩提之童，无不知爱其亲者；及其长也，无不知敬其兄也。”（《孟子·尽心上》）爱亲、敬亲之行不需外人教导而有，可谓人性本有之行。人人皆有此行，为人而不爱亲、敬亲者，未之有也。马一浮先生解释说：

《易》曰:“知崇礼卑,崇效天,卑法地。”知以德言,礼以行言,知是天道,礼是地道。合内外之道,合天地之道,是为人道。又天道健,地道顺,人受天地之中以生,合健顺以为五常之德,所以显道神德,行者莫著于孝。故以体言,则曰“德之本”;以用言,则曰“人之行”也。

又《春秋繁露·五行对》记董仲舒以五行说解释天经地义之义,亦可参考:

河间献王问温城董君曰:“《孝经》曰‘夫孝,天之经,地之义。’何谓也?”

对曰:“天有五行,木火土金水是也。木生火,火生土,土生金,金生水。水为冬,金为秋,土为季夏,木为春。春主生,夏主长,季夏主养,秋主收,冬主藏。藏,冬之所成也。是故父之所生,其子长之;父之所长,其子养之;父之所养,其子成之。诸父所为,其子皆奉承而续行之,不敢不致如父之意,尽为人之道也。故五行者,五行也。由此观之,父授之,子受之,乃天之道也。故曰‘夫孝者,天之经也’,此之谓也。”

王曰:“善哉。天经既得闻之矣,愿闻地之义。”

对曰:“地出云为雨,起气为风。风雨者,地之所为。地不敢有其功名,必上之于天。命若从天气者,故曰天风天雨也,莫曰地风地雨也。勤劳在地,名一归于天,非至有义,其孰能行此?故下事上,如地事天也,可谓大忠矣。土者,火之子也。五行莫贵于土。土之于四时无所命者,不与火分功名。木名春,火名夏,金名秋,水名冬。忠臣之义、孝子之行取之土,土者,五行最贵者也,其义不可以加矣。五声莫贵于宫,五味莫美于甘,五色莫盛于黄,此谓‘孝者地之义也’。”

王曰:“善哉!”

董子以为,父授之,子受之,即为天之道、天之经,即孝的延续之义。地顺于天,土顺于火,此即是地之义,即孝的敬顺之义。

接下来一节,经文更进一步指出,人性系天所命。

天之经是爱,地之义是顺,经文合言“天地之经”,于人,则合爱与顺而为孝。

民者，人也，作为类的人。“是”即成语“马首是瞻”之是，强调天生万物，只有其中的民，因有灵性，故以天地之经为其则。《圣治章》将指出，“天地之性人为贵”，万物以天地之心为心，物各得其偏，唯人得之最全，故《尚书·泰誓上》说：“唯天地，万物父母，唯人，万物之灵。”则者，法也，此处作动词，但不应作取法解，而是作其法则之意。

天地之经，民是则之全句意谓，天地之经，也即爱顺父母，成为人在得到其生命时自然禀有之法则，即《中庸》所谓“天命之谓性”，或《诗经·烝民》所谓：“天生烝民，有物有则。民之秉彝，好是懿德。”具体而言，此法则就是爱亲、顺亲，这内在于万民之性中，为人之良能、良知。

《尚书·尧典》说“克明俊德”，《大学》说“大学之道，在明明德”。此所谓明德，具体而言就是爱亲、敬亲之情。此为天所命于人者，是人内在固有之“则”；由此，人有明之之趋向。孟子谓“性本善”，盖谓人生而有爱亲、敬亲之明德，此为性之本，也即生命成长之本，而呈现为善的。若无这个本，人是做不到“明明德”的。

故中国圣贤论人性，必推本于天，兼及于地，《周易·系辞上》曰：“一阴一阳之谓道，继之者善也，成之者性也。”一阴一阳，相感氤氲，即《系辞下》所谓“天地絪缊，万物化醇，男女构精，万物化生”，是为天道。万物及人由此而生，天地为人父母，人为其子而继天地，此即“天地之经，民是则之”，《御纂周易折中》解释说：

圣人用“继”字极精确，不可忽过此“继”字，犹人子所谓“继体”，所谓“继志”。盖人者，天地之子也。天地之理，全付于人而人受之，犹《孝经》所谓“身体发肤，受之父母者”是也，但谓之“付”，则主于天地而言；谓之“受”，则主于人而言；唯谓之“继”，则见得天人承接之意，而付与受两义皆在其中矣。天付于人而人受之，其理既无不善，则人之所以为性者，亦岂有不善哉，故孟子之“道性善”者本此也。然是理既具于人物之身，则其根原虽无不善，而其末流区以别矣，如下文所云仁知百姓者，皆局于所受之偏而不能完其所付之全，故程朱之言气质者，亦本此也。“夫子之言性与天道，不可得而闻也”，唯《系传》

此语，为言性与天道之至，后之论性者折中子夫子，则可以息诸子之棼棼矣。

天地生人，人继天地而成其性，不能不善，必有明德，具体而言，有爱亲、敬亲之情，由此顺而明之，则可以有至德、要道。

西方人之人性论，另有所本。

《创世记》说："神就照着自己的形像造人，乃是照着他的形像造男造女。"就此而言，人性当然是善的。然而，夏娃却听信蛇的诱惑，偷吃智慧果，而有"原罪"，其所生之人也都带有原罪。值得注意的是，神对犯罪的夏娃说："我必多多加增你怀胎的苦楚，你生产儿女必多受苦楚。"此处强调了生育之苦，父母必定因此而对子女缺乏足够的慈爱之情，这似乎从生物学上证明了原罪的存在，后来奥古斯丁在《论原罪》中确实说："母亲的产痛和后代的死亡，若不是因为罪的缘故，本来是不会有的"（［古罗马］奥古斯丁著，《论原罪与恩典》，商务印书馆，2012 年，第 338 页）强调生育之苦，必释父母与子女间的亲爱之情。由此，人封向爱、敬上帝

至于其现代哲学，则置人于虚构的"自然状态"，在此状态中，人是从土里冒出来的，全无所本，人就是其孤绝的肉体存在本身，以求肉体之生存为其生命之唯一宗旨，人的本性不能不是恶的。

故在西方神教和哲学中，人无"明德"，当然无从"克明俊德"，推其本源，则由于不见、甚至刻意否定父母生子女这一基本事实。既然人不的自明其德，则人际形成秩序，只能依靠神的律法或主权者的法律从外部约束人。

圣人之教顺乎人心

天生人，人各不同，孔子曰："生而知之者，上也；学而知之者，次也；困而学之，又其次也；困而不学，民斯为下矣。"（《论语・季氏》）圣人是先知、先觉者，故能"则天之明，因地之利"，而立孝为教。此处之"则"，意为取法。

孔子曾论及天之明：

公曰："敢问君子何贵乎天道也？"

孔子对曰："贵其不已。如日月东西相从而不已也，是天道也；不闭其久，是天道也；无为而物成，是天道也；已成而明，是天道也。"（《礼记·哀公问》）

天生生不已而有万物，张横渠所谓："气聚，则离明得施而有形，气不聚，则离明不得施而无形。"（《正蒙·太和》）万物森然罗列，较然明白，由此，天为人所见，这就是天之明。

知天，然后可以知人。《大学》引《尚书·太甲》曰："顾諟天之明命。"天所明命于人者，爱亲、顺亲也。经文所谓则天之明，意思就是，取法于天所明命于人之心，也就是爱亲、顺亲之情。

因者，循也，就也。其意与则相近，圣人见地之顺承于天而有其大利，故立孝为教，教人爱亲、顺亲。如此，则父子各得其宜。《周易·乾卦·文言》曰："利者，义之和也。"父母自然慈爱子女，子女报本而孝顺父母，则父母、子女各尽其分，各得其宜，俱得大利。

上一章及本章，天、地二字多次出现，而脉络不同。《庶人章》言庶人"用天之道，分地之利"，主体是庶人、民众，谓普通民众运用四时运转之天道，利用天地所生之资源，以供养父母。上节云"天地之经，民是则之"，主体同样是民，天地生人而命之以爱亲、敬亲之法则，由此，民有德之本，可扩充而为"至德"。此处更言"则天之明，因地之利"，主体则是圣人、先王，能见天之明、地之利，取法于天地而立孝为教，是为"顺天下"之"要道"。

《开宗明义章》谓"先王有至德要道，以顺天下"，本章予以解释。人在天地之中，为父母所生，故爱亲、敬亲是人之天性。先王因此天性而有道德自觉，扩充为遍爱、遍敬所有人之仁，此即"至德"；先王又因此天性，立孝为教，教人自觉其亲亲之情，并发育、扩充而为仁。此教简要而又重要，故为"要道"。

接下来，经文指出，因为顺乎人的天性，故圣人之教、政最为顺畅。

《说文解字》："肃，持事振敬也。从聿在𣶒上，战战兢兢也。"肃有戒、缩之意，即规范苛细，并严厉督查，而有肃杀之意。与之相对者是宽，《尚书·舜典》载帝舜命契“敬敷五教，在宽”，圣人之教的特征是宽，也即不肃。

圣人之教顺乎天性、人心，只是教人爱亲、敬亲而已。立于天地之间，思及“身体发肤，受之父母”，人自然就有孝之自觉，爱、敬其父母，不待严格的外部督查。至于如何爱、敬父母最为妥当，也不必从外部严格要求，严密规范，因为，父母和子女都是个别的，性情各异，在具体生活情境中，子女可以自主摸索对待自己父母的最佳方式。而由此孝之自觉，即可打开爱人、敬人之道，所谓“本立而道生”（《论语·学而》），由爱亲、敬亲而至于博爱一切人、广敬一切人。

王者之政基于此教。此教风化天下，人人各亲其亲以及人之亲，各子其子以及人之子，由亲及疏，由近及远，广爱、同敬自己所遇到的所有人。由此，相互亲爱而不相伤害，尊敬君长而尽己本分，如《开宗明义章》所说，“民用和睦，上下无怨”。政治在此环境中自可良好运作，君民一体，君子治世，政令畅通，国泰民安。

所以经文说，王者之政，不严而治。《说文解字》：“严，教命急也。”为政之严的意思是，在上者急于达到治的状态，而对民众实施严厉、苛酷的管治。

因为已有教化在先，人人各得其宜，故王者不必急疾，而仍可达到治。治从水，取象于大禹治水，导水各入其道，所以，“治”不是由一个中心进行统治，要求所有人整齐划一，而是创造条件，让人“各正性命”，循着生成于己身的道成长。由此，各人之所成必定参差不齐，也难免有先后之别。而圣人并不期望所有人同时有至德，故其政不急迫而从容。

圣人之政之所以不急迫，还因为，人成其德、社会成就秩序，乃是持续不断的过程。孔子说，天道就是“不已”，人道同样是不已，无所谓终点。圣人之教只是要人行孝而成德而已，没有终点，也没有什么终极奖赏的许诺。人所要做的，就是自行而不已，这端赖于人之自觉，外部的鞭打并不能让人做得更好，子曰：“欲速则不达。”（《论语·子路》）

经文首先言教，其次言政，可见圣人以为，教在政之先。子曰：“道之以政，齐之以刑，民免而无耻；道之以德，齐之以礼，有耻且格。”（《论语·学而》）政治旨在塑造和维护良好秩序，秩序无非就是人与人之际保持良好关系，故能否维护良好秩序，关键在人，而人心决定其行为，教化就是正人心。圣人立孝为教，就是教人通过自觉生命之源而亲亲，此亲亲可扩充为仁民。人有爱人、敬人之心，则不仅自我约束，更能自我提升。在此人心基础上为政，则事倍而功半。若不施教而为政，则人人不能自我约束，政事很难通常运作。

西方教、政之偏

圣人本乎人情之孝教与本乎此教之政，其特征可谓独一无二。

中国以西的教化，其根本特征是“肃”。其教以崇信神灵，尤其是唯一真神为根本，而神在人之外，对人颁布律法，故其教化之大本在于，人服从外在的戒律、律法；哪怕人之爱人，也因其出自神之命令。神总是不放心人，故戒律、律法无微不至，详尽规范人的生活的方方面面。同样因为神不放心人，又有专业神职人员，全面督查信众。

如此教化，必定充满肃杀之气：故在其经文中，神经常是愤怒的，以灾难、死亡惩罚违反神意之人，如以大洪水淹死除挪亚一家的世人。此后，教会建立全面控制的法律体系，管理信众各种事务，这其中包括，使用刑罚对付所谓异端，或对异教徒发动暴力征伐。诡异的是，如此肃杀之举，常冠以博爱之名。

受此影响，英美法治极有肃杀之气，其精英似乎相信，借助法律的全面规范和严厉执行，可塑造良好的社会秩序，由此形成其政府广泛制定法律、警察和法官严厉执法、律师积极寻找法律漏洞、民众好讼成性之风俗。今日美国法律服务从业人员竟达上百万，律师多如牛毛，在英国，平均万人有 15 名律师，在美国则达 30 之多。同时，美国在监服刑人数占人口之比约在 1%，也是全世界最高的。

中国以西之政，其根本特征则是严，也即严苛而急迫。盖因其相信，政治领域存在所谓“真理”，或在神那里，或在理念世界中，或在人的自然中，而借助其理性，先知或哲人是可以发现真理的。真理一旦为人发现，并据以在人间建立正确的政体，即可解决人所面临之全部政治问题，历史即告终结。历史上，西方人一次又一次地以为，历史终点的天堂美景已在前面等待自己，而兴奋地宣告历史的终结，最新的一次是在二十世纪九十年代的福山。

由此信念，其行进的步伐当然迫不及待，不惜以暴力革命或武力征服加快历史终结之步伐，且充满道德优越感。比如，近世历史上，列强以其野蛮的武力征服建立殖民地，理由是，以其自诩的文明改造非西方世界之野蛮。近二十多年来，美国到中东发动多次战争，或策动多个国家内部政治变乱，更是明明白白地基于历史终结论之幻象。

肃杀则不能大，严急则不能久。西方之教对人要求苛细，必然导致哪怕只是细微的差异也足以造成严重的冲突。结果在中国以西，神之间互不相让，每一个神教内部也是宗派林立，且势同水火。唯一真神信仰没有带来普世秩序，反而让世界的破碎永久化了。西方之政总是急迫地奔向历史的终点，对内使用权力、对外使用暴力均不加节制，结果在中国以西，政治共同体之间厮杀不断，国家倏忽而兴、又倏忽而灭，如走马灯一般，而政治版图的破碎似乎也永久化了。

当然，在中国也有短暂时期，其教肃，其政严。如秦朝之政即严，法家的基本社会治理理念就是以严刑峻法吓阻民众作恶，故而秦政行刑名吏之治，如《汉书·刑法志》所说："至于秦始皇，兼吞战国，遂毁先王之法，灭礼谊之官，专任刑罚，躬操文墨，昼断狱，夜理书，自程决事，日县石之一。而奸邪并生，赭衣塞路，囹圄成市，天下愁怨，溃而叛之。"而二十世纪的意识形态之教则趋于肃。但毕竟，这属于中国文明之歧出，只是短暂施行而已。

比较而言，圣人之教顺乎人心，宽和雍容；王道政治顺乎人心，从容不迫，故而中国可大、可久。

圣人之教，以身作则，人人自化

［经文］先王见教之所以化民也，是故先之以博爱，而民莫遗其亲；陈之以德义，而民兴行；先之以敬让，而民不争；导之以礼乐，而民和睦；示之以好恶，而民知禁。

上一节阐明，圣人取法天地而立孝为教，本节阐明圣人施教之道。

第一句话，先王见教之可以化民也，首先指出，教化之兴起者、施行者是先王，先代之圣明王者。这是因为，中国之教化不是教人信神，向往虚幻的来世、天堂，而是教人做人，教人以人伦大义，以爱敬之情对待生活中可能碰到的每个人，故先王立教，君子施教，而非设立专门的教化组织。

这句话又指出，教化是可能的。首先是因为，人间可以有先知先觉者，“惟天地，万物父母；惟人，万物之灵。亶聪明，作元后，元后作民父母。”（《尚书·泰誓上》）。天生人，各各不同，孔子曰：“生而知之者，上也；学而知之者，次也；困而学之，又其次也；困而不学，民斯为下矣。”（《论语·季氏》）比如舜，生而知孝，行孝闻名天下，而后为王者立孝为教。立教者就是人，而且本乎人性，而非受非人之神的启示。舜之大孝就是自觉其生命本源而爱亲、敬亲，由此成就其至德。其见孝之可以成就至德，故以之为顺天下之要道，此即《大学》所谓“絜矩之道”，以己身为矩，作则天下。

这句话又指出，民是可以化的，这是教化之为可能的另一前提。《说文解字》曰：“化，教行也。”段注：“教行于上，则化成于下。贾生曰：‘此五学者既成于上，则百姓黎民化辑于下矣。’老子曰：‘我无为而民自化。’”《白虎通义·三教》说：“教者，何谓也？教者，效也。上为之，下效之。”先王所教者不过是孝，而人人皆有爱亲、敬亲之情，只是不够自觉、行之不足而已，就此而言，教化是必要的；而先王之施教，不过是顺其情予以提撕，人自可以化。

故先王施教之基本格局是，王者、君子行之于上，民众见而效仿，而化成于下。其实，民众乃是从先王、君子而自化，先王、君子不过是启发者。归根到底，圣人之教是人人自化，因其本在每人自己身上，而不在身外。本节下面的文字清楚展示这一点。

圣人施教，其大义有二：第一，教人者自己先行，两个“先”字、一个“导”字，此意甚明，“陈”、“示”二字，也都有先导之意。第二，先之以行，也即，教人者以身施教，以行为示范天下，而不是以言教人，以言劝说人、要求人，更不是命令人。

中国人敬天，而天不言，故子曰：“予欲无言。”圣人之言也是人言，并无神奇权威，故圣人不以其言施教，而以其行教人，具体而言，即以自己的有德之行引领众人、示范众人：

子贡问君子，子曰："先行其言，而后从之。"（《论语·为政》）

此处同样有"先"字。君子为政，不能不要求民众有所行；孔子以为，君子欲要求民众有所行，当自己先行之，则民众自然跟从君子。子路问政，子曰："先之，劳之。"（《论语·子路》）大义相同。

圣人之教的运作机制，在于上下之"感应"。

《周易》下经始于咸卦，其《彖辞》曰："咸，感也。"如本节所论，先王"先之以博爱"，也即，由爱敬尽于事亲，而博爱普天下之人，此即教化者之感；有感则有应，万民见天子之行而应之，即"莫遗其亲"，不遗忘其双亲，而爱敬双亲，此即应。先王展现自己的德行，则民众必将应之以德行，如此等等。《彖辞》继续说，"天地感而万物化生，圣人感人心而天下和平"，圣人以其至诚感亿兆之心，众人应之则天下归于和平。圣人之化成天下，就是感天下之人心。

感应机制运作的基础在于，天生人，"性相近"（《论语·阳货》），故人同此心，心同此理，孟子说，"尧舜与人同耳"（《孟子·离娄下》），因为，"尧舜之道，孝弟而已矣"（《孟子·告子下》）。任何人都是父母所生，认识到这一点，人自有亲亲孝悌之情。圣人之教不过是教人对此自觉。先王亲亲而博爱，自然启发人人固有的亲亲之情，由此而自行扩充为博爱，此即感应。万民之所以应先王以孝之德，因为亲亲之情为其所固有，在这一点上与先王无别。

故圣人立孝为教，顺乎人所同有之天性、人情，从而把教化者和被教化者置于平等位置，区别仅在于孟子所说的"先知先觉"与"后知后觉"。归根到底，人之立身成德，依靠自觉和自我成长。故教化是否有效，首先看施教者自己是否做到了所欲教人者，经文对此有详尽论述。

身教而非言教

博爱者，仁也，"己欲立而立人，己欲达而达人"，即为博爱；"博施于民而能济众"（《论语·雍也》），即为博爱；亲亲而仁民，仁民而爱物，即是博爱。

王者君临天下，自当博爱天下所有人，养之教之，即《天子章》所说“德教加于天下”。然而，博爱之本则在天子的“爱敬尽于事亲”。王者博爱万民，万民见而兴于爱，恻然动其孩提爱亲、敬亲之心，故莫遗其亲，皆知谨身节用，以养父母。

德者，得也，子曰：“志于道，据于德，依于仁。”（《论语·述而》）志于道而行，得之于己身，即为德，如智、仁、勇三达德，仁、义、礼、智、信五常之德，或孝悌忠信、礼义廉耻八德等等，系从不同角度论人之德。义者，宜也，人所宜行者也，圣贤有十义之说：“何谓人义？父慈、子孝，兄良、弟弟，夫义、妇听，长惠、幼顺，君仁、臣忠，十者谓之人义。”（《礼记·礼运》）人之德必呈现为恰当地对人，王者、君子陈列、展示其德其义，万民观瞻而效仿，自能行而有德，各尽其人伦之义。

敬让，以敬为主，推敬亲之情则可以敬人，敬人则必让人而不争，子曰：“君子无所争”。（《论语·八佾》）君若能如此，万民见而不争矣。如孟子所说，恭敬之心，人皆有之；辞让之心，人皆有之。为利欲所惑，民众或有争心，君子若能先之以敬让，则启发民众固有的恭敬、辞让之心，即可以做到不争。

礼者，明父子、君臣、夫妇、长幼、朋友之伦，以各正其性命。有子曰：“礼之用，和为贵。”（《论语·学而》）乐者，达父慈子孝、兄良弟弟、夫义妇听、长惠幼顺、君仁臣忠之情，以保合大和者也。王者、君子兴起礼乐，民众循之而行，自能合敬同爱，相和而亲睦。《礼记·乐记》所论通于此处之大义：“故乐也者，动于内者也；礼也者，动于外者也。乐极和，礼极顺，内和而外顺，则民瞻其颜色而弗与争也；望其容貌，而民不生易慢焉。故德辉动于内，而民莫不承听；理发诸外，而民莫不承顺。故曰：致礼乐之道，举而错之，天下无难矣。”

以上所列，先王顺乎天性、人心，而与民同好。而现世生活中，人人难免利欲之纠缠，故王者施教，还需悬以厉禁，为此，王者、君子当示民以好恶。这不只是公布禁令于法律，更要以自己的行公示于天下，如孔子对季康子所说：“苟子之不欲，虽赏之不窃。”（《论语·颜渊》）反之，“其所令反其所好，而民不从”。（《大学》）“其身正，不令而行；其身不正，虽令不从。”（《论语·子路》）法律禁止民众从事某些事情，在上位者却隐秘甚至公开地从事，民众自会更甚，更会造成虚伪风气，是非颠倒，社会不可收拾。

以上教化之五端有先后递进的次序：君子博爱于人，爱人有等差则有义，爱人则有敬让之心，礼则以仪节表达对人之敬，敬为礼之本，让为礼之实。

总之，在中国，教化其实是所有人各本乎其天性，循其内生的生命之道向上成长，而在上者为万众所观瞻，故责任重大。《大学》提出教化之基本原则："君子有诸己而后求诸人，无诸己而后非诸人。所藏乎身不恕而能喻诸人者，未之有也。"教人者首先自我教化，教于人者同样是自我化成。

这是西人无法想象的，根本原因在于，西人普遍不能肯定人之天性，而断言人有原罪或人性恶，故逆出人之外，虚构神或主权者，反过来要求人、命令人、支配人、统治人。神人之间、主权者与万民之间当然不是平等关系而是主奴关系，于是权力成为教、政之枢纽，政治固然以权力为中心，教化也以权力运作，不是上行而下效，不是民自化，而是灌输、强制。

而神、主权者命人以言，故西方之教始终是言教。高高在上的神以言创造万物，以言对人颁布律法。神在人间的代理人，先知、神职人员，其主要职责也是转达、传播神言。

受此影响，西方人忙于以言辞制造种种理论。各种现代政治理论以言辞虚构"自然"、"自然状态"，并据以想象其制度。自己未行，而要求邦国施行，合于学术—政治伦理乎？

西方政治也长期以言为中心，古希腊人以至当代西人均以修辞、演讲为政治之首要技艺。所谓竞选，就是政治人物竞相以言辞说服民众相信自己已掌握政治真理，民众也轻易地迷信政治言辞所编织之幻象，据以选择统治者。即便政治人物反复食言，民众也仍沉迷其中。由此，精通言辞艺术的煽动家则可轻易地操弄民众。古希腊人就已受困于这种政治病症，但西人迄今仍乐在其中，甚可哀也。

[经文]《诗》云："赫赫师尹，民具尔瞻。"

以上经文阐明孝教之机制，引用此诗收尾。诗句引自《诗经·小雅·节南山》。赫赫，显盛貌。师尹，尹氏为太师。具，俱也。瞻，视也。诗句告诫地位显赫的太师尹氏，万民都从下面看着你。地位越是显赫，越能为更多人所观瞻，其一举一动的影响越大，也就越需要戒慎恐惧。唯其如此，君子才能施教为政。

圣人所立之教顺乎人心，人人反身而求，即可以有所得。故君子施教不是耳提面命，更不是胁迫利诱；教化者—受教化者不是主人—奴仆关系，而是平等关系：君子自我克制，自修其德，自正其身，则可以为合格的教化者；民众见君子之德行，反身而求，则可以自修其德，自正其身。君子必须施教，民众应当成德，但两者都是主体，只是在时间先后、程度上有所区别而已。教化之平等结构要求君子以身作则，如《大学》说：

一家仁，一国兴仁；一家让，一国兴让；一人贪戾，一国作乱。其机如此。此谓一言偾事，一人定国。尧、舜率天下以仁，而民从之；桀、纣率天下以暴，而民从之。其所令反其所好，而民不从。是故君子有诸己而后求诸人，无诸己而后非诸人。所藏乎身不恕，而能喻诸人者，未之有也。

《论语·颜渊》连续三章所论：

季康子问政于孔子。孔子对曰："政者，正也。子帅以正，孰敢不正？"

季康子患盗，问于孔子。孔子对曰："苟子之不欲，虽赏之不窃。"

季康子问政于孔子曰："如杀无道，以就有道，何如？"孔子对曰："子为政，焉用杀？子欲善，而民善矣。君子之德，风；小人之德，草。草上之风，必偃。"

教化就是君子以身兴起风气，在此风气中，人人自正己身。

本章深化了《开宗明义章》提出的"顺"：成德之顺、教化之顺从顺天而来。人之爱亲、敬亲是天经地义，顺此天性而成诸德，是人本有之行。而所谓教化，也不过是教人顺其天性自我成长而已。

孝治章第八

章旨：圣人之教，以身施教。明王之治，以孝顺治。

子曰孝子之事親也居則致其敬養則致其樂病則致其憂喪則致其哀祭則致其嚴五者俻矣然後能事親事親者居上不驕為下不亂在醜不爭居上而驕則亡為下而亂則刑在醜而爭則兵三者不除雖日用三牲之養猶為不孝也

［经文］子曰：“昔者明王之以孝治天下也，不敢遗小国之臣，而况于公侯伯子男乎？故得万国之欢心，以事其先王。”

上章首先指出，圣人顺乎人的天性立教，故其教不肃而成，其政不严而治。此为总论。接下来“先王见教之可以化民”一节，分论先王之教不肃而成；本章承上章，分论明王之政不严而治。

明王以孝教天下

经文从“昔者”开始，指古圣先王之时。经文中多次出现“先王”一词，后文也会出现“昔者”一词。盖孔子之时，礼崩乐坏。孔子欲重建秩序，乃返回古圣先王时代，发掘、整理先王政典，“述而不作，信而好古”（《论语·述而》），以先王为万世立法。

此处经文谓“明王”，固然是为了避免下文“先王”之重复，然用“明王”，亦有其大义：上章谓“则天之明，因地之利，以顺天下”，王者法天，天明，故王者亦明。《尚书·尧典》开篇记帝尧之德，第一为“钦”，钦者，敬也；第二即为“明”，明，才能明见人心、明顺人情。

故明王也者，明乎人人皆生而有明德，具体而言，明乎孝为人之天性，又为德之本也，教之所由生也，故能以孝治天下。这是顺乎人心而成本最低、效果最好、最合乎人道的治理之道。唯以孝治天下者，可谓之明王。天明，人明，王明，朗朗乾坤，天下光明。

第一个以孝治天下之明王，其为舜乎？帝尧肇造华夏，然而，天下何以至于大治？最关键的是正人心，新聚集起来的天下人何以互敬、互爱？舜以其孝为解决这一问题提供了易简而人人可行之方案，立孝为教，以孝为政。

自此以后，历代王者几乎都奉行孝治，尤其是周代、汉代："孝"字反复出现于《诗经》；汉代于民中举"孝悌"，予以表彰，文帝诏书曰："孝悌，天下之大顺也。"（《汉书·文帝纪》）武帝元光元年冬十一月，"初令郡国举孝廉各一人"（《汉书·武帝纪》），由此形成制度，风化天下，而成就美善风俗，为后世所称赏。

"孝治"可谓自古以来中国社会治理之基本机制，而大有别于中国以西。

西方神教文明以神灵崇拜施教，以神和准神的律法约束有罪之人，故有所谓"法治"，此为其社会治理之枢纽。不论神法之治，还是世俗法之治，乃至于康德所谓绝对律令之治，都是逆乎人情之治，则不能不诉诸广泛的强制，难免治理成本高昂。

天不言，中国无此类法，故中国不以法治为中心。天生人，父母生人，故人生而有孝悌之情，循此本可以扩充为仁，博爱一切人、广敬一切人，从而"各正性命，保合太和"。故圣人顺乎人心，立孝为教，能够做到其教不肃而成，其政不严而治。故孝治是顺治，顺乎人心之治，易简而可行，故为历代明王所取。

中国历史上，也有统治者不以孝治天下者，秦制即是，二十世纪更是。震慑于西方之强大，精英群体偏离圣人之道，入室操戈，对其大加挞伐，基本观念是《五刑章》所说的"非孝"，国家自然不可能以孝治天下。相反，大量法律、政策都是破家、非孝，诸多文化、社会、政治运动即为此目的而展开。

至于中国以外，更有大量国家、文明不以孝治天下，而以神治人，迷信法治。凡此种种均可谓不明人心，不明治道，故难有明王，难至于大治、善治。

天子、诸侯、卿大夫共治天下，故"以孝治天下"亦分而言之，此节先言天子。

明王如何以孝治天下？"不敢遗小国之臣"，此处涉及聘问之礼。三代封建之时，为维护天下一统，天子巡守四方，各国则依礼朝聘天子。《礼记·王制》记："诸侯之于天子也，比年一小聘，三年一大聘，五年一朝。"诸侯亲自朝拜天子，是为朝，五年一次。其他年份，则派遣其臣聘问天子，比年即每年。经文所谓“小国之臣”，即小国诸侯派遣聘问天子之臣，相对于大国，地位较为卑下。

《天子章》谓：“爱亲者，不敢恶于人；敬亲者，不敢慢于人。”天子“爱敬尽于事亲”，由此扩充，博爱、广敬天下之人，自然不怠慢小国之臣，更不用说地位更为尊崇的公、侯、伯、子、男五等诸侯。此节之“不敢”，正本乎《天子章》之二“不敢”。

天子因孝而博爱天下人、广敬天下人，故可以得天下万国之欢心。孟子曰：“君子所以异于人者，以其存心也。君子以仁存心，以礼存心。仁者爱人，有礼者敬人。爱人者人恒爱之，敬人者人恒敬之。”（《孟子・离娄下》）爱是相互的，而天子主动，则可以得到天下之欢心。

万国得天子之爱、敬，自然欢悦，乐意前来助祭其先王。天子治理天下之位承自其父祖，父祖奉于宗庙，万国诸侯乐意助祭其先王，即乐于承认、尊重今王之位，可谓得天下人普遍的爱与敬。圣人以为，治理权不是来自暴力强制，而来自被统治者之认可，尤其是社会中拥有重要资源者之认可。为此，王者必须先之义博爱。

故经文所谓明王以孝治天下，不是王者凭着其位以孝统治人，以孝劝说臣民、要求臣民、命令臣民，而是明王首先以孝自治，“爱敬尽于事亲”，据此本而发育其至德，博爱、广敬天下人。王者为天下瞩目，其孝行必为天下所周知，其博爱、广敬必为天下人所感受，可以感动诸侯，示范天下，促人自觉。当然，明王可以设计必要的制度，激励人们行孝。但归根到底，明王以孝治天下的根本，还是天下人普遍地以孝自治，且在上位者尤其是天子先行之，此即上章所论及之先之、导之、陈之、示之。因为，亲亲之情不是王者所独有，而是人人固有，无须王者从外部强加。

又从经文可见，明王以孝治天下，其实是以孝教天下。上章先言教，而后言政。本章虽言治，实则仍论教。盖圣人以为，天下之治绝非通过权力之统治可以达致，而必以教为根本。当然，教之可行天下者必定顺乎人心，顺人心然后可以正人心。否则，施教就不能不借助权力统治之术，神教之教化就总嵌在权力结构中，比如建立建制化教会以君临信众。

[经文]治国者不敢侮于鳏寡，而况于士民乎？故得百姓之欢心，以事其先君。

本节论式与上节相同，同样是欲扬先抑的修辞法。

治国者即诸侯。侮，侮慢。老而无妻曰鳏，老而无夫曰寡，这是社会中最为孤苦无依之人。民是《庶民章》所论之普通民众，士是《士章》所论之士人，庶民中之德能优秀者，得以参与社会治理。

诸侯位高，而推其爱亲、敬亲之心于人，即便对社会中最为孤苦无依之人，也没有侮慢之心，何况对待士民？如此则可以得其治下所有人之欢心，而乐意助祭其先君，也即认同其统治权，认同其国，忠君而爱国。

[经文]治家者不敢失于臣妾，而况于妻子乎？故得人之欢心，以事其亲。

本节论式与上两节相同。

治家者，即《卿大夫章》所论之卿大夫。臣，家臣。妾，正妻之外的媵妾。男女之贱者亦通称臣妾，即后人所说的奴婢。妻、子则是卿大夫之妻子、儿子。失，不以其道待之，比如随意呵斥、惩罚。

卿大夫推爱亲、敬亲之心于人，即便对于家中地位最为卑贱者，也不敢随心所欲地对待之，何况对待自己的妻子、儿子？因此而得家中上下大小所有人之欢心，尽心力于侍奉其双亲。孟子曰："身不行道，不行于妻子。使人不以道，不能行于妻子。"（《孟子·尽心下》）爱、敬是相互的，卿大夫待人不以爱、敬，则何以指望他人侍奉其双亲？

从文本结构上说，本章对应于阐明五等之孝的《天子章》、《诸侯章》、《卿大夫章》。区别在于，前三章突出治理者所有之德，如天子爱敬尽于事亲、德教加于百姓；诸侯在上不骄，制节谨度；卿大夫非先王之法服不敢服，非先王之法言不敢道，非先王之德行不敢行。本章则突出治理者以其德待人。因阐明以孝治天下之道，而士、庶人非社会治理者，故本章不及这两者。

以上三节连用三个"不敢"，均承《开宗明义章》"身体发肤，受之父母，不敢毁伤"，接《天子章》"爱亲者，不敢恶于人；敬亲者，不敢慢于人"，随后各章又多次出现“不敢”和类似字眼。由“不敢毁伤”，而有道德自觉；由亲亲之情扩充为爱人、敬人之德，故君子“不敢”轻慢任何人，哪怕是最为卑微者。

人人欢心方为好社会

以上三节连用三个“欢心”说明君子不敢轻慢任何人，故能得其治下之臣民的欢心，其义甚大。

上章谓圣人之教“不肃而成”，明王之政“不严而治”，盖圣人以为，良好秩序形成于共同体内普遍的欢心。治人者、治于人者都是人，人不仅有其身，更有其心，而心能统身。所以，政治的根本问题始终是人心。人心不仅可以思，更有情。君子之施为、法度，唯有让民众之心欢悦，才能形成良好秩序。更何况，得人心者，得天下：

孟子曰：“桀纣之失天下也，失其民也；失其民者，失其心也。得天下有道：得其民，斯得天下矣；得其民有道：得其心，斯得民矣；得其心有道：所欲，与之聚之；所恶，勿施尔也。民之归仁也，犹水之就下、兽之走圹也。”（《孟子·离娄上》）

何以得人欢心？分配人以权力，未必得人欢心；给人以利益，未必得人欢心。唯有君子爱人、敬人，方能得人欢心。故圣人以为，治理不是冷冰冰的维持秩序，人际的情谊是重要的，甚至是最重要的。当然，治理不可能排除权力、利益的再分配，但应置之于情之感应框架中，共同体不论大小，其最佳状态是上下、左右之情感和睦融洽。

君子之治所以能得人欢心者，因其教、政顺乎人心。人皆有爱亲、敬亲之情，君子推之于人，则可以得人之欢心；君子以身教启发臣下爱亲爱人、敬亲敬人之情，则整个社会充溢欢心。欢心者，喜悦而不癫狂。欢心既来自在上者之爱、敬，也包含受教而自觉成长之喜悦。在共同体内，人在不同位上，或先知而立教，由诚而明；或后觉而立身，由明而诚；终归于各正性命，共同成长，保合太和，其中自有欢悦。

圣人之教、政最重人之“欢”心。子曰：“学而时习之，不亦说乎？有朋自远方来，不亦乐乎？人不知而不愠，不亦君子乎？”（《论语·学而》）《论语》又记孔、颜之乐，圣人教人体会生命成长之悦乐。同样，圣人施教、为政，亦求社会之普遍欢心。《诗经》所录诸诗，多有君臣、君民欢宴之场景描述，欢心尽在其中。君子在操持政刑之外重视兴起礼乐，即因其认识到，良好秩序不仅在于人的相互不伤害，更在于人人有欢心。有欢心，社会才有生机。圣人教化不是阴郁而愁苦的，中国文明是明亮而欢快的。

相反，在西方，其教化逆乎人心，如神教以外在之神启要求人，则不能不借助威吓、利诱，人或因不能接近神而焦虑痛苦，或因幸运地进入神而狂喜忘形，情感在两极间摇摆。奥古斯丁的《忏悔录》、路德的自传中，完全没有孔颜之乐。教会生活似乎也难有经文所说之“欢心”。

同样，在主权者以法律统治的社会中，人际或许可以形成和平，也即相互不伤害的秩序，却难免冷冰冰，难有欢心。苏格拉底、霍布斯所构想的城邦、国家都是阴郁的、冷酷的，卢梭、联邦党人所构想的政治秩序也是干巴巴的、无情谊的。

以上三节又连用三个以事其父祖。天子、诸侯、卿大夫有孝而爱人、敬人，得臣民之欢心；臣民之应是，乐于事其先王、先君、亲。

由此形成孝之回路：君子孝其亲，故不敢恶于人、慢于人，成就其至德，从而得臣民之欢心；由此，君子得以保其身，保其承之于亲之位，且致孝于亲。正是在此回路中，君子的生命之链和治理权均得以延续。

此即《开宗明义章》所说之“以显父母”。本乎孝，君子博爱、广敬，得人欢心，自己成名，且其所在共同体成员追溯其德之本，转而尊仰其先祖。其先祖已死，本已趋于幽暗，因君子之德而为人所追念，其名得以重新彰显，借孝子贤孙而得以不朽。

今日社会固已无天子、诸侯、卿大夫，但经文以上所论之大义仍通行于今日。今日自上而下仍有各级治理者，社会中也有一些人士，治理各类人群团体如企业、NGO。主政一方之官员，若能念及身体发肤受之父母，则可以有道德自觉，则有爱人、敬人之意，不敢失于鳏寡，则可以得治下民众之欢心，而成大业、得令名。企业家若能因孝而爱敬其企业员工，则可得员工之欢心，而长保企业生机。不论所治之人多寡，得人之欢心最为重要。而欲得人之欢心，必爱人、敬人，其本则在爱其亲、敬其亲。

中国治道即孝治

夫然，故生则亲安之，祭则鬼享之。是以天下和平，灾害不生，祸乱不作，故明王之以孝治天下也如此。

前三节三个不敢、得其欢心、以事其先祖等，清楚说明首章“孝之终”之大义：因为爱亲、敬亲，所以不敢慢于人，恶于人；由此而立身行道，得人之欢心；由此扬名于后世，并显及父母。本节首先阐明这一点。

君子得人之欢心，若其亲在，则安。安者，心安也。此时之双亲必已老矣，孔子自言其志，首标“老者安之”(《论语·公冶长》)，盖人老则不易安，因为死亡正在临近，难免死亡焦虑，由此引发的不安最为深刻、弥漫。这一不安若不能有效化解，老者生命将是悲苦的，老年生命之悲苦也会传染青壮年，整个社会将陷入普遍的不安、焦虑之中。

如何让面临死亡的老人免于焦虑而安？西方神教虚构来世、神的国，人死后可在此不死，只要人在生时绝对服从神。此乃逆乎人生的方案，或可让人安心，终究虚妄。中国圣人顺乎生生不已的人生基本事实，教子女反思其生命之源，而孝爱父母，进而博爱、广敬所遭遇的所有人，立身行道，如此，父母到深情之养而不惧死；父母若有事业，则可确信其事业能在死后延续；更进一步，君子以此扬名于后世而不朽，同时显扬已老之父母，其同样得以不朽。故圣人之教以生了死，平实而可行，实乃安人之大道。曾子曰：

亨孰膻芗，尝而荐之，非孝也，养也。君子之所谓孝也者，国人称愿然曰："幸哉有子！"如此，所谓孝也已。众之本教曰孝，其行曰养。养，可能也，敬为难；敬，可能也，安为难；安，可能也，卒为难；父母既没，慎行其身，不遗父母恶名，可谓能终矣。仁者，仁此者也；礼者，履此者也；义者，宜此者也；信者，信此者也；强者，强此者也。乐自顺此生，刑自反此作。(《礼记·祭义》)

其次，祭则鬼享之。君子得众人之欢心，众人将追本溯源，怀念其已去世之先祖而乐于助祭。先祖在天之灵知自己事业因孝子贤孙得以延续，自己之名因孝子贤孙扬于人间而不朽，自然欢心，乐于受享。

天下为公，君子因孝的自觉而立身行道，不仅显扬父母、先祖，更重要的是，其教不肃而行，其政不严而治，故有经文所说的效果：天下和平，灾害不生，祸乱不作。

和者，和而不同也。生而有别，现实生活中又有上下长幼男女、贫富贵贱尊卑之别，然若能彼此相爱、互敬，则可相互协调，分工合作，各得其宜，共同成长。《大学》言天下秩序之良好状态，谓之"平"。《周易·乾卦·文言》曰："云行雨施，天下平也。"孔颖达疏云："言天下普得其利而均平不偏陂。"《周易·乾卦·彖辞》曰"乾道变化，各正性命，保合太和"，大约可概括"和平"之意：每人生命得以舒畅，彼此又在高度协调状态。

灾害来自自然，所谓天灾；祸乱出于人，所谓人祸。君子以孝施教，以德为政，则可以赞天地之化育，万物各得其宜，故灾害不生；民用和睦，上下无怨，自然无人兴起祸乱。

经文最后呼应本章第一句，明王之以孝治天下也如此，故本章名为《孝治》。由此可见，圣人所立之治道，先教民以孝，而治在其中矣。这样的治不是西人所谓统治、支配，而是治理（governance）。在此，人人都是主体，基于其获得生命之事实而有道德自觉，自治其身。在如此治理体系中，西人视为中心的权力，只在次要位置上，真正重要的是道德和教化。

圣人于本章阐明中国之治道，其本在立孝为教。循如此治道，而有数千年来中国之生生不已，可大、可久、可美。中国历史也证明，凡不行此道者，均无以至于天下之治。

[经文]《诗》云："有觉德行，四国顺之。"

诗句出自《诗经·大雅·抑》。觉，著也。四国，四方各国。经文以上论孝治，归根到底是以孝自治，故引诗句说，明王有显著之德，具体而言有大孝之德，彰明于天下，故天下四方之人皆顺之。

此"顺"字与上章"以顺天下"相应，遥结首章"顺"字。其字面意思是天下顺服于王者之治，深层意思则是王者示范天下，人人自反己身，顺其性情而有德，则天下大顺。顺之又顺，故圣人之教不肃而成，先王之政不严而治。中国之教、政，一言以蔽之，曰顺。圣贤对此顺之大义，多有论说：

子曰："上好仁，则下之为仁争先人。故长民者章志、贞教、尊仁，以子爱百姓；民致行己以说其上矣。《诗》云：'有觉德行，四国顺之。'"（《礼记·缁衣》）

水渊深广，则龙鱼生之；山林茂盛，则禽兽归之；礼义修明，则君子怀之。故礼及身而行修，礼及国而政明。能以礼扶身，则贵名自扬，天下顺焉，令行禁止，而王者之事毕矣。《诗》曰："有觉德行，四国顺之。"夫此之谓也。（《韩诗外传》，卷五）

董子则在《春秋繁露·郊语》中解释本章之义：

所闻曰：天下和平，则灾害不生。今灾害生，见天下未和平也。天下所未和平者，天子之教化不行也。《诗》曰"有觉德行，四国顺之"，觉者，著也，王者有明著之德行于世，则四方莫不响应，风化善于彼矣。故曰：悦于庆赏，严于刑罚，疾于法令。

王者因孝而有至德，以己身示范天下，天下万民和平，而后天地不生灾害，此即明王以孝治天下之大道。

圣治章第九

章旨：圣人之德，无加乎孝。顺乎人心，方成德教。

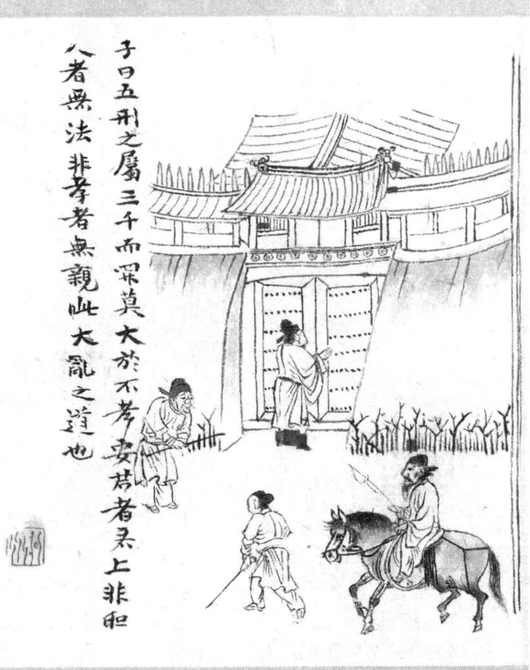
子曰五刑之屬三千而罪莫大於不孝要君者無上非聖
人者無法非孝者無親此大亂之道也

曾子曰："敢问圣人之德，无以加于孝乎？"

子曰："天地之性人为贵，人之行莫大于孝，孝莫大于严父，严父莫大于配天，则周公其人也。昔者周公郊祀后稷以配天，宗祀文王于明堂以配上帝。是以四海之内，各以其职来祭。夫圣人之德，又何以加于孝乎？"

上章孔子指出，明王以孝治天下，至于"天下和平，灾害不生，祸乱不作"，此即圣人之治，而其始正在于孝，故本章开首，曾子提出"圣人之德，无以加于孝乎"，故本章名为《圣治》。

前文中，施教、为政之主体，在首章是"先王"，而后有天子、诸侯、卿大夫等承担治理之责的君子，至上章则为"明王"，明乎人心与治道，本章则递进至于圣人矣。

圣人有别于哲人、王、教主

子贡曰："如有博施于民而能济众，何如？可谓仁乎？"子曰："何事于仁，必也圣乎！"（《论语·雍也》）据此，圣乃仁之至者。《白虎通义·圣人》解释说："圣人者何？圣者，通也，道也，声也。道无所不通，明无所不照，闻声知情，与天地合德，日月合明，四时合序，鬼神合吉凶。"圣人是人之至者。

然而，圣人终究是人，孟子曰："规矩，方员之至也；圣人，人伦之至也。"（《孟子·离娄上》）"形色，天性也；惟圣人，然后可以践形。"（《孟子·尽心上》）天命人以性，圣人就是率性而行，尽人伦之义者，如爱敬尽于事亲。故圣人可以学而至，由行而成，如荀子所说：

以从俗为善，以货财为宝，以养生为己至道，是民德也。

行法至坚，不以私欲乱所闻：如是，则可谓劲士矣。

行法至坚，好修正其所闻，以桥饰其情性；其言多当矣，而未谕也；其行多当矣，而未安也；其知虑多当矣，而未周密也；上则能大其所隆，下则能开道不己若者：如是，则可谓笃厚君子矣。

修百王之法，若辨白黑；应当时之变，若数一二；行礼要节而安之，若生四枝；要时立功之巧，若诏四时；平正和民之善，亿万之众而抟若一人：如是，则可谓圣人矣。（《荀子·儒效》）

圣人多为王者。依传统看法，尧、舜、禹、汤、文、武是圣人，皆为王者；周公、皋陶、伊尹是圣人，皆为重臣。圣人中，只有孔子是例外，然而，孔子也汲汲于为政，奔走各国之间。依孔子说法，博施于民而能济众则为圣人，故圣人必定教天下，也必定治天下，一身而兼教、政。《周易·系辞下》列举古圣如下：

天地之大德曰生，圣人之大宝曰位。何以守位？曰仁；何以聚人？曰财。理财正辞、禁民为非，曰义。

古者包牺氏之王天下也，仰则观象于天，俯则观法于地，观鸟兽之文与地之宜，近取诸身，远取诸物，于是始作八卦，以通神明之德，以类万物之情。

作结绳而为罔罟，以佃以渔，盖取诸离。

包牺氏没，神农氏作，斫木为耜，揉木为耒，耒耨之利，以教天下，盖取诸益。

日中为市，致天下之民，聚天下之货，交易而退，各得其所，盖取诸噬嗑。

神农氏没，黄帝、尧、舜氏作，通其变，使民不倦，神而化之，使民宜之。易穷则变，变则通，通则久，是以自天佑之，吉无不利。

黄帝、尧、舜垂衣裳而天下治，盖取诸乾坤。

刳木为舟，剡木为楫，舟楫之利，以济不通，致远以利天下，盖取诸涣。

服牛乘马，引重致远，以利天下，盖取诸随。

重门击柝，以待暴客，盖取诸豫。

断木为杵，掘地为臼，臼杵之利，万民以济，盖取诸小过。

弦木为弧，剡木为矢，弧矢之利，以威天下，盖取诸睽。

上古穴居而野处，后世圣人易之以宫室，上栋下宇，以待风雨，盖取诸大壮。

古之葬者，厚衣之以薪，葬之中野，不封不树，丧期无数，后世圣人易之以棺椁，盖取诸大过。

上古结绳而治，后世圣人易之以书契，百官以治，万民以察，盖取诸夬。

天生人，人各不同，时有圣人出。天有生生之德，圣人代天教民、养民。经文对包牺氏之描述，可适用于所有圣人：圣人皆可谓“王天下”者，也即有其位，圣人有仁之至德，利用厚生，造福万民。为此，圣人力行不已，施行教化，创制立法，乃至于发明、推广各种器具。然则，圣人之全仁，其源何在？禀于天而成于孝，故其德教加于四海，得天下之欢心。

五等之孝论天子等君子，《三才章》论及立教、为政者，上章论及明王，以其至德、要道化成天下者，则为圣人。

圣人有别于神教之先知、教主，也有别于哲学家。

神能言，先知就是传达神言之人，故其教化无非言也，以喋喋不休之言要求民众遵守神的律法、命令。这些律法、命令逆乎人情，为人所难以理解、遵守，故先知、教主常有愤怒之情，对人多有怨恨，呼神惩罚人。

哲学家所好者同样是言，试图以言探究其所想象之真理，并以启他人之蒙。苏格拉底晚年总说听到一个声音对他说话，而其职业就是到大街上与人对话。名为对话，实则苏格拉底总是揭露他人说法之虚妄，诱人接受自己的说法，或曰求得所谓真理。

以上两者均不重自身之德行，脱出人伦，甚至故意毁弃人伦。神职人员普遍出家，哲学家多不结婚、不生育，柏拉图、笛卡儿、莱布尼茨、斯宾诺莎、约翰洛克、康德、休谟、帕斯卡、尼采等西方哲人终生未婚。维特根斯坦是同性恋，终生未婚。叔本华终生未婚，且看不起所有女人。这些哲学家大多离群索居，甚至有严重精神疾病。盖所谓哲学，与神教类似，如苏格拉底所说，是练习死亡，也即有强烈出世之倾向，故其不婚、不育，可以理解。只是，其人不行人道，人类可由其教而趋于善乎？最起码，由于人伦之匮乏，所谓哲人完全无法真切把握生，也就无法把握亲，或许他们更熟悉死和烦。其所求之善，人之善耶？非人之善耶？抑或非善邪？

相对而言，西方的经验主义、保守主义思想人物要好一些，因为其近于中国人之性情，不拒绝人伦，故而对生命、对人世有一定体认、把握。

如此西方主流教化，也难以带来本章所说之“治”，相反常带来混乱。一神教固然曾带来统一的欧洲，但也因其宗派化而让欧洲破碎化，以至于今日无可收拾。黑格尔说过一段很有名的话：密涅瓦的猫头鹰总是在黄昏起飞。就古希腊而言，哲学恰恰发生在古希腊文化的美丽世界衰落之时。尼采在《希腊悲剧时代的哲学》中说得更决绝：“哲学与其说推动了希腊人的进步，不如说导致了希腊人的毁灭。”讽刺的是，黑格尔、尼采哲学似乎与德国在二十世纪上半期的疯狂之间有密切关系。神教、哲学之所以无助于甚至有害于“治”，因为其从根本上是出世的，鄙视人生，破坏人伦，因而其思考是非人的，越深刻，非人的性质越严重。

哲人追求治，其结果必定导致不治。如苏格拉底设想所谓“哲人王”的统治模式。哲人首先向上，获得真理，然后被“逼迫”成为城邦的统治者。一旦掌握权力，他做的第一件事是清洗旧城邦，扫荡一切旧习俗，按自己的蓝图在城邦勾画最新最美的图画。这样的哲人王不是人伦之至者，相反，他是人伦的摧毁者；他不可能改善秩序，只会驱动本来还有基本秩序的共同体，堕入霍布斯们预设的自然状态。

至于霍布斯，则由此出发，完全否定人伦，其所设立的主权者只凭权力，以法律统治人；则其所能得到的最好状态也不过和平而已，根本无善可言。可见，西方之教、政，完全无法至于治、的境界，遑论“善”治。因为其逆，脱出人伦而求人世之治，岂非南辕北辙？

天地之间最全者

孔子的阐述从天地开始，故本节论述上承《三才章》。

天地之大德曰生，推原其心，可谓天地以生万物为心，是为“天心”。此心驱动，天地生物不已，包括生人，故生即为天地之性。经文所谓“天地之性”，意谓天地之性展开而所生者纷纷纭纭，其中人最尊贵，因为人得天地之性最全，而为人之性。

从解剖学上看，构成人身之生物要素与动物没多大区别，孟子曰：“人之所以异于禽兽者几希。”人与动物之差别只在一丁点，即人有“灵”，《尚书·泰誓上》：“惟天地，万物父母；惟人，万物之灵。”正是这“几希”处之灵，把人与草木禽兽完全区别开来。所以，人不是动物，人就是人，孔子说“仁者，人也”，其第一层含义正在于肯定人就是人，只能以人论人。正因为有此灵，故人有异于禽兽之心，董子曰：

天德施，地德化，人德义。天气上，地气下，人气在其间。春生夏长，百物以同；秋杀冬收，百物以藏。故莫精于气，莫富于地，莫神于天。天地之精所以生物者，莫贵于人。人受命乎天也，故超然有以倚。物疢疾莫能为仁义，唯人独能为仁义；物疢疾莫能偶天地，唯人独能偶天地。（《春秋繁露·人副天数》）

人在天地之中，此即三才之义；而在天地之间，人最为贵。人所贵者在其最为完整地禀有天地之性。人因父母而生，故生而有爱亲、敬亲之情。此情超乎所有其他动物、植物，更不要说无机物，故为人之所以异于禽兽之几希处。率此性而行，即为人之道；圣人修此道则为教。唯人有此灵，故唯人可以教化，故董子又曰：

天令之谓命，命非圣人不行；质朴之谓性，性非教化不成；人欲之谓情，情非度制不节。是故王者上谨于承天意，以顺命也；下务明教化民，以成性也；正法度之宜，别上下之序，以防欲也：修此三者，而大本举矣。人受命于天，固超然异于群生，入有父子兄弟之亲，出有君臣上下之谊，会聚相遇，则有耆老长幼之施；粲然有文以相接，驩然有恩以相爱，此人之所以贵也。生五谷以食之，桑麻以衣之，六畜以养之，服牛乘马，圈豹槛虎，是其得天之灵，贵于物也。故孔子曰：“天地之性人为贵。”明于天性，知自贵于物；知自贵于物，然后知仁谊；知仁谊，然后重礼节；重礼节，然后安处善；安处善，然后乐循理；乐循理，然后

谓之君子。故孔子曰“不知命，亡以为君子”，此之谓也。(《汉书·董仲舒传》)

圣贤严人禽之辨，故定道德之本，明成人之道，立教化之道，然后人可以立身行道，以至于博爱、广敬，然后可以内生出由人的、属人的、为人的秩序。

西人多不明此义，混同人、物，如其常断言，人是高级动物，或是会思考的动物，或是城邦的动物之类，总是把人视为动物中一类，尽管以某些属性限定，仍不出动物范畴。如此必把人当成物看待，误以为动物之性就是人之性，所谓人性自私，所谓理性经济人，所谓个人利益最大化，凡此种种构成其思想预设之观念，无不由此偏失而致。以此构建之理论必定狭隘而短视，难以引领个人和社会向上成长，反而经常带来困惑与失序。

教行莫大于尊父祖

经文说，人之行莫大于孝，其义有三：

第一，本句承《三才章》而来：“夫孝，天之经也，地之义也，人之行也。天地之经，而民是则之。”人受天地之中而生，自然有孝行，此为天所命于人之天性。

第二，人因亲而生，初生必在父母之怀，故人之为人自然而有之第一个行必定是依恋其亲，爱其亲，敬其亲。对此自觉而行，即为孝行。此行内在于其生命中，而非出自任何外在的强制；而它又构成其生命存有之绝对前提，人因此行而有其生命，无此行，即无以有其生命，故此行乃人之天行，经文谓之最大。

第三，当人有反思能力，则循此孝行中的爱、敬之情而行，推及于其所遭遇之每个人，由亲及疏，由近及远，逐渐成就其仁之“至德”。至者，大也，至德即为大德。首章又谓“孝者，德之本也”，人之诸德皆以孝为根基，无孝，则无诸德，孝之为行，不亦大乎？

本句肯定，孝为人最原初、最自然之行，有助于生命成长的一切其他行均本乎面向父母的这个行。这是人之为人的本然之行。正是在此绽露了人的全部生命活动之自然倾向，欲理解人的行为，自当推本于此。

然而，神教、西方哲学多不明乎此，盖因其未见及生命得以存生之基本事实，因而误以动物之行为人之行，据此所阐发之人的行为逻辑其实是非人的，据此规范人的行为，多强人为非人之行。

孝行就是爱、敬于父母，父母之中，又以父为大。《士章》谓：“母取其爱，而君取其敬，兼之者父也。”子女对母之情偏于爱，对父之情，爱、敬最为均衡完整。正是在确立从夫婚之后，孝之为德才得以稳定树立，诸德由此而有大本。故人之孝行，事父之义最大。

由敬可推至于严。严，犹尊也，比敬更进一步，所谓严父，就是尊仰其父，肯定父亲之尊严崇高地位。子女对母之情主要是爱，不可能推至于严。《白虎通义·三纲六纪》曰：“父者，矩也，以法度教子。”严父，也就是尊仰法度，普遍的社会政治秩序赖此法度得以维护。又，人资于事父之道，成就其事君之道，由此进入普遍的社会政治秩序，即《开宗明义章》所谓“中于事君，终于立身”，故严父，才可以立身行道，明明德于天下。

子曰：“父在，观其志；父没，观其行；三年无改于父之道，可谓孝矣。”（《论语·学而》）此即严父之道。严父之要义在于，父作之，子述之，如《中庸》论周人圣圣相继：

子曰：“无忧者，其惟文王乎！以王季为父，以武王为子，父作之，子述之。”
子曰：“武王、周公其达孝矣乎！夫孝者，善继人之志，善述人之事者也。”

文王大孝，继述王季之事业；武王、周公大孝，完成文王之大志。正是孝之大德，让周人得以膺受天命。

配天不是神授

经文说，严父莫大于配天。

王者祭祀，由父而祖而曾祖、高祖而始祖，可以推极于天。以去世之父、祖配天、帝而祭祀，则父得以与天不朽。人子之孝，于此至矣尽矣。

配之义大矣哉！

天泛爱一切人，不会刻意照顾任何人。而天要其所生的所有人生，非有德者做不到这一点，故“皇天无亲，惟德是辅”(《尚书蔡仲之命》)。

然而，是否有德，谁来认定？天不言，故“天视自我民视，天听自我民听”(《尚书·泰誓中》)。君子尽人伦而有至德，化成天下而惠泽万民，则如《中庸》所说赞天地之化育，与天地参。若有机运，则可受命为天子；即便无此机运，亦可以为圣人；于其死后则可以配天。《中庸》论述配天之大义曰：

唯天下至圣，为能聪明睿知，足以有临也；宽裕温柔，足以有容也；发强刚毅，足以有执也；齐庄中正，足以有敬也；文理密察，足以有别也。溥博渊泉，而时出之。溥博如天，渊泉如渊。见而民莫不敬，言而民莫不信，行而民莫不说。是以声名洋溢乎中国，施及蛮貊；舟车所至，人力所通，天之所覆，地之所载，日月所照，霜露所队，凡有血气者，莫不尊亲，故曰配天。

德行完足，得天下之欢心者，可以配天。如《诗经·周颂·思文》所诵：“思文后稷，克配彼天。立我烝民，莫匪尔极。贻我来牟，帝命率育。无此疆尔界，陈常于时夏。”周人祖先后稷播种百谷，造福天下，故得以配天。

配天之根本义在于，人以其至德要道代天养民、教民，令天所生之万民各遂其生。配天是以己身之德配天，且此德须惠泽天下万民。《三才章》曰：“夫孝，天之经也，地之义也，民之行也。”配天之德必本乎孝，爱敬尽于事亲，然后德教加于百姓，博施于民而能济众者，则可以配天。

配天之义绝不同于西方人所谓“神授”。

在神教中，神之宠爱是无迹可寻的，如先知的责任是传达神之言，摩西欠缺言语能力，神却拣选其为先知。至于神是否拯救某人，完全出于神之意志，与其人之德无因果关系，非如此，不足以显示神的全知全能。当然，由此人不免疑惑，神在意人的善吗？这一点引发神学上的大量讨论。

教会授予世俗王权以神圣性，亦不观王者之德。盖神是绝对的，岂可受制于人之德?

至关重要的区别在于:人之德须见之于其行,惠泽于人,才可以配天。故在很大程度上,配天出于事后的认可,人的认可,天的认可。人以其德行获得权威,对此,天只是予以认可,并不保证其永远享有,一旦失德,则失去此认可。回顾那配天者的一生,必定可见其有强烈而持久的戒慎恐惧之心。神授,则是神或其代理人事先拣选,并授予其绝对权力。因有神的背书,这权力是任何人所不能挑战的。

所以,配天观念激励人修身,神授观念则可能让人放纵。配天终究是人道,神授难免反乎人道。

天统诸神,包括上帝

接下来,经文述及周公制礼之事。

《礼记·明堂位》记载:“昔殷纣乱天下,脯鬼侯以飨诸侯。是以周公相武王以伐纣。武王崩,成王幼弱,周公践天子之位以治天下;六年,朝诸侯于明堂,制礼作乐,颁度量,而天下大服;七年,致政于成王。”这里的制礼作乐,当包括周公郊祀后稷以配天,宗祀文王于明堂以配上帝。

天、上帝有关而不同。帝尧“绝地天通”,确立敬天。唯天为大,天是神妙莫测、生生不已的万物之大全。至于上帝,则是其带有一定人格化色彩的存在形态,更易为人所理解,《舜典》记载,帝舜即位,“肆类于上帝”。此后,两者始终并存,而在不同时代有所偏重,按《礼记·表记》所记孔子对夏、商、周三代之道的概括,夏人敬天,殷人偏重于崇拜上帝,周人重归夏道,以敬天为重。周初,受殷人影响,两者并重,此后敬天更为突出,这一转变可见于《诗经》。

一神教传入中国后,传教士见中国经典有祀“上帝”之礼,以为中国人崇拜唯一真神。此乃善意的误解。中国人以敬天为大,天不同于唯一真神,中国人祭祀的上帝也受制约于天,其人格化程度很低,最显著的特点是不言,故中国人虽祭上帝，却较少巫术气息。

经文所说的郊，即郊天，在国都南郊祭天，以始祖后稷配祭。敬天最大，故郊天之礼向来是大礼，《孔子家语·郊问》记：

定公问于孔子曰："古之帝王，必郊祀其祖以配天，何也？"孔子对曰："万物本于天，人本乎祖。郊之祭也，大报本反始也，故以配上帝。天垂象，圣人则之，郊所以明天道也。"

天生生不已，人推本于天。天生万物，人得其养；人又法天而生，法天而治，得以维护良好秩序。人有报本之心，故有郊天之礼。

天至大无外，当郊天时，以祖配祭。《白虎通义·郊祀》解释说："王者所以祭天何？缘事父以事天也。祭天必以祖配何？以自内出，无匹不行；自外至者，无主不止。故推其始祖，配以宾主，顺天意也。"人祭天，天自外而至，设祖先之神位以供其栖止，然后人可与之感格。

宗者，尊也，周公在明堂隆重地祭祀上帝，以周家受命之王文王配祭。关于明堂之制，汉代以来，经学家众说纷纭，莫衷一是。孟子的看法较有启发：战国时代，齐境内泰山脚下有明堂遗迹，齐宣王似欲毁之：

齐宣王问曰："人皆谓我毁明堂。毁诸？已乎？"

孟子对曰："夫明堂者，王者之堂也。王欲行王政，则勿毁之矣。"

王曰："王政可得闻与？"

对曰："昔者文王之治岐也，耕者九一，仕者世禄。关市讥而不征，泽梁无禁，罪人不孥。老而无妻曰鳏，老而无夫曰寡，老而无子曰独，幼而无父曰孤。此四者，天下之穷民而无告者，文王发政施仁，必先斯四者。《诗》云：'哿矣富人，哀此茕独。'"（《孟子·梁惠王下》）

谓之明堂，则必有大堂，且比较敞亮。在王城之外，也可以有明堂，作为王者巡守四方朝会诸侯、施行王政之堂，这与《礼记·明堂位》的记载相合："明堂也者，明诸侯之尊卑也。”由此而有经文下一句：“是以四海之内，各以其职来祭。”故明堂可以祭祀，也可以朝会诸侯，处理重大政务。周公在此祭祀文王，以配上帝。

相较而言，郊天比明堂之祭更为重要。此处经文阐明，周公大孝，深明严父之道，故以其始祖配天，以其父配上帝，肯定父、祖之德，并“聿修厥德”，塑造了周人敬天、法祖、重德之精神基底。

周公行郊祀、宗祀之礼，四海之内诸侯各以其职贡来助祭。关于配天、助祭之义，《春秋繁露·王道》有详尽论述：

五帝三王之治天下，不敢有君民之心。什一而税，教以爱，使以忠，敬长老，亲亲而尊尊，不夺民时，使民不过岁三日。民家给人足，无怨望忿怒之患，强弱之难，无谗贼妒疾之人。民修德而美好，被发衔哺而游，不慕富贵，耻恶不犯。父不哭子，兄不哭弟。毒虫不螫，猛兽不搏，抵虫不触。故天为之下甘露，朱草生，醴泉出，风雨时，嘉禾兴，凤凰麒麟游于郊。囹圄空虚，画衣裳而民不犯。民情至朴而不文。郊天祀地，秩山川，以时至。封于泰山，禅于梁父。立明堂，宗祀先帝，以祖配天。天下诸侯各以其职来祭，贡土地所有，先以入宗庙，端冕盛服而后见先，德恩之报，奉先之应也。

孝为德之本，圣人之大德亦本于孝，即《天子章》所说“爱敬尽于事亲，德教加于百姓”。德教加于百姓，而得天下万国之欢心，以事其先王，人子之孝莫大于此。圣人之德始于孝，终于孝，故本节经文归结于圣人之德，无以加于孝。

故本章所谓“圣治”，就是孝治至于极致，也就是治之极致，也只有孝治可臻于圣治。孝治围绕人展开，又通于天地鬼神。天生人，父母生人，人生而有爱亲、敬亲之情，爱亲者不敢恶于人，敬亲者不敢慢于人，由此而有诸德之生发，爱、敬及于生命过程中所遭遇之一切人，得其人之欢心，归于对父母、先祖之爱敬。这一爱敬的回路适用于每个人，以天子最为显著。由此所维系的共同体不仅有良好秩序，更充满博爱、互敬之情谊。

西人所孜孜以求者，暴力统治或许可以维护和平秩序，神法或世俗法之统治或许可以维护正义，但其共同体终究缺乏情谊，根源在于其见神不见人，或视人为物。故其可见人之欲望，可见人之理智，可见人之意志，唯不见人之所以异于禽兽者之几希，也即人人天生而有的爱亲、敬亲之情。不见人之明德，故其义理终究是灰暗而夹缠不清的，以此义理所塑造的社会也终究是幽浊而不清不明的。

圣人之教有本

[经文] 故亲生之膝下，以养父母日严。圣人因严以教敬，因亲以教爱。圣人之教不肃而成，其政不严而治，其所因者，本也。父子之道，天性也，君臣之义也。父母生之，续莫大焉；君亲临之，厚莫重焉。

上节得出结论：圣人之德无加于孝，此即首章所言之“至德”。基于此，圣人立孝为教，而成顺天下之“要道”，与《士章》所论大义相通。

《汉书·艺文志》说：本章“父母生之，续莫大焉”，“故亲生之膝下”两句，“诸家说不安处，古文字、读皆异”，此处尝试解之。

亲，双亲。之，代指子。养，养于。亲生之膝下，以养父母日严意谓，双亲生子女，子女长于双亲膝下，父母双亲加以教养，随着一日一日年龄增大，则于亲之外，更感觉到双亲尤其是父亲之严。盖婴儿初生，在父母之怀依恋父母，自然以爱亲之情为主。“亲”字就提示这一点，这也构成父母与子女之间的基本情感。随着年龄增长，父教之以规矩，子女的敬亲之情逐渐发育，认识到父母之尊严，而自居于卑下，从父母之教令。

《周易》家人卦论治家之道，《彖辞》曰：“家人有严君焉，父母之谓也。”程氏传曰：“家人之道，必有所尊严而君长者，谓父母也。虽一家之小，无尊严则孝敬衰，无君长则法度废。有严君而后家道正，家者，国之则也。”家人卦各爻，大体以刚严为尚。这正是本节“以养父母日严”之义，家也是一个社会治理组织，父母对子女固然有爱，但也不能不有严。

圣人对生命成长历程及人情变化之观察，可谓细致入微。故本章用语不同于《士章》："亲"兼及父母，不同于《士章》对母之爱；上章已用"严父"一词，故本章沿用"严"字，相比于敬，敬畏、顺从之意更为突出。

圣人乃因人对父之严，教之以敬，则人成人之后走出家门，进入各类社会组织，包括政治组织中，即可以敬对待君长，此即《士章》所说"资于事父以事君，而敬同"。同样，圣人因人对父母相亲之情，教之以爱，则可推此爱及于其所遭遇的每个人。故圣人之教本乎人情，故其教不肃而成，其政不严而治，此语已见《三才章》。

而后经文总结说：其所因者，本也。

"因"之义甚大。《说文解字》："因，就也。从口、大。"段注曰：为高必因丘陵，为大必就基址，故因从口、大，就其区域而扩充之也。《中庸》曰：'天之生物。必因其材而笃焉。'《左传》曰：'植有礼，因重固。'"因者，就其已有而扩充之、发育之，以至于盛大光辉。

司马谈《论六家要旨》谓道家："其术以虚无为本，以因循为用。无成执，无常形，故能究万物之情。不为物先，不为物后，故能为万物主。有法无法，因时为业；有度无度，因物与合。故曰圣人不朽，时变是守。虚者，道之常也；因者，君之纲也。"（《史记·太史公自序》）其实，"无为"也是尧舜施教、为政之道。子曰："无为而治者，其舜也与？夫何为哉？恭己正南面而已矣。"（《论语·卫灵公》）圣人可以无为，正因为其教、政因于人固有之本，故只要正己于上，则万民既可以化成于下。

圣人之教、政有所因循，即因于人人固有之本，有子曰："君子务本，本立而道生。孝悌也者，其为仁之本与？"（《论语学而》）此之谓也。圣人所说的本，就是伴随着其生命诞生自然而有之对双亲的爱敬之情，对父的敬畏之情。此为人人自然所有者，不学而能，不虑而知。本，内涵人人本来就有之意，人因此本，即可生发普遍的爱人、敬人之德。圣人亦因此本而立教，启发人自觉其固有之本，提撕人因此本而成长。所以，因的主体既是每个人，也是立教之圣人，施教之君子，德、教无不以其为本。

德、教均因于人人固有之本，其展开的过程即《开宗明义章》、《三才章》所说之“顺”。人因于本而成长谓之顺，圣人因于本而教化谓之顺，所教化者也不过是教人因于其自有之本，谓之顺而又顺。因于本而顺乎人心，故此教无所不通，行之久远，而且成本低廉。

西人则普遍地无视人所固有之大本，故论德、立教不能因人本有之本，而是人为设定其本，比如外在于人的神或自然，故其教化和为政是逆的，从外部强加人一套教条或法律。不因而不顺，因而难以通达。

父子与君臣之道相通又有别

承“其所因者本也”一句，经文接下来说：父子之道，天性也，君臣之义也，言简意赅地指出父子之道与君臣之道相通而又相异之处。

父子之道，具体而言，子对父的爱而敬，乃出于天性。父生子，故子爱父；父教子，故子敬父。而从对父之敬，子习得事君之道，即《士章》所谓“资于事父以事君”，由此，子知君臣之义。此为父子之道与君臣之道相通之处。

不过，此论已清楚揭示两者之不同：君臣之义是人后天学而得知的。相反，爱亲、敬亲则是不学而能、不虑而知者，故郑玄注：“君臣非有天性，但义合耳。”父子之道出于天生，君臣是则以义而合。《庄子·人间世》引仲尼曰：“天下有大戒二：其一，命也；其一，义也。子之爱亲，命也，不可解于心；臣之事君，义也，无适而非君也，无所逃于天地之间，是之谓大戒。是以夫事其亲者，不择地而安之，孝之至也；夫事其君者，不择事而安之，忠之盛也。”

确实，只要人在组织中，即当以忠事君，尽心尽力地担当其职事。但对君，臣只有义。君臣之间当然也有情谊，但以义为根本。义者，宜也，首先指臣对君所当为者，也即西人的义务；此义务是具体而有限定的，而非全面而无限的。且有义务则有所应得者，即说之权利。故君臣关系就其本质而言，是两个人通过契约建立的分工合作关系，双方均期望从中获得自己所需者，为此而付出自己所有者。君子旨在得位以行道，既为人臣，则当敬君而忠于职事。君若有过，则当以道谏诤。但三谏而不从，自可止而去之，以免自取其辱。对此，《谏诤章》有详尽论述。

孔子为圣人，树立了事君之典范。孔子固然周游列国以求位，但一旦发现不能行道，则毅然辞行：

卫灵公问陈于孔子，孔子对曰："俎豆之事，则尝闻之矣；军旅之事，未之学也。"明日遂行。(《卫灵公》)

齐景公待孔子曰："若季氏则吾不能，以季、孟之闲待之。"曰："吾老矣，不能用也。"孔子行。(《微子》)

齐人归女乐，季桓子受之，三日不朝，孔子行。(《微子》)

孔子之去，正践行其所说事君之道："所谓大臣者，以道事君，不可则止。"(《论语・先进》)。

明乎此，然后可以论孝。《士章》谓"资于事父以事君而敬同"，《广扬名章》谓"君子之事亲孝故忠，可移于君"；此处之"资"、"移"已说明，由事父，青年可在家训练未来事君之德，但是，事君绝不等于事父。君子对父、对君的心态有局部相通之处，但根基不同：父子是天生关系，是永久的、不可解除的；君臣是人为建立的关系，就其性质而言是临时的、可解除的。

论孝，当明父子、君臣之相通、相别处，方为明达。

历史上，有些人只见两者之同，强要人以君为父，旨在造就至忠之德。却未料到，如此混淆，可能造成愚忠，也即，忘记行道之义，而为某人而死。甚至可能造成以事君之义事父而无情之弊，如二十世纪中期的父子相互告密，则人伦丧尽。

至于西人，则常断定两者无关，置家、国于分离甚至对立状态。由此，或者希求良好的社会政治秩序，却放纵人在家中、在所谓私人领域中纵欲；或者为了国家秩序、普世秩序而毁家。

中道则在于，肯定父子之道与君臣之道有相通处，所以家可通于国，君子不出家而可以成教于国，可在家中以孝作为公民训练之基础。同时也肯定两者不同，以两全其美。

“续”的生命意识

父母生子，一体两分，血统相继，人间之相续，莫大于此，故子当有续父母之心，继其父之志，述其父之事。董仲舒解释“夫孝，天之经，地之义”一句大义时说：

是故父之所生，其子长之；父之所长，其子养之；父之所养，其子成之。诸父所为，其子皆奉承而续行之，不敢不致如父之意，尽为人之道也。故五行者，五行也。由此观之，父授之，子受之，乃天之道也。(《春秋繁露·五行对》)

自觉地续父母之身、志、事，即为大孝，人世间最大的事情，莫过于续。续为中国人之根本生命意识，子以续父母为人生之最要义。

由此而有一个连续不断的上续链条：我续父，父续祖，祖续曾祖，一直到始祖，并上溯于天。反过来，则是同样连续不断的下传链条：我传子，子传孙，以至于永远。我的生命与双亲的生命重叠而又接续，由此，两代人的生命紧紧地扣成一段环链。由我居中，环环相扣的生命链条得以相续而不已。

故对中国人来说，天道或曰时间不是空洞的，而是生命化的，呈现为生命之再生、相续不已。圣人说，“四时行焉，百物生焉，天何言哉？”天道运转有春生、夏长、秋收、冬藏，个体生命有生、有长、有收、有藏；天道运转周而复始，生命在代际之间同样周而复始，子女从父母的生命中开始自己的生命，并自然地返本而接续之。每个生命都是新鲜的、令人惊喜的、独立的，但又是连续的、似曾相识的、有本的。这个生命化的时间才是实质的连续。

这一续的生命意识塑造了中国人普遍而强烈的责任感。我居中，对先人、对后人同时负有不可推卸的重大责任。离开我，生命链条就会断裂。由此，我向前“慎终追远”(《论语·学而》)，敬天法祖；由此，我重视生养子孙，并教育其成人。为这两者，我重视储蓄——这两者正是中国经济长期保持增长的基本动力。

至关重要的是，与孝之为德一样，此责任感不是外在力量强加的，而是生命内生的。西方传教士于明末清初到中国之后就发现，中国人虽不信神，却普遍具有卓越的道德感，自我约束，自我提升，就是因为这种续的生命意识。

在续之中，中国人得以了死生。个体生命必定死，但通过上续和下传，个体生命超越了时间之流逝，而得以不朽。每个人的生命都是有来历的，来源于父祖，推本于天地；每个人的生命也是有去处的，去往子孙，以至于无穷。我祭祀父祖，子孙祭祀我，每个在此生命之流中者，均得以不朽。

也正是在这个意义上，“不孝有三，无后为大”。无后，则死亡可让生命归于空无。

婚姻的意义也正在于续：“昏礼者，将合二姓之好，上以事宗庙，而下以继后世也，故君子重之。”（《礼记·昏义》）夫妇关系的纽带不是异性之爱，而是各自对于续的责任，故夫妇、父子之间无不有敬：“古之为政，爱人为大；所以治爱人，礼为大；所以治礼，敬为大；敬之至矣，大昏为大。大昏至矣！大昏既至，冕而亲迎，亲之也。亲之也者，亲之也。是故，君子兴敬为亲；舍敬，是遗亲也。弗爱不亲；弗敬不正。爱与敬，其政之本与！”夫妇之间当然有爱，但敬更为重要。同时，父亲也敬儿子：“昔三代明王之政，必敬其妻、子也有道，妻也者，亲之主也，敢不敬与？子也者，亲之后也，敢不敬与？”（《礼记·哀公问》）正是续的生命意识，塑造了中国人的夫妇观、父子观，进而塑造了家庭观。家是续之制度形态。

德厚方能事君

正是个体的续的生命意识，成就了中国之为人类唯一延续不断的文明。过去几千年，世界各地出现过众多相当发达的文明，曾经可以与中国相比美，甚至在某些方面有一定优势。然而，这些文明陆续衰败、死亡。尧舜禹夏时代，通过北方草原通道，中国曾受益于两河流域文明，麦类、青铜器甚至马车都从那里传来，如今，那里的文明已物是人非。埃及文明曾辉煌灿烂，现在也只有金字塔供人游玩。罗马帝国曾统治世界岛大部分地区，解体之后，再也未能重建。印度也许有文明，但难说有其历史。续的生命意识塑造了续的文明意识，中国曾多次遭遇猛烈的外部冲击，但文明仍顽强地接续、传承。

因为续的生命意识，中国人有敏锐的历史意识。每个中国人都有父祖的漫长历史可以叙述，每个人也相信，自己将进入后人书写的自家的历史中。

因此，文明意义的中国，也就是历史的中国。中国宪法是这样定义中国的，"中国是世界上历史最悠久的国家之一"。中国是历史的存在。认识中国的最好途径是进入中国的历史。因为，通过续，历史就在今天之中。

西方神教和哲学，因为无视或刻意否定父母生人之事实，自然缺乏续的意识。

《创世记》开头说："起初，神创造天地。"这是一个全新的开始，从零开始。在中国人看来，生命始于父母，故自己不是开始者，而是接续者。但神是凭空创造者，每个人都是神造的，不必续父母，又不能续神，于是，每个人都从头开始，以至于其死，进入神的国，以超出时间，获得永生。故每个人的时间是自己的，有始有终。时间是断裂的、碎片化的，事实上是不存在的。

西人的政治哲学总体上也倾向于从头开始。比如，通过契约开始其文明。如此引发一个严重问题，十八世纪有理论家提出过：父辈们订立的契约、制定的宪法，有什么资格约束子辈？续是没有道德正当性的，每代人都可为自己重定宪法。

但当然，否定续，只能是虚妄的幻想，因为，人必定是其父母所生，则人必定以续安排其生命，文明必定因续而得以存在。故在历史展开的西方文明中，续无所不在，圣人之道同样通于西方。

下一句经文同时提及君、亲，盖人子同时有两个角色：作为臣有其君，作为子有其亲；而君亲皆为尊者、在上位者，自上临下，父有慈有教，君有爵禄，对人情义之厚，莫重于此。《尚书大传》说：

圣人者，民之父母也。母能生之，能养之；父能教之，能诲之。圣人曲备之者也：能生之，能食之，能教之，能诲之也；为之城郭以居之，为之宫室以处之，为之庠序之学以教诲之，为之列地制畒以饮食之，故《书》曰“天子作民父母，以为天下王”，此之谓也。

此所谓圣人乃是圣王，其对人之情谊可谓厚矣。有见于此，人必报之以厚德。《周易·坤卦·大象传》曰：“地势坤，君子以厚德载物。”此正为臣道、子道，具体而言就是，对亲至孝，对君至忠。

人常同在夫妻、父子、兄弟、朋友、君臣五伦之中，本句指出，君、亲最为重要。在家内，双亲慈爱而子女孝爱，则夫妻、兄弟可以相厚。父母与子女的关系拉长了人的时间视野，塑造上续、下传之意识，从而人人自觉其夫妻、兄弟相互之责任，而自我约束，自我提升，故曾子曰：“慎终追远，民德归厚矣。”（《论语·学而》）。恒久，不已，然后可以深厚。反之，夫妻之伦本乎男女之情，具有强烈的排他倾向，夫妻相厚，则父子、兄弟难免疏离。

同时在本句，君的排序在亲之前。父子之道是天性，孝为人之本。但人不停留于此本，而生长扩充其为普遍的爱人、敬人之心，其中最为重要的是资于事父以事君，明乎事君之大义则可以成为好公民，生命得以舒畅，进于仁的状态。局限于孝，生命受到拘束，不能成为主体参与构建和维护普遍的社会政治秩序，甚至无从承担传续父母之大义。

而事君需厚德。子对父，自然有敬意。人于君，本无亲情，而属于陌生人；并且，君臣有上下尊卑之别，人之事君，君居于尊位而自居于卑位，只要在臣位，君命不得不从。唯有厚德者可以如此。此所谓厚意谓，人有长远眼光、广阔视野，故能认识到事君之长远而深刻的价值，故能肯定于己不利的尊卑关系。

德不厚者，不足以事君。《周易》乾、坤二卦之后为屯卦，《卦辞》曰：“屯元亨，利贞，勿用有攸往，利建侯。”初九为一卦之主，“磐桓；利居贞，利建侯”，阳刚者自立为君；六二则不愿顺从：“屯如邅如，乘马班如。匪寇婚媾，女子贞不字，十年乃字。”卦辞显示了六二乏德、不愿屈己而事人为君之情态，盖因其阴柔而德不足也。

本节系对首章“始于事亲，中于事君，终于立身”之阐发，事亲之大义在续；

事君亲则需厚德，否则无以立身，其中又以事君之德最厚。续，则先后相续；厚，则上下深厚。两者具备，则可以有生命之连续与舒展，文明之传承与创发。不续，则断裂；不厚，则解体。

博爱、兼爱不可取

［经文］故不爱其亲而爱他人者，谓之悖德；不敬其亲而敬他人者，谓之悖礼。以顺则逆，民无则焉，不在于善而皆在于凶德，虽得之，君子不贵也。

上节阐明圣人之教有本，即人人自然而有的爱亲、敬亲之情，王者、君子因之而成其教、治其政。本节则指出，君子不贵无此本之爱人、敬人。

上节已指出，人生而有爱亲之情，随着心识初开，则有严亲之情。圣人顺乎人心，因严以教敬，因亲以教爱。圣人之教是顺的。

然而，世间也有人矫情或虚伪，不爱自己的双亲而爱他人，圣人称之为“悖德”，悖者，逆也，反乎圣人反复论及之“顺”，悖德，就是逆乎人情之德。

其人不敬自己的双亲而敬他人，圣人称之为“悖礼”，也即，逆乎人情之礼。礼旨在表达对人之敬，《礼记》开篇即说“毋不敬”，又谓“夫礼者，自卑而尊人也”（《礼记·曲礼上》）。此敬发乎人情而止乎礼，故“礼者，因人之情而为之节文”（《礼记·坊记》）；“夫礼，先王以承天之道，以治人之情。”（《礼记·礼运》）以丧礼而言，“三年之丧何也？曰：称情而立文，因以饰群，别亲疏贵践之节，而不可损益也。”（《礼记·三年问》）先有发乎内心之情，圣人为之制礼以节之、文之，使其情之表达无过、无不及，“礼乎礼！夫礼，所以制中也”。（《礼记·仲尼燕居》）不敬其亲而敬他人者，其敬人之情不诚、不正，虽有礼，可谓之悖也，孔子曾感叹：“人而不仁，如礼何？人而不仁，如乐何？”（《论语·八佾》）

当然，虽不爱亲而诚挚爱他人者，虽不敬亲而诚挚敬他人者，人间完全可以有。社会中的少数精英，姑且称之为君子，借助其特定的知识、信仰，确可做到这一点，虽然是“逆”。

然而，这种做法是普通民众无从取法的，经文接下来论述这一点。父母生人，人人自然而有爱亲、敬亲之情，顺之成长，则可以有普遍的爱人、敬人之心，此即“顺”。但君子逆乎人情而爱人、敬人，民众若予以效仿，将会发现，这些悖德、悖礼的君子是无以取法的，因为悖德之爱、悖礼之敬不是因乎人人固有之本生发出来的，故在其身上很难成就。

若民众无所选择而不能不取法之，则难以成就其爱人、敬人之德，反而可能形成不爱人、不敬人之习惯，此即“凶德”。比如，没有学会爱外人、敬外人，却因为一心向外，连爱亲、敬亲之情也完全丧失，社会风气没有变好，反而变坏。

这种情形曾出现于中国的二十世纪中期。在上者教人爱集体，其结果，人们难以爱集体，终至于连其双亲也不爱。此即凶德。

神教更容易出现偏差。神教教人爱唯一真神，君子或许可以做到平和中正，因信神而有德；然而，有些民众则因爱生出对所谓异端或异教徒之恨。此即凶德。

对最后一句，各家注本多以“得之”为得人或得志于人上，似不确，当为得善德。

上节论圣人施教之道，本节所论者乃君子施教之失也。本文所说的两个“悖”，就是逆，与《孝经》反复申明之“顺”正好相反。其教人爱人、敬人并没有错，问题在于无“本”。上节强调“所因者，本也”。《大学》曰：“物有本末，事有终始，知所先后，则近道矣”。圣人之教最为可贵处正在于有本，即人人皆有的爱亲、敬亲之情，故人人可承教而至于善，虽然其范围、程度有广狭之别，但其本始终在，也即，爱人、敬人之情始终有，而不至于陷入凶德。

故最后一句的意思是：不因其本，即便可以得到博爱、广敬之德，君子亦不以为贵。因为，民众无从取法，君子之所行，不足以化民成俗。

此前经文，均从正面立论，肯定圣人之教，因人固有的爱亲、敬亲之情，养成其博爱、广敬之心。本节则辟逆乎人情、悖德悖礼之教，今日读此经文，不能不感佩圣人之先知先觉，盖世间教化，多有逆乎人情者。

如墨家之兼爱。墨子有见于人之不相爱而相互伤害，欲“以兼相爱、交相利之法易之”，所谓兼爱者，“视人之国若视其国，视人之家若视其家，视人之身若视其身”。然而，人何以无此兼爱之情？“天下之士君子，特不识其利，辩其故也……夫爱人者，人必从而爱之；利人者，人必从而利之；恶人者，人必从而恶之；害人者，人必从而害之。”（《墨子·兼爱中》）可见，墨子之爱诉诸利，人预计到爱人之利而爱人。若人是普遍理智的，则或许可以做到兼相爱，只是，此前提显然无法成立。同时，即便人有理智，依据什么设想人之爱人？故墨家虽主张兼相爱，实际上无以通行人间，且必定出现一种情况：若爱父母无利，何必爱之？故墨家主张中有诸多凉薄之处，如薄葬，因其无利于人，故孟子斥墨子“无父”（《孟子·滕文公下》）。《孟子·滕文公上》又记载：

墨者夷之因徐辟而求见孟子，孟子曰：“吾固愿见，今吾尚病，病愈，我且往见，夷子不来！”

他日又求见孟子，孟子曰：“吾今则可以见矣。不直，则道不见；我且直之。吾闻夷子墨者，墨之治丧也，以薄为其道也。夷子思以易天下，岂以为非是而不贵也？然而，夷子葬其亲厚，则是以所贱事亲也。”

徐子以告夷子，夷子曰：“儒者之道，古之人‘若保赤子’，此言何谓也？之则以为爱无差等，施由亲始。”

徐子以告孟子。孟子曰：“夫夷子，信以为人之亲其兄之子为若亲其邻之赤子乎？彼有取尔也。赤子匍匐将入井，非赤子之罪也。且天之生物也，使之一本，而夷子二本故也。盖上世尝有不葬其亲者，其亲死，则举而委之于壑。他日过之，狐狸食之，蝇蚋姑嘬之。其颡有泚，睨而不视。夫泚也，非为人泚，中心达于面目。盖归反蘽梩而掩之。掩之诚是也，则孝子仁人之掩其亲，亦必有道矣。”

徐子以告夷子。夷子怃然为闲曰：“命之矣。”

墨者夷子在此提出墨家的基本主张：爱无等差；只是他在安葬父亲时顺乎人情，而并未遵循墨家之教义，薄葬。孟子批评其“二本”，而肯定“一本”。天生万物，具体而言父母生人，则父母为人之本，如朱子所说：“且人物之生，必各本于父母而无二，乃自然之理，若天使之然也。故其爱由此立，而推以及人，自有差等。”圣人之教，教人由此一本生发博爱、广敬之仁，而一本恰恰构成其最为自然而坚实之基础。无此一本，则其博爱难免逆乎人情而难以长久，难有温情。

不过，历史上，诸多新兴宗教多主张爱无差等，尤其是战国以后，多受中国以西传入之各种神教观念影响，此类神教普遍有不爱其亲而爱他人、不敬其亲而敬他人的倾向。

基督教根本教义是博爱，然而其博爱始于否定自然的爱亲之情。《马可福音》记，耶稣正在对门徒传教，耶稣的母亲和弟兄来站在外边，打发人去叫他。有许多人在耶稣周围坐着，他们就告诉他说：“看哪，你母亲和你弟兄在外边找你。”耶稣回答说：“谁是我的母亲？谁是我的弟兄？”就四面观看那周围坐着的人，说：“看哪，我的母亲，我的弟兄。凡遵行神旨意的人，就是我的弟兄姐妹和母亲了。”耶稣否定天伦，而以教义重定人伦。由此导致的结果却是广泛的乱伦：耶稣必把自己的母亲视为姐妹，则所有信奉基督者互为兄弟姐妹。

这正是耶稣所希望的，他的教义就是破家。《马太福音》中耶稣教导信众：“你们不要想我来，是叫地上太平。我来，并不是叫地上太平，乃是叫地上动刀兵。因为我来，是叫人与父亲生疏，女儿与母亲生疏，媳妇与婆婆生疏。人的仇敌就是自己家里的人。爱父母过于爱我的，不配作我的门徒；爱儿女过于爱我的，不配作我的门徒。”为什么？因为神要人爱神进而爱人：“你要尽心、尽性、尽意爱主你的神。这是诫命中的第一且是最大的。其次也相仿，就是要爱人如己。这两条诫命，是律法和先知一切道理的总纲。”

由此确立神教之博爱，也成为欧美文化之核心观念，随着传教士与殖民者同步传教以及法兰西革命的感人口号而传遍全球，为人称颂。此“博爱”颇同于墨子之兼相爱，爱无等差，爱邻如己，甚至爱自己的仇敌。两者结局不同：墨家的兼爱行不通，因其无人格化神灵之保障，在敬天的中国，要确立人格化神是不大容易的。西方神教则以人格化唯一真神为保障，博爱之教乃得以成立。

然而，神教的博爱实有众多不通之处，症结在于其无本，缺乏人情之内在依据，而逆出去，立基于人之外的神。但人毕竟是人，其本是难以彻底否弃的，则此神本注定了不能稳固，且造成若干自相矛盾之处。

神教基本教义是，为了博爱，人爱神，且只能爱神；为此，神不许人爱其亲。狂热信教者尤其是神职人员，为此选择不婚不育，以躲避亲情之累。但神教广泛传播，则必定无法坚持这一教义，只好妥协。逆出人间再返回人间，神教的传播总会遇到基本生命之道对其之逆反，其与生活间关系总是紧张的，故内在地有溃散之势，于是就有了一次又一次“原教旨主义”运动。

人之所以博爱，因为其爱神，人的爱首先指向人以外的神，然后通过神的中介指向人。人首先爱非人，然后才爱人，故其博爱带有非人的性质，常不够切己而诚挚，表面看来十分博大却难免空洞，缺乏人情之爱的温暖。

人之所以服从神要人博爱的命令，因为神可以惩罚人，更因为神给人有所许诺，最大的奖赏是进天堂、得复活。故博爱看起来十分博大，实则有功利目的在其中。神给的利益尽管可引人爱人，但其信众之博爱并非出于自身的道德选择，难免缺乏道德的温情。

神教自创立以来，一代又一代神职人员抛却家人，到遥远地方传教、从事慈善事业。这包括近世以来，从欧美到中国偏远地区传教。此种献身精神固然令人钦佩，但其是否出于爱这些偏远地区的人的真情，却令人生疑。

这样的博爱也有一显著盲区：出于对神的爱，传教士们尽心地照顾遥远地区的陌生人，但其当然也是父母所生，辞别父母，其父母能得到谁人之爱？当其年迈，谁来照顾？追求博爱，却排除了对父母之爱，可以谓之博乎？

或曰，自有其他爱邻如己者，前来照顾这位照顾其他陌生人的传教士之双亲。可以承认，在神的引领下，每人都可以博爱陌生人。然而，爱在如此大范围的彼此交换，是否可取？另外，爱陌生的老人与自己的父母，其爱之深度、广度是否相等？若不是，则这些大范围的交换是否导致爱的资源之严重浪费？更不要说，到遥远地区爱他人，本身也是需要花费相当大的成本的。

神本之博爱甚至转生出强烈的恨：一旦人们对神理解有异，其信众能互爱否？事实是，不同神教之间、同一神教内部不同宗派之间，总有相当强烈的仇恨。神教似乎都主张博爱，都有志于构建普世秩序；然而，恰恰是神教之分立，导致中国以西诸多人群之间陷入长期而不可解的仇恨中，即便今日世界，也因此而几乎无可挽回地撕裂。

追本溯源，神教之博爱面临的最大挑战在于：神是否存在、可信？人之博爱，其本在神。问题是，神是否存在，本身始终是个令人困扰的问题。两千年来，在欧美，神学相当发达，其核心主题不过是论证神确实存在。据说神是全能的，那神自身完全可以清楚地向每人显现自己的实存。事实却是，神的存在竟要低劣的人予以反复论证。这说明，神很可能不存在。中世纪晚期以来，确有越来越多的人不再信神。

当神本崩塌，人何以爱人？神教的博爱始终面临一大危险：若人不信神，如今日欧洲大多数人不进教堂事神，则如之奈何？

事实是，现代欧美思想确实普遍无视爱，代表人物如霍布斯，其人性预设与墨子颇为接近：在自然状态中，人仅仅为了保生存，为此，不惜相互伤害，皆有暴死的恐惧，即便父母与子女之间也依然如此。不过，人有趋利避害之理智。基于利害计算，所有人决定共同订立契约，设立主权者。只是，这一事实不能改变人性，故主权者的工作就是制定法律，以严格地约束人。可见，在霍布斯论说中，人不知爱是何物。人就是理性经济人，只知肉体快乐之利，只有自爱之情，致力于追求自身利益之最大化。其结果是，根本没有秩序——对此，博弈论早有证明，霍布斯是不可能走出其自然状态的，他只是以为自己走出了。现代社会勉强还有秩序，那主要是因为，万幸，现实中的人不是现代理论所预设的那样。但凡此种种，依然是整个欧美现代思想学术体系的基本预设。

仁爱有本故为中道

可见，神教之博爱失之于过，西方哲学之自爱失之于不及，圣人所倡导的仁爱才是中道，因其始终立足于“一本”。

《中庸》曰：“仁者，人也，亲亲为大。”圣人立教旨在教人博爱、广敬，以维系普遍的人际秩序。然而，圣人深知，“君子之道，辟如行远必自迩，辟如登高必自卑”。仁爱立足于每人获得其生命的生物学事实，以人人皆有之爱亲、敬亲之情为本。只要人是人，此本颠扑不破。任何人，只要反思自己获得生命的事实及其生命成长过程中的切身经验，即可把握亲亲之本。无需外人强制，无需建制化教会传播、监督，人人可以自得，此即《中庸》所说：

子曰："道不远人。"人之为道而远人，不可以为道。《诗》云："伐柯伐柯，其则不远。"执柯以伐柯，睨而视之，犹以为远。故君子以人治人，改而止。

神教的博爱本身无错，少数人也确可做到，比如虔信神而不婚不育，自然可把全身心奉献给神，进而奉献给与己无亲无故者。但是，普通民众却无此条件，若以原教旨要求民众，民众必定，陷入爱亲还是爱邻的困惑之中，此即经文所说"民无则焉"。

然而，道不远人，同样广博的仁爱之道就在每人身上，不用逆出寻找。圣人立孝为教，只是教人自觉其生命本源，自觉、护持、扩充其爱亲、敬亲之情。把握住爱亲、敬亲之情，即可生出博爱、广敬之道。神教的博爱之为道，则是远于人。

本节经文圣人指出，立爱人之道，不能只适合于少数人，而须切合于所有人。本乎孝的仁爱正是如此，故君子贵之。《周易·系辞上》曰："易则易知，简则易从。易知则有亲，易从则有功。有亲则可久，有功则可大。"由爱亲、敬亲至于爱人、敬人，顺乎人的天性，至为易简。不用教化，人人都可程度不等地做到，圣人之教不过加以提醒，因而最为易简，不需复杂教义，不需严密的神学论证，不需建制化教化组织监督信众。

故仁爱高明于博爱，实乃普遍的爱人、敬人之中道、大道。因为是中道，所以可行之久远，且可普遍。由孝而仁爱是最为普遍之博爱、广敬之道，其普遍远非神教所可比拟。唯仁爱可建立和维系普遍的社会政治秩序，也即天下。中国可大、可久，正由于其博爱、广敬之道本乎孝，故君子贵之。

过去几百年，伴随西方运势走强，神教广泛传播，其博爱或自爱之两端捆绑在一起，似乎成为所谓普世价值，甚至在中国也为人广泛接受。然而，人类并未因此而进入普遍秩序，相反，即便欧美世界，其内部冲突也日益激烈，政治严重地碎片化。可见，此道远人而不可行，今后人类必归于仁爱之道，无他，其所因者，本也；其所本者，人情也。

[经文]君子则不然，言思可道，行思可乐，德义可尊，作事可法，容止可观，进退可度，以临其民。是以其民畏而爱之，则而象之，故能成其德教而行政令。

本节承上节而来，首先决然断定：君子决不如此。盖君子深明自身大义，即为民示范。荀子反复指出，君者，善群者也，君子就是具有卓越合群能力之人，为此，君子不能不行教化，其教化之道则是为民示范。

君子有六思

君子为此而有“六思”：君子一切言行，无不念及其可为万民之法则：有所发言，则思虑其可为万民所传道；有所行为，则思虑其可为民众所喜乐；其德行、其处事，可为民众所尊仰；其所兴作、发起之事，可为民众所取法；其容貌举止，可为民众所观瞻；其出仕、退隐之选择，可成为民众之法度。

以上所论六个方面，涵括君子生命之方方面面：君子承担领导责任，必定以言发号施令。但君子先行其言，然后民众从之。君子行而善则可谓之德，其行为宜于事则为义。君子为造福民众，兴办各种事业。君子欲发挥领导作用，不能不重视其威仪。容，容貌也，止，所止处也，曾子曰：“君子所贵乎道者三：动容貌，斯远暴慢矣；正颜色，斯近信矣；出辞气，斯远鄙倍矣。”（《论语·泰伯》）君子欲行道，可以出仕，若不可以行道则退。总之，君子尽最大努力让自己的整个身体可为民众所取法。

以上所论，乃君子临民之道也。《周易》有临卦，坤上、兑下，卦唯二阳，初九、九二，遍临四阴：初九爻辞曰：“咸临，贞吉。”贞者，正也。九二爻辞曰：“咸临，吉，无不利。”九二以刚居内卦之中，正在其中矣。二爻皆有“咸临”之象。咸者，感也。君子临民，先正己身，然后可以感民，仿而效之。本节所论者正是君子正己而为万民立法度。

本节阐明君子之“六思”。自我养成为君子，以至于希贤希圣，思至关重要。

《尧典》记帝尧之德，首先是钦、明、文，然后就是思。

《洪范》第二畴：五事，一曰貌，二曰言，三曰视，四曰听，五曰思。貌曰恭，言曰从，视曰明，听曰聪，思曰睿。恭作肃，从作乂，明作哲，聪作谋，睿作圣。思然后可以睿，而进至于圣的境界。

孔子、孔门非常重视思：

“唐棣之华，偏其反而。岂不尔思？室是远而。”子曰：“未之思也，夫何远之有？”（《论语·子罕》）

孔子曰：“君子有九思：视思明，听思聪，色思温，貌思恭，言思忠，事思敬，疑思问，忿思难，见得思义。”（《论语·季氏》）

子张曰：“士见危致命，见得思义，祭思敬，丧思哀，其可已矣。”（《论语·子张》）

君子的视听言动，无不深思，思身体各个器官功能最充分发挥，思自己的行为举止合乎礼义，总之，思自己的身心处在最得体恰当的状态，然后可以有威仪而示范天下。孟子进一步申论：

恻隐之心，人皆有之；羞恶之心，人皆有之；恭敬之心，人皆有之；是非之心，人皆有之。恻隐之心，仁也；羞恶之心，义也；恭敬之心，礼也；是非之心，智也。仁义礼智，非由外铄我也，我固有之也，弗思耳矣。故曰：“求则得之，舍则失之。”或相倍蓰而无算者，不能尽其才者也。

公都子问曰：“钧是人也，或为大人，或为小人，何也？”

孟子曰：“从其大体为大人，从其小体为小人。”

曰：“钧是人也，或从其大体，或从其小体，何也？”

曰：“耳目之官不思，而蔽于物，物交物，则引之而已矣。心之官则思，思则得之，不思则不得也。此天之所与我者，先立乎其大者，则其小者弗能夺也。

此为大人而已矣。”(《孟子·告子上》)

人人皆有恻隐、羞恶、恭敬、是非之心，此为人人所固有，大人、小人之别则在于思的意愿和能力的大小之别，思则可以扩充而为大人，不思则不能扩充而为小人。

圣人之教化有赖于君子之思。君子之行为举止无不深思，然后可以正己，可以为民众所取法。本节还补充了另一个维度：在上位者应当始终有示范于民的自觉，安排自己的行为举止当考虑能否为普通民众所取法。为此，君子当因其固有之本而行，而民众同样有此本，故君子示范而民众可以效法。

君子重威仪

畏者，敬畏也，心悦诚服也。爱，相亲相爱也。象者，取象而仿效也。德教，成人之德的教化。政令，关乎政事之号令也。经文指出，君子若能始终自觉地思，而敬慎自己的一举一动，做到以上所列六项，则民众必然对其有所敬畏而爱之，取法于他而仿效其举动，如此，君子就可成就其养人之德的教化，实行其施政所发之好令，此即“顺天下”。

关于君子为民取法，古人在威仪题目下有深刻思考，似为孔子所本：

卫侯在楚，北宫文子见令尹围之威仪，言于卫侯曰：“令尹似君矣，将有他志，虽获其志，不能终也，《诗》云：‘靡不有初，鲜克有终。’终之实难，令尹其将不免。”

公曰：“子何以知之？”

对曰：“《诗》云：‘敬慎威仪，惟民之则。’令尹无威仪，民无则焉，民所不则，以在民上，不可以终。”

公曰：“善哉，何谓威仪？”

对曰：“有威而可畏，谓之威；有仪而可象，谓之仪。君有君之威仪，其臣畏而爱之，则而象之，故能有其国家，令闻长世；臣有臣之威仪，其下畏而爱之，故能守其官职，保族宜家。顺是以下，皆如是，是以上下能相固也。《卫诗》曰‘威仪棣棣，不可选也’言君臣上下，父子兄弟，内外大小，皆有威仪也。《周诗》曰‘朋友攸摄，摄以威仪’，言朋友之道，必相教训以威仪也。《周书》数文王之德曰‘大国畏其力，小国怀其德’，言畏而爱之也，《诗》云‘不识不知，顺帝之则’，言则而象之也。纣囚文王七年，诸侯皆从之囚，纣于是乎惧而归之，可谓爱之；文王伐崇，再驾而降为臣，蛮夷帅服，可谓畏之；文王之功，天下诵而歌舞之，可谓则之；文王之行，至今为法，可谓象之，有威仪也。故君子在位可畏，施舍可爱，进退可度，周旋可则，容止可观，作事可法，德行可象，声气可乐，动作有文，言语有章，以临其下，谓之有威仪也。”

威仪涉及公私生活之全部仪节，君子以其完整的身，以其全幅的生活，作则于民。君子以其生活施教民众，其所教于万民者，也是良善的生活之道。故在中国，教化不在生活之外，就在生活中。教化无时无处不有。这就要求君子时时处处保持自觉，始终道德地生活、艺术地生活，此即“文质彬彬”，有其德也有其文。由此教化，每个人顺着生命的自然展开而向上提升，教、政在此融为一片，而民众的日常生活是文雅而温情的。此即天下“文明”，人因为文而充实光辉。

神教因逆出人伦，其教化脱出日常生活；此世的王权则不承担教化责任，放纵其权力意志和欲望。由此，生活与教化脱节，教化与政治脱节，这两重脱节导致民众生活在多重断裂和紧张中，其生活世界或者失之于绚烂，或者失之于阴郁，终究欠缺文明。

［经文］诗云：“淑人君子，其仪不忒。”

上节论及君子以其全幅生活作则万民，收结于《诗经·曹风·鸤鸠》之句。淑，善也。忒，差也。唯有其人威仪没有差错，才当得起淑人君子之名，才能以身施教。

在中国，教、政一体，君子以其身施教，化成天下，而成就大治。若其教不行，施教者当反身而求，反思自己之仪是否有忒。己仪有忒而能教人者，未之有也。盖圣人所立之教不是强人博爱他人，而是教人爱亲、敬亲，而后内生出普遍的爱人、敬人之心，故君子只需以身作则，示范万民即可。这个责任说重也重，因为这要求君子始终自觉地生活；说轻也轻，因为这只要求君子自觉地生活而已。唯有这样的教化才能臻于圣治。

通观全章，本章开头所说圣人之德，首先是以孝成就其至德，其次立孝为教，教民成就其德，更教其知君臣之义。此教易简可行，君子不能不谨守不移，然后可以顺天下而止于至善。

全经至此告一段落，此以上九章为上经。

第一章《开宗明义》提出全经大纲，孝可以成就至德，孝可为教、政之要道，两个“始终”分别对应于此，归结于“顺”。

第二章以下，本于“爱亲者，不敢恶于人；敬亲者，不敢慢于人”之理，展开五等之孝的论述，收结于第六章末句：“故自天子至于庶人，孝无终始，而患不及者，未之有也。”圣人指出，人不论贵贱，皆可本于天然固有之孝，成就其至德。

第七章、第八章论孝为教、政之要道。《三才章》首先确定孝是天经地义，人所固有，圣人立教，以此为本，故其教不肃而成，其政不严而治，唯需君子以身作则而已。因此，《孝治章》谓，明王以孝治天下，则天下大顺。

《圣治章》篇幅最长，总结上经，意谓所谓圣人者，不过是以孝成就其至德，又能立孝为教，教化天下。圣人之治，卑之无甚高论，本乎人情，顺乎人心，故可久、可大，是圣也。

此以下九章则为下经，对上经尤其是第一章所涉若干重要概念、命题，予以申说。

纪孝行章第十

章旨：孝行之本，在于事亲。有心事亲，即能修身。

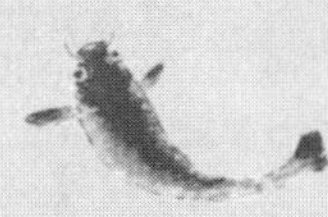

子曰教民親愛莫善於孝教民禮順莫善於悌移風易俗莫善於樂安上治民莫善於禮禮者敬而已矣故敬其父則子悅敬其兄則弟悅敬其君則臣悅敬一人而千萬人悅所敬者寡而悅者衆此之謂要道也

[经文] 子曰:“孝子之事亲也,居则致其敬,养则致其乐,病则致其爱,丧则致其爱,祭则致其严。五者备矣,然后能事亲。”

《孝经》全经旨在论证,孝可以成就至德,圣人立孝为教可以顺天下。然而,何为孝?《天子章》标出“爱亲”、“敬亲”,此前经文据此展开。然而,唯有爱亲、敬亲见于日常行为,习惯成自然,才可以自觉、深化、扩充为爱人、敬人之心。故《开宗明义》章谓“夫孝,始于事亲”,前章云“人之行,莫大于孝”。本章即首先论述孝之体:事亲。纪者,分别条理而彰显之,本章即条分缕析事亲之行。

本节以“五致”论事亲之目。致者,尽也,至其极致也。概言之,“五致”就是《天子章》所说“爱敬尽于事亲”之展开,尽、致之意相同。

爱与敬缺一不可

孝子事亲五致,首先是居则致其敬。

此中有大义。父母与子女之间,自然有互亲互爱之情。今人论家内伦理者,即以此情为中心。然而,圣人立教,特别标出“敬”,前面数章,彰彰可见。子女对父母若只有爱而没有敬,家就难以施行完整的教化,不足以养成子女敬人之心,而这是公共生活所必需的。圣人立孝为教,以家为教化场所,其家以父子为枢纽,而子对父有爱更有敬。故孔子论孝,特别强调敬:

子游问孝,子曰:“今之孝者,是谓能养。至于犬马,皆能有养;不敬,何

以别乎？”（《论语·为政》）

今人惑于西方流俗之论，重爱而忽视敬。由此家教残缺，不能养成子弟敬人之情，其进入社会即不知自我控制，在上下尊卑的人伦中，比如在公司内部，面对师长、警察等，无以恰当自处。

即便对没有上下之别的人伦，敬也至关重要。人际有情谊的关系，爱、敬缺一不可：爱拉近人际关系，以至于忽视彼我之别；敬的前提则是确认每人都是独立的，即便最亲近的人也有你我之别，然后可以有相互尊重之意。

子女、父母间同样如此，父母固应尊重子女的独立，子女更应知长幼尊卑之别，尊敬父母。如此，则双方均明白自己之位，各尽其分，各得其宜。单纯强调爱而忽视敬，结果必然是，子女不敬父母，双方缺乏分寸，则不得其宜，难免引发误解、紧张、冲突。

以敬致爱，才能确立父母、子女之间的恰当关系，使之区别于夫妻之爱、父母对子女之爱、兄弟之爱。因为敬，子女对父母才有至深之爱慕，至顺之颜色，此心常存，念兹在兹，极之听于无声，视于无形，凡所以先意承志、博亲之欢、解亲之忧、防亲之疾者，端赖于敬。无敬之爱，必流于松懈而不能持久、细微。

何以致其敬？经典对此多有论述，如《礼记·曲礼上》：“凡为人子之礼：冬温而夏凊，昏定而晨省，在丑夷不争……夫为人子者：出必告，反必面，所游必有常，所习必有业。”

居者，平居也，日常生活也，故子女对父母之敬实贯穿家内生活，其下之养则致其乐，病则致其爱，以及父母死后的丧则致其爱，祭则致其严，无不以敬为本。

其次，养则致其乐。

父母生子女，养子女，“子生三年，然后免于父母之怀”（《论语·阳货》）。出生之后，父母不养，子女不能维持其生命。且人与动物之别在于，子女不能自养的时间异乎寻常地漫长，上天如此安排，让爱亲、敬亲成为人的天性，则一旦父母衰老，此情即转而为养亲之心。又，父母养子女，无不爱其乐，《说文解字》：“小儿笑也。从口亥声。”小儿何以长有嬉笑之貌？必因其父母想各种办法逗其笑乐。则一旦父母衰老，子女养之，必有致其乐之心。圣人立教，不过予以提示而已。

养父母，头绪繁多，衣食住行，皆为父母所需，要在子女有致其乐之心。曾子曰：“孝子之养老也，乐其心不违其志，乐其耳目，安其寝处，以其饮食忠养之孝子之身终。终身也者，非终父母之身，终其身也。是故父母之所爱亦爱之，父母之所敬亦敬之，至于犬马尽然，而况于人乎！”（《礼记·内则》）二十四孝中诸多故事，即出于孝子养父母致其乐之心。

孔子论孝曰“色难”（《论语·里仁》），根本还是对父母之爱与敬，子曰：“孝子之有深爱者，必有和气；有和气者，必有愉色；有愉色者，必有婉容。”（《礼记·祭义》）子女对父母有深爱、恭敬，则必有和气在心，发于愉色，见之婉容，令父母愉悦喜乐。

第三，病则致其忧。

子曰：“父母唯其疾之忧。”（《论语·为政》）父母对子女有深爱，故当子女进入广阔的社会，必有深忧，尤其是子女有疾。子女年长，父母转而体衰多病，血脉相连，子女自然心忧，而见之于行。

《礼记·曲礼上》记子女侍奉父母之病曰：“父母有疾，冠者不栉，行不翔，言不惰，琴瑟不御，食肉不至变味，饮酒不至变貌，笑不至矧，怒不至詈。”《曲礼下》：“亲有疾，饮药，子先尝之。医不三世，不服其药。”《文王世子》记：“文王有疾，武王不脱冠带而养。文王一饭，亦一饭；文王再饭，亦再饭。旬有二日乃间。”

曹元弼说：“孩子幼儿往往多病，而所苦不能自言。父母心诚求之，曲中其隐以疗之。自少至长，不知几经忧劳。人子思此，则父母之疾，其忧当如何乎？必也心专壹于亲之病，而无他念之杂，审几于未病之先，防患于小愈之际。奉汤药，进饮食，适寒燠，皆极知至顺，曲得亲意。周详巧变，动中窍要，庶几少减其疾苦而转危为安。侍疾之道，至危至微，不可不谨也。”

《圣治章》曰：“父母生之，续莫大焉。”生命之大义在于相续相传。子女为父母生命之延续，故当子女年幼时，父母深忧子女之疾，唯恐其有失。子女自觉其生命得自父母，故当父母年老后，子女忧父母之病，唯恐其离去。如此，父母、子女互保其身体，然后可以向下传其生命、向上续其先人之生命，而得以不朽。

然后是丧则致其哀，祭则致其严，《感应章》《丧亲章》将有详尽论说。曹元弼说之曰：

呜呼，人子于亲丧之初，悲哀痛疾，天良发不可遏。念属毛离裹以来，鞠育恩勤，瞻依怙恃，俄顷诀别。其痛若木之断根，身之殊死也。属纩听息之时，犹冀有一线之生机，而亲意常往不可返。呼号攀援，直欲舍生而从之也。环顾兄弟，与我同受形于父母，不胜其相怜相痛也。凡人皆有此心。所可叹者，才发现，旋梏亡耳。孝子致其哀，则三年之丧如驷之过隙，而终身之慕至死不穷矣。

圣人通幽明之故，制祭祀之礼，报气报魄，以追养继孝。然神人缈隔，非精诚之至则不能感通。孝子感时务之变，凄怆怵惕，追思其亲，斋戒沐浴，专致其精明之德以交于神明，如执玉，如奉盈，其严乎？“文王之祭也，事死如事生”，孔子“祭如在”，曰“吾不与祭如不祭”，皆致其严也。严者，爱敬之心，专壹深重，合莫通微，诚中形外者也。

以上孝子事亲之五目，由双亲在世之敬养，直至其死后之祭祀，此即有始、有终，其始在事生，其终在事死。故孝子之事亲有宗教意味在其中，双亲正是以子女之孝了其死生，而不必幻想虚妄的天堂。故双亲死时葬之以礼，其后祭之以礼，乃孝之至关重要部分。圣人曾论事亲之道：

孟懿子问孝，子曰：“无违。”樊迟御，子告之曰：“孟孙问孝于我，我对曰‘无违’。”樊迟曰：“何谓也？”子曰：“生事之以礼；死葬之以礼，祭之以礼。”（《论语·为政》）

无违，因为敬，故能自始至终，事亲完备。《礼记·祭统》谓：“孝者畜也。

顺于道不逆于伦，是之谓畜。是故，孝子之事亲也有三道焉：生则养，没则丧，丧毕则祭。养则观其顺也，丧则观其哀也，祭则观其敬而时也。尽此三道者，孝子之行也。”亦与本章大义相近。

父母为子女之本，人不能不报其本；而事亲为成就至德之本，故事亲为人事之大者。然而，圣人所立事亲之教，却要言不烦。事实上，《孝经》乃成德、施教化之根本，全书只有两千多字；其他经典虽有相关论述，篇幅也十分简短，不过片言只语而已。

若与神教相比，对比可谓触目惊心。神教经文部头很大，或为律法，或为说教；此外更有大量戒律、律法、教法单行，全面规范人的生活的方方面面。神为人之本，而人为报此本，不能不全面遵守这些繁复的规范。

两者之所以由此区别，完全是由于，神教立神为人之本，圣人则立双亲为人之本。人很容易知道如何事人，更何况，子女与父母血气相连，亲密相处，心有灵犀一点通，故而圣人立孝为教，只是简单提示、略陈基本原理而已，子女各自寻找侍奉自家双亲之方，心诚求之，虽不中亦不远，可以得父母之欢心。而神非人，天地悬隔，神人两分，人如何事神，不可自求，只能听神吩咐，只能由专业神职人员组织领导。然而，虽有凡此种种事之神仪节，仍然难免让人怀疑：人如此事神，果然能得神之欢心耶？故圣人之教易简而可行，神教虽繁复亦难行。

国家可设孝亲假

今日有所谓社会福利制度，固然可以养老人。但这样的养，至老人死而终止，所谓有始无终，故不完备。归根到底，子女各养其亲，乃是最人道的制度。

但今人养亲，面临诸多不便。大多数人在机关、企业工作，有较为严格的工作制度，事亲与工作难以两全。为此，国家可考虑立法建立孝亲假制度，包括养亲假、丧亲假、祭亲假等。凡双亲年过七旬者，每年可请假若干日侍奉双亲；父母去世，应准其请假更长时间；年内祭祀之期应准予请假。毫无疑问，孝亲假会减少员工工作时间，从而带来一定效率损失，然而，社会治理本来就不应以经济效率为最高标准，重要的是人心安而万民和睦，上下无怨。

孝子守身之道

［经文］**事亲者居上不骄，为下不乱，在丑不争。居上而骄则亡，为下而乱则刑，在丑而争则兵。三者不除，虽日用三牲之养，犹为不孝也。**

上节论孝子事亲之道。而孝子欲长久地侍奉其双亲，则不能不先守其身，本节论孝子守身之道，提出“三不”。孝子认识到事亲之大义，故而自我约束，居于上位而不骄横待人，处在下位而不犯上作乱，在人群之中而不与人争夺，如此则可以明哲保身，事亲有始有终。

《开宗明义章》提出“不敢毁伤”，本节阐明了如何做到这一点，并对《天子章》《诸侯章》《卿大夫章》《孝治章》所论及的多个“不敢”予以申说。总计这几章出现了九个“不敢”：

身体发肤，受之父母，不敢毁伤。

爱亲者不敢恶于人，敬亲者不敢慢于人

非先王之法服不敢服，非先王之法言不敢道，非先王之德行不敢行。

昔者明王之以孝治天下也，不敢遗小国之臣；治国者不敢侮于鳏寡；治家者不敢失于臣妾。

还有多个含义相近的“不”。可见，《孝经》论孝之为德，分为消极、积极两条路线：积极的路线强调，由爱亲、敬亲之情，扩充而为普遍的爱人、敬人之心；消极的路线强调，由爱亲、敬亲之情，转生自我约束之意。两者同样重要，可对应于夫子论为仁之两方：积极的一方是，“夫仁者，己欲立而立人，己欲达而达人”；消极的一方则是“己所不欲，勿施于人”。

经文并从反面论述：若做不到“三不”，放纵自己，其事亲或许有始，但必置双亲于不安中：居上位而骄人，则下属怨叛而灭亡；处下位而作乱，则法律不容，难免刑罚；在人群中争夺，则难免刀兵之祸。如此，难保其身，则其事亲必然无终。三牲，祭祀用牛、羊、豕，谓之太牢，规格最高。即便每天以太牢奉养双亲，也是大不孝。

对子女来说，事亲，最重要的是有始而有终，如此父母才不忧而心安，这是对父母最大的孝。为此，事亲者需爱人、敬人，立身行道。本节在此论述，爱亲、敬亲之情是自我约束、以成就至德的基础，也即《开宗明义章》所说：孝者，德之本也。

本章阐明明哲保身之大义，孟子说：“事孰为大？事亲为大。守孰为大？守身为大。不失其身而能事其亲者，吾闻之矣；失其身而能事其亲者，吾未之闻也。孰不为事？事亲，事之本也。孰不为守？守身，守之本也。”（《孟子·离娄上》）守己之身，才可以事己之亲。

然而，君子之守身、保身，必以“明哲”，孟子曰：“莫非命也，顺受其正。是故知命者，不立乎岩墙之下。尽其道而死者，正命也。桎梏死者，非正命也。”（《孟子·尽心上》）经文所说骄以致亡，乱以致刑，争以致兵，都属于不知命，也即，忘记自己人生大义，放纵自己欲望，而自招大祸，此即《开宗明义章》所说的“毁伤”。若能自我约束，则可免于毁伤而保其身。故君子保身以其德，此德正以爱亲、敬亲为本，即《天子章》所说：“爱亲者不敢恶于人，敬亲者不敢慢于人。”

同样出于大义，君子当然可以杀身成仁，比如，为保卫国家、救护万民而舍己性命。君子因此而不能事亲，然而此一大仁大义正本乎爱亲、敬亲之情，圣人之教正是教人推此爱、敬之情及于天下所有人，而成就仁德。无孝悌之本，何以有此仁心？真孝子，必为忠臣，见国家危亡、万民罹难，仁心发动，何惜乎一己性命？其身虽亡，然而其大义长在而不朽矣。其父母固然不再能得其侍奉，却可固其教养忠臣而为人所称赏，即《开宗明义章》曰：“扬名于后世，以显父母。”

故千百年来，孝子而为忠臣、献身国家的仁人志士，层出不穷，中国文明因此得以在内忧外患之中长保其生命力。追本溯源，仁人志士临大节而不夺甚至杀身成仁之至德，正本乎爱亲、敬亲之初心。孝亲与爱民本末一贯，保家与卫国相辅相成，中国人已经这样做了几千年。

其中道理极为平实，然而很难为深受西人思想影响者所理解。盖西方思想总以为，家与家以外的世界两分甚至对立，爱其亲，则难以爱其国，孝其父母者，则难以爱神。为使人忠于城邦国家、崇拜唯一真神，而刻意破人之家。这种方案粗暴而悖乎人情，不能大，也不能久。西人主之，而其共同体常败亡而解体；法尔曾主之，而秦不二世而亡。

五刑章第十一

章旨：凡诸罪行，由于不孝。非孝废教，大乱之道。

子曰君子之教以孝也非家至而日見之也教以孝所之
天下之為人父者也教以悌所以敬天下之為人兄者也
教以臣所以敬天下之為人君者也詩云愷悌君子民
之父母非至德其孰能順民如此其大者乎

［经文］子曰："五刑之属三千，而罪莫大于不孝。"

上章言及居上而骄则亡，为下而乱则刑，在丑而争则兵，凡此种种作恶违法之事，列在刑典，追本溯源，均由于不孝。本章承上章，指出不孝之源。

依人伦定法律

五刑之属三千，出自《尚书·吕刑》："墨罚之属千，劓罚之属千，剕罚之属五百，宫罚之属三百，大辟之罚其属二百，五刑之属三千。"这是历代相传、至周代趋于完善的刑罚制度，其中当包括不孝之罪，如《礼记·檀弓》记载："子弑父，凡在官者，杀无赦。杀其人，坏其室，洿其宫而猪焉。"

对子女伤害父母、幼辈伤害长辈等涉及不孝之犯罪行为，历代刑律均加重处罚，如《唐律》列十恶之罪，其中多条涉及不孝及相关者：

四曰恶逆。谓殴及谋杀祖父母、父母，杀伯叔父母、姑、兄姊、外祖父母、夫、夫之祖父母、父母。

议曰：父母之恩，昊天罔极。嗣续妣祖，承奉不轻。枭镜其心，爱敬同尽。五服至亲，自相屠戮，穷恶尽逆，绝弃人理，故曰恶逆。

七曰不孝。谓告言、诅詈祖父母、父母；及祖父母、父母在，别籍、异财，若供养有阙；居父母丧，身自嫁娶，若作乐，释服从吉；闻祖父母、父母丧，匿不举哀；诈称祖父母、父母死。

议曰：善事父母曰孝，既有违犯，是名不孝。

八曰不睦。谓谋杀及卖缌麻以上亲，殴告夫及大功以上尊长、小功尊属。

议曰：《礼》云：“讲信修睦。”《孝经》云：“民用和睦。”睦者，亲也。此条之内，皆是亲族相犯，为九族不相协睦，故曰不睦。

十曰内乱。谓奸小功以上亲、父祖妾及与和者。

议曰：《左传》云：“女有家，男有室，无相渎。易此则乱。”若有禽兽其行，朋淫于家，紊乱礼经，故曰内乱。（《唐律疏议》卷一）

以上犯罪行为，均予以加重处罚，以维护人伦秩序。

所谓现代法律理论则基于苏格拉底、霍布斯等人所编造的“高贵的谎言”，也即所有人都是从土里冒出来的，完全同质，乃以平等的名义，无视自然存在的人伦。在法律中，对于这种子女侵害父母、祖父母的犯罪行为的惩罚，未加特别处理，仿佛他们之间没有任何关系。这种法律是虚妄的，只会侵蚀人道的社会秩序。

相反，表面上看起来不平等地对待不同人的古代法律，才是真正公正而合乎人道的法律。因此，今日法律当重定其基本原则：走出人人平等的迷思，依人伦界定人际的法律关系，倡导孝，维护家内秩序。

罪莫大于不孝的意思有二：

第一，几乎所有犯罪行为，推本溯源，无不由于不孝。盖孝者，德之本也，教之所由生也。有子曰：“其为人也孝悌，而好犯上者，鲜矣。不好犯上而好作乱者，未之有也。”孝，则有爱人之心、敬人之意，也就不可能伤害他人。不孝，则不爱人、不敬人，居上则骄，为下则乱，在丑则争，难免作恶违法。故欲减少乃至犯罪，则不能不兴起教化，其中最为重要的就是，立孝为教，教人以孝，使之知为人之本，而后可以生发普遍的爱人、敬人之心。

第二，同样的犯罪行为，若涉及不孝情节，比如子女辱骂、伤害父母、祖父母，则其社会危害尤其严重。自己的生命得自父母，如此行径有悖于天经地义，直接反乎人性，为常人所不忍为者，而犯罪者竟忍心为之，是可忍，孰不可忍？如此行径必定引起所有人的强烈厌恶和反感，法律理应对其予以严惩。

否则，将其视同一般犯罪行为，必定造成最为严重的是非颠倒，撼动社会秩序之根基。

为此，民事法律应当倡导孝行，刑事法律应当严惩涉及不孝的犯罪行为。

[经文] 要君者无上，非圣人者无法，非孝者无亲，此大乱之道也。

以上经文列举了三种最为严重的破坏秩序行为。

首先是要君。要者，要挟也。为人臣者以欺骗、暴力等手段要挟君，迫使其顺从自己对权力、财富的要求。这里的君，可以是某个较大组织的负责人，包括今天企业的负责人，其最大者则是一国之君。

文明来自人的组织化，组织内部必有君臣民之别，盖上下有尊卑之别，秩序才能得以维系。由此，任意的暴力大体排除在外，尽管有些时候难免使用暴力，但必定依照某种固定的程序使用，掌握着暴力的在上者也受到约束，上下各尽其义。此秩序是所有人之福，若无此秩序，人不能保有其生命。故西方早期现代哲学孜孜以求走出“自然状态”，此状态之根本特征就是无上下尊卑之别。

故圣人立孝为教，其中至关重要的一点就是，教人以其事父之敬事君，有子曰：“其为人也孝悌，而好犯上者，鲜矣；不好犯上而好作乱者，未之有也。”要君，则从根本上颠倒上下尊卑之别，在下者反而对在上者发号施令。如此犯上的结果就是，整个社会趋于“无上”，目无权威。只要一个人、两个人要挟于君而获得成功而为人所见、所知，君之权威和尊严扫地，人们就会普遍不尊君，秩序必趋于松动、解体。

这将释放出任意的暴力。在下者之所以能要君，多凭其在法度之外的暴力。其要君成功，即昭告天下，此类暴力可以成功，可给拥有、且大胆使用者带来非常利益，从而激励更多人使用这种暴力。暴力螺旋上升，最终法度完全败坏，暴力成为主宰，所有人蒙受其害。

东汉末年，社会似乎就逐渐走上这条秩序解体之路，从宦官、外戚、豪强要君开始，终至于天下大乱，其结果是王纲解纽，诱发五胡乱华。唐代中后期，同样如此，终至于五代武力专权，人伦荡尽。晚晴的政治局面与此类似，地方强人兴起，要君而自行其是，社会政治整体秩序逐渐解体，由此首先导致武人当政，政治失序，诱发日本趁机入侵。

故圣人教人尊君，不是为了君，而是为了天下安宁。当然，尊君，不等于肯定君为主权者，可以随心所欲，此另当别论。众人尊君，而君自我约束，两者同等重要。

非毁圣人必致大乱

其次是非圣人。

不少注本解释“非”字之意接近于“不”，不确。吕维祺辨正此处之“非”字之意曰：“按草庐吴氏及诸家解非字，与前章非先王法服之非同，谓人之所行非圣人之道，子之所行非孝道。维祺按：非圣非孝，此解似未尽非字之义。此非字还宜看重，方与大乱之道句合，且要君之罪最重，非止不能事君而已，安得以不能学圣、不能尽孝，遂谓同要君为大乱之道？此非字当作非毁为是。”（《孝经大全》卷八）多家注本，包括十三经注疏本，虽解非字为非毁，仍只理解为本人是“无心法于圣人”“无心爱其亲”，不确。

非者，非毁，不以为是，而侮慢毁谤之，且通常是公开而肆无忌惮地言说，予以非毁。故经文所说非圣人，就是公然非议、诋毁圣人，否定圣人权威。经文以为，此乃大乱之道。

中国以西信神，神可以言并多言，故有所谓“先知”传达神言，编纂神以言所颁布于人者为“戒律”“律法”，并逐渐形成教会，有专业甚至人员传播教义，监督信众。神的律法是具体而明晰的，由神宣告，先知只是传达者。律法一经宣告，并传达于人，即著成法典，独立于先知，甚至独立于神。即便诋毁先知乃至否定神，律法仍在。故在今日，西方人虽多不信神，其律仍可发挥作用。

尧舜确立敬天，天不言，人何以法天而生、法天而治？于是有圣人出。圣人观乎天文，以作人文。更为重要的是，圣人取法于天而行，成就法则：“惟天为大，惟尧则之”（《论语・泰伯》），尧取法于天而行，则为人树立法则。在敬天的中国，法度出自圣人之行，无圣人，则人无所取法。帝尧有“钦明文思安安允恭克让”之德，而后夔可以之教胄子以四德；舜“以孝烝烝”，而后可以立孝为教。《诗经·大雅·文王》曰：“上天之载，无声无臭；仪刑文王，万邦作孚。”文武周公之所行，即形成周代郁郁乎之礼文。故对敬天的中国人来说，敬圣人，然后有教化。天不言，故法在圣人之行中。非毁圣人，也就同时非毁法则。天下没有法则，必定大乱。

历史上大多数时代，人无分贵贱贫富，一体尊敬圣人，但有两个时代，非圣人则成为主流。

第一次是秦。秦奉法家之学，法家法后王，痛斥儒家之法先王，也即法五帝三王之圣人。韩非子说：“孔子、墨子俱道尧舜，而取舍不同，皆自谓真尧舜。尧舜不复生，将谁使定儒墨之诚乎？殷周七百馀岁，虞夏二千馀岁，而不能定儒墨之真，今乃欲审尧舜之道于三千岁之前，意者其不可必乎！无参验而必之者，愚也；弗能必而据之者，诬也。故明据先王，必定尧、舜者，非愚则诬也。愚诬之学，杂反之行，明主弗受也。”（《韩非子·显学》）此即否定尧舜之存在，而以孔子之学为愚诬。

秦一统之后，士人以《诗》、《书》议论国政，李斯以为“今诸生不师今而学古，以非当世，惑乱黔首”，乃向秦始皇建言：“非博士官所职，天下敢有藏《诗》、《书》、百家语者，悉诣守、尉杂烧之。有敢偶语《诗》、《书》者弃市，以古非今者族。”（《史记·秦始皇本纪》）秦始皇采纳之，先王政典因此遭受空前破坏，此即毁弃圣人之道。

而秦人非圣人的结果则是“无法”，教化沦丧，风俗败坏，政道不明，故不二世而亡。

汉兴以后，圣人之学方得以勉强重建，至汉武帝，立五经博士，表章六经，独尊儒术，圣人之学成为官学。朝廷又兴学以养成士君子，进则行道于朝堂，退则美风俗于乡里，而后方有长治久安。此后历代，大体上均尊圣人，从而维持中国文明于不坠。

至近世，精英们震慑于西方之富强，自我怀疑，自我否定，慌不择路，非圣之论蜂起，此为第二次非圣人。康有为欲模仿西方神教体系，断定孔子为创教教主，六经为其所作，尧、舜、禹、汤、文、武、周公不过是孔子所“托”，圣圣相承之统因此而遭到否定，孔子几成妖怪矣。古史辨派继之而起，以为六经不可信，尧、舜、禹、皋陶等圣人本无其人。

诸多知识分子在日本留学，浸染其脱亚入欧、非毁中华之观念，回国后发动所谓“新文化运动”，致力于“打倒孔家店”，尽管后面还有“救出孔夫子”一句，然而，非孔之倾向已至为明显。

整个二十世纪思想观念在此支配之下，七十年代有“批林批孔”运动，流风余韵，蔓延到八九十年代，诸多知识分子数典忘祖，多以洋人为神圣，以最恶毒的语言非毁圣贤，而最可笑的是，这些非毁圣人最积极的知识分子，大部分从未读过圣贤书。

这一百多年非毁圣人的结果，同样是“无法”：民众生活无法，礼崩乐坏；国家建设不得其法，社会长期不稳。

今日中国欲得其法，个体成德之法，社会维护良好秩序之法，则不能不效法汉代，表彰六经，尊崇儒术，以复归于圣人之道。

非孝乃大乱之道

最后是非孝。

非孝不同于不孝。不孝者，其心于其亲无爱无敬，故其不恭、不养父母等等。盖其人并不否认孝之为德，只是自己做不到或不愿做。至于非孝，则否定孝之为德，公开地从义理上否定孝之为教，故其为害远大于不孝。

相比于非圣人，历史上，非孝似更频繁。非孝者及其所依据之义理，可谓层出不穷。

非孝之第一波是法家。商君谓：“国用诗书礼乐孝弟善修治者，敌至必削国，不至必贫国。”（《商君书·去强》）韩非子曰：“鲁人从君战，三战三北，仲尼问其故，对曰：‘吾有老父，身死莫之养也。’仲尼以为孝，举而上之。以是观之，夫父之孝子，君之背臣也。”（《韩非子·五蠹》）法家以为，孝子爱其亲，则不能忠其君。

自中国以西之两大神教均非孝，故佛教传入，形成非孝之第二波。佛教主张出家修行，故否定父子之亲、君臣之义，有所谓沙门不敬王者、不拜父母之教义。自其传入中国，就与华夏孝、忠之道发生严重冲突。经长期义理辩驳，以及相当激烈的政治冲突，随着中国僧人发展佛理，至隋唐完成佛教中国化，其标志正是肯定中国圣人，肯定孝、忠之德。明清以来，佛教甚至好讲《孝经》，此为印度佛教所完全不能想象者。

大约与此同时，尚有玄谈之士毁弃名教。曹操为妒杀孔融，命路粹捏造其罪名曰："又前与白衣祢衡跌荡于言，云'父之于子，当有何亲？论其本意，实为情欲发耳。子之于母，亦复奚为？譬如寄物缶中，出则离矣'。"（《后汉书·郑孔荀列传》）大约当时有文人有如此看法，路粹栽赃于孔融，由此论，则必然非孝。只是，这些看法终究根基不深，影响不算太大。

非孝之第三波是耶教传入中国，时当明末清初，其与中国文化之根本冲突仍然在孝。利玛窦等传教士为传教而与中国人的习俗相妥协，另有一部分传教士却坚持耶教原教旨，煽惑教皇发布教谕，禁止中国教徒拜祖宗、拜孔子。康熙帝大怒，乃下令禁止耶教传播。但百多年后，列强以坚船利炮打开中国传教之门，罔顾中国重家、重孝传统之传教者所在多有，并时时引发冲突。一直到今天，耶教仍未完成教义之中国化。

非孝之第四波，则为近世两甲子，非孝至于其极。谭嗣同、康有为、梁启超等人发其端。谭嗣同性格偏执，基于其一知半解的西学，于五伦之中仅肯定朋友一伦，否定其他四伦。康有为作《大同书》，杂糅佛教、耶教教义与一鳞半爪的所谓西方现代观念，曲解《礼运》"大同"之义，主张破家而取消父子之伦。梁启超《新民说》为确立国家主义，而批判中国人重家、孝悌观念。

至新文化运动，现代知识分子哓哓然皆非孝矣，其中最为著名者是吴虞，其人性格扭曲，生活不顺，乃肆无忌惮，非孝而批判伦常，尤其是认定，孝道乃是维护君主专制统治之术，影响很大，二十世纪八九十年代持此观念者甚多。

在非孝观念下，二十世纪白话文作品以非家、非孝为最重要的主题，父亲或父辈基本上是其中予以鞭笞、批判的对象，成为专制、邪恶的象征。作为进步、现代的象征，青年则反抗父亲，走出家门。

如此破家、非孝观念曾衍生出一些重要制度，如集体经营、公社食堂，其中含有破家目的。至二十世纪中期，宗族制度、祠堂制度遭遇有史以来最严重的破坏，诸多家谱、族谱付之一炬，无从追溯。引人注目的是，八十年代的拨乱反正，正始于“家庭”联产承包责任制。

主流观念流风所及，现代新儒家虽于风雨飘零中守护中国文化有功，也难免有非孝倾向。熊十力否定《孝经》，见其《原儒·原学统第二》。徐复观尽管大体肯定孝道，却认定《孝经》是汉武帝末年由浅陋妄人为适应西汉的政治要求、社会要求所伪造而成，见其《中国思想史论集》。

近世文人、精英甚至有一种常见的精神分裂症状：本人之行为不能说不孝，但在其言论却公开拒绝孝、批判孝，比如胡适，其家庭生活相当美满，而其非孝、反传统观念，则产生极端恶劣的影响。

遍观以上各家非孝，理据无非有二：

第一种，为国家富强而破家、非孝，秦和现代大体如此。在急于追求国家富强之思想和政治人物看来，家、国是对立的，孝维护家内之相亲相爱，而这不利于国家集中动员、支配资源。为了后者，必须打破家，让人直接从属于国家，忠诚于国家，服务于国家。柏拉图《理想国》中苏格拉底所构想之城邦，也依循这一思想，故有共财、共妻、共子之制。

第二种，信奉神教者为求来世所谓永生或永恒幸福而出家、非孝。升天堂以求永生，系神教核心教义，为此必须在现世禁欲以全副奉献于神，欲之大者，性欲也，故神教多主张不婚，当然也就无子，孝也就无从谈起。由此即可发展出破家、非孝之说辞。此类神教非中国本有，均发源于中国以西，而在战国以后，次第传入中国，自然引发与中国文化之严重冲突。

可见，人类文明无非两种基本形态：中国，中国以西。中国以西文明，主流是破家、出家，则必至于非孝；中国文明则始终以家为中心，而肯定孝。而在历史上，尤其是战国以来，随着中国交通，中国以西各种宗教、思想陆续传入，从而引发一系列文化冲突。略加观察即可发现，凡此冲突，在最深处，均围绕着家和孝展开：究竟是保护家、齐家，还是破家、出家；究竟是重孝，还是非孝。这一冲突已进行两千多年，在今日中国，依然非常激烈。中国文明之生死存亡，系于能否推动非孝之神教和意识形态的中国化，其标志则是肯定孝。唯有如此，中国才能为人类守住人道，而不至于坠于非人之道。

非孝则人情冷漠

非孝的后果是“无亲”，人们普遍丧失相亲之情。

父母生养子女，而为子女之“亲”，其对子女有无限的亲爱之情。子女生而在此情中，自然有亲爱父母之情。社会舆论公然非毁孝道，或国家不再教人以孝，甚至法律、政治制度无视孝、毁弃孝，难免驱使家人不再相亲。

贾谊描述秦人家内风俗之败坏：“商君违礼义，弃伦理，并心于进取，行之二岁，秦俗日败。秦人有子，家富子壮则出分，家贫子壮则出赘。假父耰锄杖彗耳，虑有德色矣；母取瓢碗箕帚，虑立讯语。抱哺其子，与公并踞。妇姑不相说，则反唇而睨。其慈子嗜利，而轻简父母也，念罪非有伦理也，其不同禽兽仅焉耳。”（《新书·时变》）二十世纪中期，子批斗父，夫妻相互告密，亦曾行之一时。

家人尚且不能相亲，何况陌生人之间？在同一篇中，贾谊描述当时社会风气之败坏：“进取之时去矣，并兼之势过矣，胡以孝弟循顺为？善书而为吏耳，胡以行义礼节为？家富而出官耳，骄耻偏而为吏祭尊，黥劓者攘臂而为政，行惟狗彘也，苟家富财足，隐机盱视而为天子耳。唯告罪昆弟，欺突伯父，逆于父母乎？然钱财多也，衣服循也，车马严也，走犬良也，矫诬而家美，盗贼而财多，何伤？欲交，吾择贵宠者而交之；欲势，择吏权者而使之。取妇嫁子，非有权势，吾不与婚姻；非贵有戚，不与兄弟；非富大家，不与出入，因何也？今俗侈靡以出，相骄出伦逾等，以富过其事相竞。今世贵空爵而贱良，俗靡而尊奸富。民不为奸而贫，为里骂；廉吏释官，而归为邑笑；居官敢行奸而富，为贤吏；家处者犯法为利，为材士。故兄劝其弟，父劝其子，则俗之邪至于此矣。”人们丧失相亲相爱之情，必定崇拜权力、财富，而不论其得之是否有道。如此，则人人不惮于相互伤害。此即大乱，其源头何在？正在于家教沦丧，人不知是非，不知爱人、敬人也。同样，八十年代以来的中国社会，亦有此弊。

良好社会秩序的前提是人人相亲，人们普遍有爱人、敬人之心，在此状态中，每人才有可能得其所宜。普遍的爱人、敬人之心只能本于爱亲、敬亲之情，非孝，必定侵蚀、破坏甚至摧毁良好社会秩序得以形成和维系的基础。

由以上历史回顾可见，一切非孝之论或制度都是短命的，其影响都是有限的，因为，其理或偏或妄，终究不能深入人心。孝是人之天性，圣人只是顺乎人心，立之为教；相反，非孝却是反自然的，逆乎人心，不能不炮制复杂的理论，并依赖强制或诱惑。极少数理论家或者神职人员或可依非孝理论，过上反常识的生活，但绝大多数普通民众必定循天理、依人情而生活。这就决定了非孝的制度安排终究不能行之久远，必定瓦解。

故秦制只能短暂维持；今日中国，在已高度开放的环境中，在百多年来非孝的各种文化观念、政治力量以及不利于家庭成长的经济社会巨变之猛烈冲击下，孝道仍普遍存在，且十分强烈，不孝行为最能引发人们强烈而普遍的反感，即便那些反传统的人，也经常加入讨伐不孝行为的行列。可见，孝之为德，实为天理人情。只要人是父母所生，只要人对此基本事实有所自觉，则自然有孝爱之情。圣人以孝为本，洞悉人性，真实无妄，故其通常在常新，《中庸》曰：“道也者，不可须臾离也，可离非道也。”

至于中国以外，尽管神教、哲学有破家、非孝传统，然而，在普通人的现实生活中，家仍是最基本的社会组织单元，家内秩序也仍以孝维持，只是其人对此不自觉，故孝道不够圆满完备。任何神教，只要其从狂热的极端状态进入温和的正常状态，就不能不缓和其教义，核心正是承认家、肯定孝，尽管受神之牵绊而三心二意，不得其中正，比如，不能立父子一伦为家内秩序之枢纽。但不管怎样，天主教还是比较重视家庭价值的，美国保守主义常有虔诚的清教信仰，也以家庭价值作为其核心价值观，并确立为其重要政治纲领。故曾子曰：

> 夫孝，置之而塞乎天地，溥之而横乎四海，施诸后世而无朝夕，推而放诸东海而准，推而放诸西海而准，推而放诸南海而准，推而放诸北海而准。《诗》云“自西自东，自南自北，无思不服”，此之谓也。（《礼记·祭义》）

信夫斯言！只要是人，则不论古今中外，孝就是人成就其德之本，也就是最为可行而低成本的教化之道。

重建孝之教

经文最后说，要君、非圣人、非孝是大乱之道。此三种恶行所致者不是一般的乱，而是大乱。此所谓大者，广泛而且深远也。

首先，范围广泛：要君，则政治秩序崩解；非圣人，则是非颠倒；非孝，则民风败坏。三者叠加，内外上下均陷入混乱、失序，当然是全面的乱，大乱。

其次，破坏深远，不仅制度废弛，更重要的是人心陷溺：要君，则人无尊君之心；非圣人，则人无敬天而论是非之心；非孝，则无爱人、敬人之心。人心如此，接近于西方人所恐惧的"自然状态"，人为了自己可见的利益之最大化，毫不犹豫地相互伤害。一旦人心普遍败坏，没有几代人，是不可能走出危境困局的。子曰："善人为邦百年，亦可以胜残去杀矣。诚哉是言也！"子曰："如有王者，必世而后仁。"(《论语·子路》)

以上三者为祸甚大，而非孝是其本。孝为成德之本、教化之所由生也、非孝，则自然导致人无爱、敬之心。故简朝亮在《孝经集注述疏》里说，要君、非圣人、非孝"皆自不孝而来，不孝，则无可移之忠，由无亲而无上，于是乎敢要君。不孝，则不道先王之法，言而无法，于是乎敢非圣人。不孝，则不爱其亲，而无亲，于是敢非孝。故曰此大乱之道也，明其当为莫大之罪也"。

既然三者为大乱之道，则拨乱反正，可循经文所列次序展开：

首先，尊君。相对而言这一点最容易，通过相关法律政治安排，既可以树立君的尊严，立定政治秩序之锚，由此创制立法，制定各种法度、政策。

其次，尊圣人。这可体现于国家礼制，落实于学校、教育，以圣人之学养成士君子，从中选贤与能，组成士人政府，则圣人之道或可行于天下。

最后，兴教化，尤其是以孝教为主。相对而言，这一点见效最慢，却是治本之策，经文对此论之甚详。须长远打算，细致入手，面面俱到，方能收到成效。以今日而言，至少可着手以下工作：

治道层面，明确中国治理之道就是以孝治天下，对此保持充分的文化和政治自信；为此，对成年人，尤其是社会精英进行《孝经》教育；遴选官员和各种公共荣誉获得者，考察其孝德。

立法方面，宪法更为明确而有力地保护家庭、婚姻制度；民事法律确立家为民事行为主体，以孝为基本价值，致力于保护婚姻制度；刑事法律对子女伤害父母、幼辈伤害长辈的犯罪行为，加重刑罚。

社会政策方面，设立重阳节为法定的敬老节，国家和各级政府领导人礼敬老人，奖励孝德模范；鼓励设立宗亲会，设立区域性同姓大宗祠；鼓励生育，延长哺乳假；实行家庭综合征税制度，赡养老人、抚养子女者减免所得税；鼓励子女与父母同住，适应大家庭结构，增加独栋住宅开放建设；设立孝亲假，延长丧亲假，鼓励高级公职人员丁忧；鼓励家族共同购买墓穴，并永久保存。

孔子曰："君子有三畏：畏天命，畏大人，畏圣人之言。小人不知天命而不畏，狎大人，侮圣人之言。"（《论语·季氏》）与本章之大义相通。圣人有其德必有其言，君是大人之一种。夫孝者，天之经也，地之义也，故为天所命于人者。小人不知天命，故非孝；小人狎大人，故不尊君，甚至要君；小人侮圣人之言，此即非圣人。小人不知天命而不畏，狎大人，侮圣人之言，此即大乱之道也。

《三才章》提出天、地、人之三才，本章分析致大乱之源，指出致治之三本：尊君，敬圣人，孝亲。两章相合，则为天、地、君、亲、师。天地者，人之本；亲者，类之本；师者，教之本；君者，治之本。敬天地，则必孝亲、尊君、敬师，其义贯通。

几千年来，天、地、君、亲、师为中国人所崇信，中国文明赖此以维系，且始终保有活泼泼的生命力。二十世纪以来此信仰体系遭到严重冲击，幸而仍留存于中国人心众，今日重建国民信仰，舍此何求？

广要道章第十二

章旨：圣人行教，孝悌礼乐。王者兴起，述作礼仪。

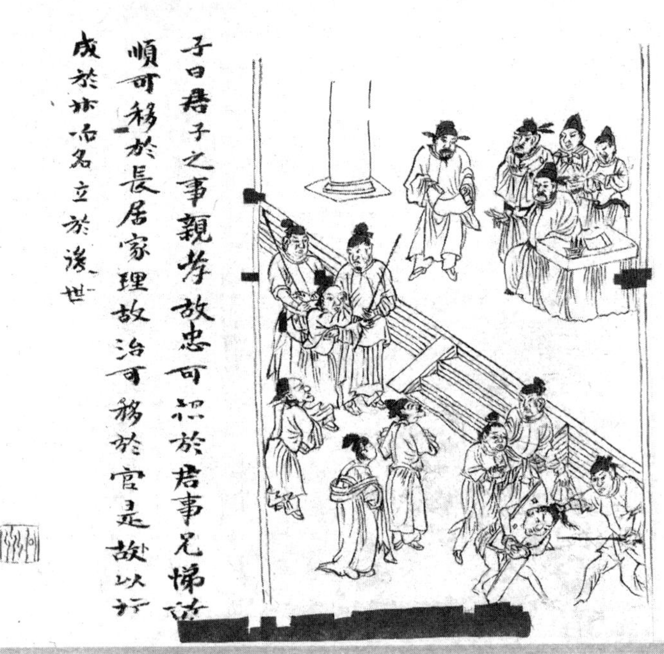
子曰君子之事親孝故忠可移於君事兄悌故
順可移於長居家理故治可移於官是故以行
成於內而名立於後世

［经文］子曰："教民亲爱，莫善于孝；教民礼顺，莫善于弟；移风易俗，莫善于乐；安上治民，莫善于礼。"

《开宗明义章》孔子谓"先王有至德要道以顺天下"，本章、下章分别申论至德、要道。上章结于"大乱"，拨乱反正，莫过于兴起教化，故本章承之，先论要道，也即君子教化之道，分为两节。

完整的教化之道

本节提出"四莫善"，泛论教化之道。

第一项，教民亲爱，莫善于孝。

经前文对此已论之甚详。人人皆为父母所生，生长于亲之中，天然有爱亲之情；圣人本于此而立教，使其自觉于爱亲之情，并由此扩充、发育，则民可由亲及疏、由近及远，而普遍地相亲相爱。没有比这更好的教民亲爱之道了，因为其有本，顺乎人心。舍此而教人相亲相爱，如《圣治章》所说，教人疏离其亲而博爱人，必致民陷于凶德。

第二项，教民礼顺，莫善于弟。

经文第一次言及悌之德。兄弟同出父母，血气相连，亲密生活，自然有深情；而出生时月不同，先后有序，自然有"兄友弟恭"之意，兄深爱其弟，弟恭顺其兄。圣人立教，本乎弟之顺，而教人进入社会中顺从长者之心。

《士章》已提及："以孝事君则忠，以敬事长则顺"；《事君章》又谓："事兄悌故顺，可移于长。"可见，对君为敬，对长为顺。敬有敬仰、畏惧之情在其中，顺从当然在其中，顺的程度略低一点。长者包括某方面排行高于己者，既可指年长于己者，也可指位高于己者，学识高于己者等。对长者，当以礼顺之，按相应礼仪顺从之。

礼，所以制中也。故所谓礼顺之意是，对待长者，恭顺恰到好处，无过、无不及。由此"礼"字，圣人顺势转入阐明礼乐之教，因乐教感人最深，故先论乐教。

第三项，移风易俗，莫善于乐。

《礼记·乐记》说："大乐与天地同和。"人生而好乐。"乐也者，圣人之所乐也，而可以善民心，其感人深，其移风易俗，故先王著其教焉。"乐感人最深，任何人都可为乐所感动，最适合于移风易俗。《乐记》接着说：

> 乐在宗庙之中，君臣上下同听之，则莫不和敬；在族长乡里之中，长幼同听之，则莫不和顺；在闺门之内，父子兄弟同听之，则莫不和亲。故乐者，审一以定和，比物以饰节，节奏合以成文。所以合和父子君臣，附亲万民也，是先王立乐之方也。

乐通常运用于集体活动场合，其功能是让人合，《乐记》反复强调这一点。乐声响起，如风吹过人群，本来相互疏离的人们，在乐所感发的情感共鸣中，油然而生共同体感。由此，乐教可塑造人们共同、协调的行为模式，即"风俗"。

故《舜典》记载，帝舜命夔典乐、教胄子，中国最早的教育就是乐教。自古以来，乐教是至关重要的教化机制。乡下的农民不认识多少字，不能读圣贤书，但通过婚丧嫁娶之乐，或者通过戏曲，即可以知孝悌忠信之大义。可见，转移风气，化成习俗，发育庶民孝悌之性，以合人群生气之和，导五常之行者，莫善于乐。

第四项，安上治民，莫善于礼。

礼是规则，但不同于法律：礼一般是自发形成的习惯性规则，而非刻意制定的；礼的范围十分广泛，无所不包；礼着眼于规范具体场合中人的互动行为，通常伴有仪。故礼主别，划定君臣、父子、夫妻及各种上下尊卑之别，即明确人们在具体场合中的角色及其行为规范。各方按规范行为，则可相互协调，此即和，有子曰："礼之用，和为贵"（《论语·学而》)。《礼记·曲礼上》说：

道德仁义，非礼不成。教训正俗，非礼不备。分争辨讼，非礼不决。君臣上下、父子兄弟，非礼不定。宦学事师，非礼不亲。班朝治军，莅官行法，非礼威严不行。祷祠祭祀，供给鬼神，非礼不诚不庄。是以君子恭敬撙节退让以明礼。

可见，礼包罗万象，其中，君臣上下之礼最为重要，是为"经礼"。任何一个组织，包括国家，其基本角色就是君、臣、民，三者皆为天所生，皆为相互平等、自主之人，但其位有上下尊卑之别，各有其职分。经礼对此予以规范，各人谨守本分，则可维持正常秩序，而人人各得其所。故《周易·履卦·大象传》曰："上天下泽，履；君子以辨上下，安民志。"人人清楚自己的位，承担自己的职事，享有自己的权益，则在上者安，而万民各得其所，邦国可在"和"的状态，此为所有人之大利。臣下不守礼而犯上作乱，如《五刑章》所说之"要君"，君上权威沦丧，政治失序，难免天下大乱，生灵涂炭。《礼记·经解》曰：

是故，隆礼由礼，谓之有方之士；不隆礼、不由礼，谓之无方之民。敬，让之道也。故以奉宗庙则敬，以入朝廷则贵贱有位，以处室家则父子亲、兄弟和，以处乡里则长幼有序。孔子曰"安上治民，莫善于礼"，此之谓也。

以上圣人全面论述中国教化之道，广大精微，无所不备。首先是孝悌之教，其次是礼乐之教。自古以来，圣贤君子即综合运用这四者，教化天下。由次序即可看出，教以孝悌最为重要，礼乐之教在很大程度上服务于此，如孟子所说：

仁之实，事亲是也；义之实，从兄是也。智之实，知斯二者弗去是也；礼之

实，节文斯二者是也；乐之实，乐斯二者，乐则生矣；生则恶可已也，恶可已，则不知足之蹈之、手之舞之。(《孟子·离娄上》)

孝、悌有本，即人人爱敬父母、敬顺兄长之情，礼乐不过是顺乎此情，而节以斯文，促人感发、发育、扩充此情。无此情，则礼乐无所设矣。婚丧嫁娶之礼乐，无非教人以孝悌；作为乐的组成部分的传统戏曲，也多有此类表彰孝悌的戏文。

由此角度看，当世诸多礼乐，多有弘大不实、不近人情之弊，不教人以孝悌，故难入人心，教化之效果不彰，甚至助长诈伪不实之风。

另可注意者，孝悌礼乐之教都是人文之教而非神教，其中有事鬼神之道，但此鬼神不是人之外的人格神。圣人之教，不论其教化机制如何，都是教人在天地之间堂堂正正地做人。此为圣人立教之明达处。

[经文]礼者，敬而已矣。故敬其父，则子说；敬其兄，则弟说；敬其君，则臣说。敬一人而千万人说，所敬者寡而说者众，此谓之要道也。”

上节全面阐述教化机制，已两度言及礼，本节承此，转而专门讨论孝教之礼。

经文首先指出，礼，敬而已矣，言简意赅地阐明礼之功用：礼就是用来表达对人之敬意的。

《礼记》第一句话就是“毋不敬”，永远不要对人不敬；后文说：“夫礼者，自卑而尊人。虽负贩者，必有尊也，而况富贵乎？”(《礼记·曲礼上》)即便最为卑微的贩夫走卒也是人，任何人对待他们也应有敬意。

圣人立孝为教，正是教人普遍的敬人之道。人生而敬亲，《天子章》说“敬亲者不敢慢于人”，由敬亲之情，可以生发普遍的敬人之心。《士章》曰：“资于事父以事君，而敬同。”士可取材于事父之敬，体会事君之敬。

人在我之外，我有敬人之情，当以对方可感知的方式予以恰当表达，如此方为真敬人，礼仪正是让人恰如其分地表达对人、对鬼神之敬意，下节讲讨论君子敬人之礼，《感应章》谓：“宗庙致敬，鬼神著矣。”

国家有敬老之制

由这一原则性表述，有君子之“三敬”。此处主语当为王者、君子，制三敬之礼，以教化民众。

此处涉及一重要事实：君王一般在其父死后继位，故无父可敬；继位者常是嫡长子，实无兄长可敬。且按宗法制，即便其有兄长，也已为王者之臣，对其弟当行事君之礼，否则必成政治祸端。故本章所说之敬其父、敬其兄之“其”，不是指自己，不是敬自己的父兄，而是敬天下人之父兄。

天下人众多，王者不能一一敬之，故遴选天下可敬之父兄而敬之，由此而有敬老之礼。《诗经·鲁颂·泮水》写道：

思乐泮水，薄采其茆。鲁侯戾止，在泮饮酒。
既饮旨酒，永锡难老。顺彼长道，屈此群丑。

鲁侯在泮宫行敬老之礼，其所敬者，乃国中长老。《礼记·文王世子》记天子视学之礼，其中有：“始之养也，适东序，释奠于先老，遂设三老五更群老之席位焉。适馔省醴，养老之珍具，遂发咏焉，退修之以孝养也。”古代的“学”，就是君子通过敬老，教人以孝。故孟子说：“谨庠序之教，申之以孝悌之义，颁白者不负戴于道路矣。”(《孟子·梁惠王上》)庠序是基层的学，唯敬老是务。

后世则有王者父事三老、兄事五更之礼。《独断》解释说：“更者，长也，更相代至五也，能以善道改更己也。又三老，老谓久也、旧也、寿也。皆取首妻、男女完具者。”“三老”一词频繁见于典籍，至少在汉代，乡设三老掌教化。王者父事三老、五更，当为特定日期，遴选三老、五更中德行最为卓越者，王者宴享之。《白虎通义·乡射》解释说：

王者父事三老、兄事五更者何？欲陈孝悌之德，以示天下也。故虽天子，必有尊也，言有父也；必有先也，言有兄也。天子临辟雍，亲袒割牲。尊三老，父象也。谒者奉几杖，授安车濡轮，恭绥执授。兄事五更，宠接礼交加，客谦敬顺貌也。《礼记·祭义》云："祀于明堂，所以教诸侯之孝也。享三老、五更于太学者，所以教诸侯之弟也。"不正言父、兄，言老、更者何？老者，寿考也，欲言所令者多也。更者，更也，所更历者众也。即如是，不但言老言三何？欲言其明于天地人之道而老也；五更者，欲言其明于五行之道而更事也。三老、五更几人乎？曰：各一人。何以知之？既以父事，父一而已，不宜有三。

本节经文指出，天子以礼敬民之父，则天下为人子者必定欣悦；天子以礼敬民之兄，则天下为人弟者必定欣悦。至于敬其君，则是天子在朝会聘问中礼敬诸侯，则诸侯之臣必定欣悦。

本章之悦即《孝治章》所说的"欢心"，只是表述方式有别。《孝治章》谓，明王不敢遗小国之臣，故得万国诸侯之欢心，本章谓，敬其君则其臣悦。

本节经文指出，王者、君子以敬行教。社会正常运作，有赖于臣民对王者之敬，但王者在特别的场合，反过来表达对三老、五更之敬，这种异常场面为天下人所见，必有感发人心之绝大力量，即经文所说，让为人子者、为人弟者、为人臣者心悦。其心悦，则乐于尽其义：天下之为人子者乐于以孝事其父，天下之为人弟者乐于以悌事其兄，天下之为人臣者乐于以忠事其君。当然，在这里，子弟对父、兄不仅有敬，同时也有爱。此即"感应"，圣人所立教化，其发挥作用的机制就是感应：君子以其行感动民众，民众起而应和，做好自己本来应当做的事情。

经文接下来阐明《开宗明义章》所说"要道"之义：王者敬一个人，也即三老、五更、君，而天下千万为人子者、为人弟者、为人臣者，无不欣悦，故其所敬者寡而欣悦者多。据此，要道就是易简可行而效率奇高的教化之道，王者制敬其父、敬其兄、敬其君之礼，以时行之，就是行教化之要道。此即《大学》所说："所谓平天下在治其国者，上老老而民兴孝，上长长而民兴弟，上恤孤而民不倍，是以君子有絜矩之道也。"

本章所论圣人所立教化之道，易简而高效，几千年来，塑造中国社会良好秩序，保持中国文明强韧生命力。在礼崩乐坏百年之后，今日当思考如何重建之。

圣人之教，归根到底是教人孝悌。人能孝悌，则可推其爱亲、敬亲、顺兄之情于天下所有人，此为良好社会秩序之根本。故国家教化，应以教人孝悌为中心，建立各种制度。

首先，废世袭、行共和之后，为民所观瞻之君子，哪怕地位再高，通常父母、兄长健在，则各种制度应激励其力行孝悌，凡不孝不悌者，不可以升迁，不可得荣誉。

其次，各级政府、各类组织可在特定日期行敬老、敬长之礼，以感发民众孝悌之心。

再次，各种法律、社会政策应为民众尽孝提供便利，并提供激励，如大力表彰孝悌之德突出者，为其树碑立传，扬名于后世；对不孝不悌者，则予以训诫，甚至以刑律惩罚之。

广至德章十三

章旨：君子教人，不依言传。身有至德，作则天下。

［经文］子曰："君子之教以孝也，非家至而日见之也。"

上章论教化之道，然而，圣人之教不过是君子以身作则而已，君子之至德是其施教之本，故本章由"要道"推本于君子之"至德"。

圣人之教内生于家

圣人之教内生于家中。

家的起点是夫妻关系，但人类生育活动的特点让父子关系成为枢纽，并反过来巩固夫妻关系。人生而在家中，至少在生命最初阶段也成长于家中。除了自己的身之外，家也构成人的生命之体。

西人普遍未能认识到这一点，甚至故意否定这一点。西人中，亚里士多德还算是比较重视家的，但他仍然说："在本性上，人是城邦的动物，或曰政治的动物。"一个人，如果不属于任何城邦，那他要么是野人，要么是神。国家对人的生活当然是重要的，但显然不是其生命之本源构件。亚里士多德用以下定义的两个词都是错误的：城邦、动物。正确的说法是：人因家而存生。离开家，不可设想人得其生命，并成为人。

圣人之教则不然，如《圣治章》所说："亲生之膝下，以养父母日严。圣人因严以教敬，因亲以教爱。"在人得到生命和生命成长之始，就自然地具有了爱、敬之情。圣人立教，只是教人因乎此情而予以扩充、发育，故教化是在家内形成和展开的。每个家都是教化的场所，辜鸿铭先生曾写到：

在中国的国教里，相当于其他国家宗教的教堂是——家庭。在中国，孔子国家宗教信仰的真正教堂是家庭，学校只是它的附属之物。有着祖先牌位的家庭，在每个村庄或城镇散布着的有祖先祠堂或庙宇的家庭，才是国教的真正教堂。我曾经指出：世界上所有伟大的宗教之所以能够使人服从道德规范，是因为它能够煽动起人们对教主狂热、无限的爱戴和崇拜。而教堂则又不断激发着这种崇拜，使之世代延续下来。然而在中国则有所不同。孔子的国家宗教能够使人服从道德规范，但这一宗教的真正力量，其感染力的源泉，则是来自人们对父母的爱。基督教的教堂教导人们："要热爱上帝。"中国国教的教堂——供着祖先牌位的家庭则教导人们："要热爱你们的父母"。圣·保罗说："让每个人以基督的名义起誓：永离罪恶。"而写成于汉代、几乎成为中国的《圣经》——即《孝经》的作者却说："让每一个热爱自己父母的人远离罪恶。"一言以蔽之，基督教、教堂宗教真正的力量，其感染力的源泉，实质是对上帝的爱。然而儒教，中国的国家宗教，它的感染力来自对父母的爱——来自孝顺、来自对祖先的崇拜。

既然如此，则当然不必君子逐家逐户到人家里，天天说教。人皆生而有爱亲、敬亲之情，君子教人孝道，不依赖说教，而是以身示范，予以启发、提撕而已。只要君子示范于上，则万民感发于下，自爱其亲，自敬其亲，在家内自我教化，此即圣人之教不肃而成。

"家至而日见之"正可用来描述中国以西各种教化之机制。家至，进入每家每户说教；日见，每天见人说教。经文谓"家至"，意味着其教形成于家外，从家外至于人。

神教逆出于人，当然逆出于家，在家外的神教人。万民难知神要人干什么，具体怎么干，则不能不有先知向人宣告神律，有神职人员说教，指导信众照神的要求生活。这些人员同样在家外，那么，如何施教？不能不定期召集所有信众到家之外的专门场所说教之。故神教的整个教化机制都在家外。

从神教之传教机制转生而来的现代"宣传"，以至于西方人所想象之"公民教育"，均是如此。西方几乎全部教化都形成于家外、展开于家外。

由此，教化必自外入家而破家，此即所谓逆。家内本有自然形成之人伦，于是，家成为施行教化之障碍。故西人之几乎所有教化，不论其为神圣的或世俗的，均有忽略家否定家、乃至刻意破坏家之倾向，神教先知对这一点说得很明白。唯有先破家，教化才能自外入于家。于是，教化与人自然而有之家的生活处在高度紧张、冲突之中，而难免为人偏离之内在倾向。其教逆乎人，则人不顺。

而绝大多数普通人的生活不可能离开家，故教化入家之后，仍必须“日见之”，才能确保教化持续有效。生活是日常的，教化也不能不日常化，“日见之”正是为了对抗日常生活偏离教化之自然倾向，此即经文所说的教之“肃”、政之“严”。教不顺，则不能不肃、严。

君子作民父母之大义

［经文］教以孝，所以敬天下之为人父母者也；教以弟，所以敬天下之为人兄者也；教以臣，所以敬天下之为人君者也。

此处教以孝、教以弟、教以臣的主体是君子。君子如何教以孝、教以弟、教以臣？以其身也。

上章谓，君子制敬老、长之礼，以施教民众；本章承上章而来，君子以礼而敬其父，敬其兄，敬其君，教天下人以孝、悌、臣。天下之为人子者、为人弟者、为人臣者，见天子执礼如此恭敬，心中感动，模仿学习，反身以天子之恭敬对待自己的父、兄、君。“所以”的意思就是，天下人以天子之所行反身而行。“君子之德，风；小人之德，草；草上之风，必偃”（《论语・颜渊》），天子以自己的行塑造良好社会风气，风气所至，万民无不顺而行孝悌。

追本溯源，教化之所以发挥作用，因为君子有至德：以天子之尊而能敬本来作为其臣下的三老、五更，此即至德。王者行教化，不是通过言辞，而是通过有德之行。而且，仅有一般的德是不够的，要有至德。《三才章》引诗云：“赫赫师尹，民具尔瞻。”君子地位显赫，为天下人所观瞻，其有至德，则教化之效果最大。反之，若君子无至德，其对风气的负面影响也最大。

那么，君子何以有至德？《天子章》已阐明：“爱敬尽于事亲，而德教加于百姓，刑于四海。”这适用于一切君子，君子事亲之爱、敬达到“尽”，也即“至”，才有可能养成“至德”，而示范于天下。

［经文］《诗》云“恺悌君子，民之父母”，非至德，其孰能顺民如此其大者乎！’

诗句出自《诗经·大雅·泂酌》。恺，乐也。悌，易也。《礼记·表记》记孔子对本句的阐释：

君子之所谓仁者其难乎！《诗》云：“恺弟君子，民之父母。”恺以强教之；弟以说安之。乐而毋荒，有礼而亲；威庄而安，孝慈而敬。使民有父之尊，有母之亲，如此而后可以为民父母矣。非至德，其孰能如此乎？

此处也出现了本节之“至德”。在家内，父教其子，故子尊之；母养其子，故子亲之。君子有至德，也就是仁，“夫仁者，己欲立而立人，己欲达而达人”，故以父母之心对待民众，教民、安民。君子如此，则民众对君子有对父之尊敬，对母之亲爱。如此，君子与民众之间虽有尊卑之别，却有深厚情谊。如此治理，温情脉脉，各得其宜。

《礼记·孔子闲居》从子夏引《诗》云“恺弟君子，民之父母”并问“何如斯可谓民之父母矣”开篇，孔子对其论之甚详。荀子也说：

《诗》曰：“恺悌君子，民之父母。”彼君子者，固有为民父母之说焉：父能生之，不能养之；母能食之，不能教诲之；君者，已能食之矣，又善教诲之者也。（《荀子·礼论》）

君子之所以为民父母，是因为其对民众兼有父母之用：既养之，又教之。《舜典》记载，帝舜组成中国历史上第一个政府，首先命禹平水土，其次命后稷播种百谷，此即养民；第三命契作司徒，广布五伦之教，这就是教民。《韩诗外传》卷六论说更为详尽：

《诗》曰："恺悌君子，民之父母。"君子为民父母何如？曰：君子者，貌恭而行肆，身俭而施博，故不肖者不能逮也。殖尽于己，而区略于人，故可尽身而事也。笃爱而不夺，厚施而不伐。见人有善，欣然乐之；见人不善，惕然掩之，其过而兼包之。授衣以最，授食以多。法下易由，事寡易为。是以中立而为人父母也。筑城而居之，别田而养之，立学以教之，使人知亲尊。亲尊，故为父服斩缞三年，为君亦服斩缞三年，为民父母之谓也。

君子有德于己身，而又博施济众，养万民而教万民，对万民同时发挥父母的功用，故为民父母。

君子作民父母，此乃圣贤为政之大义。《诗经》中除本句外，另《小雅·南山有台》有"乐只君子、民之父母"句。《洪范》第五畴"皇极"论王者之规范，也归结于王者作民父母：

无偏无陂，遵王之义；无有作好，遵王之道；无有作恶，尊王之路。无偏无党，王道荡荡；无党无偏，王道平平；无反无侧，王道正直。会其有极，归其有极。曰皇极之敷言，是彝是训，于帝其训；凡厥庶民，极之敷言，是训是行，以近天子之光。曰：天子作民父母，以为天下王。

《尚书大传》解释说："圣人者，民之父母也。母能生之，能养之；父能教之，能诲之。圣人曲备之者也：能生之，能食之，能教之，能诲之也。为之城郭以居之，为之宫室以处之，为之庠序之学以教诲之，为之列地制亩以饮食之。故《书》曰'天子作民父母，以为天下王'，此之谓也。"王者作民父母的意思是，王者体会父母对子女之心，以之对待天下万民，生之、食之、教之、诲之，以使其各遂其生，各正性命，保合太和。

如此君子，必有至德；故经文最后叹赏曰：非至德，其孰能顺民如此其大者乎！

君子有至德，才能作民父母。反之也成立：唯有作民父母，才可谓之至德。《尚书·大禹谟》说："德惟善政，政在养民。水、火、金、木、土、谷，惟修；正德、利用、厚生、惟和。"君子之德主要表现在养民、教民，也即作民父母。

樊迟问知，子曰："务民之义，敬鬼神而远之，可谓知矣。"（《论语·雍也》）君子之德，排在第一位的是务民之义，也即养民、教民，其次才是敬鬼神。如果不能养民、教民，则虽祭祀丰盛，而鬼神不享。

故圣贤以作民父母为君子之至德，引领君子好万民之所好，恶万民之所恶，从而使邦国、天下成为一大家，"故圣人耐以天下为一家，以中国为一人者，非意之也，必知其情，辟于其义，明于其利，达于其患，然后能为之"（《礼记·礼运》）。也可以说，君有作民父母之心，则君民可以结成一体。子曰："民以君为心，君以民为体；心庄则体舒，心肃则容敬。心好之，身必安之；君好之，民必欲之。心以体全，亦以体伤；君以民存，亦以民亡。"（《礼记·缁衣》）

如此，则能顺民。《开宗明义章》说，"先王有至德要道以顺天下"，上章阐明要道，本章阐明至德，收结于顺民。"大"字有来历：孔子叹赏"大哉尧之为君，魏巍乎唯天为大，唯尧则之"；《三才章》曾子叹赏曰："甚哉，孝之大也！"顺民至大，就是顺天下。

回头再来看这两章，王者敬一人而万人悦，乃是因为人人皆有爱敬其亲之天性，王者施教不过是顺人之情，而以其敬感发人心，使之各各爱敬其亲，成就孝德，此孝德实为顺乎其性的内生发育；而由此孝德又可扩充出博爱、广敬之心。因此，顺是多维度的，见之于个体生命成长、社会教化、秩序维系的所有环节，而无一时一处之逆。

君子作民父母，这是西方人所无法理解的。原因很简单：其倾向于恶意地理解父母与子女关系。

在古希腊《神谱》所记创世神话中，最初的宇宙一片混沌，混沌神名为卡俄斯，卡俄斯生地母该亚，该亚生天神乌拉诺斯。该亚与乌拉诺斯乱伦结合，生下六男六女十二提坦神。其中最小的男神克洛诺斯推翻父亲的统治，并与妹妹瑞亚乱伦结合，却吞食自己的子女。瑞亚将最小的儿子宙斯藏起来，宙斯长大后，推翻了父亲克洛诺斯的统治，强迫他吐出所吃下的兄弟姐姐，娶了姐姐赫拉为妻子。

西方历史上，弑父之事甚多，现代西方人乃发展出所谓“弑父情结”理论，以解释人的行为，或对精神疾病进行所谓的治疗。

在霍布斯《论公民》中，母亲也视其所生子女如同奴隶，父亲通过婚姻契约，才从母亲那里获得对子女的统治权。事实上，西人一直认为，父权制就是君主专制统治的源头。亚里士多德据此认为，城邦不同于家，城邦是自由人的结合，家则是父权的专制。

在如此精神传统中，当然不可能谈论君子“作民父母”，父母、尤其是父亲对子女意味着就是统治，并且是专断的统治，不能令人容忍。故西方政制建构有两种倾向：第一种，基于父亲专制家人之所谓自然事实，论证君主专制之正当性，这构成西方政治思想的一大传统。第二种则反其道而行之，在政治建构中否定家，否定父亲，否定家内教化，驱使个人走出家，完全献身于城邦、国家，成为没有家人拖累的公民，享有所谓自由。

这两种倾向均源于对父子关系的错误认知，如此形成的城邦、国家是没有情谊的，或许有秩序，但维护秩序的只是冷酷的权力，僵硬的法律，或干瘪的权利。人在相当程度上物化，而缺乏生命的乐趣。于是乎，作为对这种统治秩序的反弹，又会出现个人生活层面上的欲望放纵，在城邦之外仅仅作为生活单元而存在的家，再一次遭受情欲的猛烈冲击。这样的秩序注定了不能长久。

就此而言，韩非子的观念倒是非常西方的或曰现代的，他说：“且父母之于子也，产男则相贺，产女则杀之。此俱出父母之怀衽，然男子受贺，女子杀之者，虑其后便、计之长利也。故父母之于子也，犹用计算之心以相待也，而况无父子之泽乎！”（《韩非子・六反》）父母对子女就像对待财物，是否养育之或养育哪一个，取决于对子女未来可给自己带来的收益之冷酷计算。韩非子严格按照西方理性经济人预设，发展了生育经济学，马尔萨斯的《人口论》则将其发扬光大。

如此西方观念现代大规模涌入中国，并为人不假思索地接受，视为普世真理。很多人见“作民父母”四字，即强烈反感；看到戏文中“父母官”，也冷嘲热讽。然而，凡此种种情感反应，不过表明其人已陷在他者观念牢笼中，愚昧而不自知。父母之所以可以成为想象君子与民众关系之典范，乃因为圣人洞见父母与子女关系之深情厚谊，而这一事实是普遍而亘古存在的，一人一时之遭遇不能否定之。只要打破对神的幻想，则本乎家内关系思考政治关系，因孝以教忠，几乎就是不可避免的。

广扬名章第十四

章旨：行成于内，移之于外。忠顺不失，名扬后世。

曾子曰若夫慈孝愛恭敬安親揚名則聞命矣敢問子
從父之令可謂孝乎子曰是何言與是何言與昔者
人子有爭臣七人雖無道不失其天下諸侯有爭臣五
人雖無道不失其國大夫有爭臣三人雖無道不失其家
在爭友則身不離於令名父有爭子則身不陷於不義
以當不義則子不可以不爭於父臣不可以不爭於君故
用不義則爭之從父之令又焉得為孝乎

［经文］子曰："君子之事亲孝故忠，可移于君；事兄弟故顺，可移于长；居家理治，可移于官。

本章句读，唐玄宗注本为："君子之事亲孝，故忠可移于君；事兄悌，故顺可移于长；居家理，故治可移于官。"邢疏云："先儒以为'居家理'下阙一'故'字，御注加之。"古本无"故"字，"治可移于官"也不成辞，"理"、"治"两字当连读。据此，前两句也当断于"可"字之前。皮锡瑞撰《孝经郑注疏》已申明此意，然其经文仍保留了"故"，今去之。

《开宗明义章》谓"立身行道，扬名于后世，以显父母，孝之终也"，又谓"夫孝，始于事亲，中于事君，终于立身"，本章阐释本乎孝悌以事君从而立身"扬名"之大义。

君子之事亲孝故忠，可移于君，这一表述与《士章》有所不同，造成这种不同的原因在于，主体不同：《士章》的主体是庶人，本章则是君子。

生长于贫寒之家的士人不知何以事君，故圣人启发之曰："资于事父以事君，而敬同"，"君取其敬"，"以孝事君则忠"。庶人所知者只是其对父之敬，以此敬转而用于事君，则可以有公共的忠之德。

本章主体则是君子，已知如何事君。对君子，问题不是何以有忠，而是如何有大忠。当然是本乎孝，据此处经文，此乃自觉的孝之德。君子以大孝事亲，其中已有忠。尽心之谓忠，忠者尽心竭力地担当自己的职事。君子事亲孝，也即，尽心竭力地事亲，此即《广孝行章》所说"居则致其敬，养则致其乐，病则致其忧，丧则致其哀，祭则致其严。五者备矣，然后能事亲"。

经文指出，此忠可移于对君，君子事君亦当忠，尽心竭力地担当自己为臣之职事。荀子详论臣之忠曰：

有大忠者，有次忠者，有下忠者，有国贼者：以德覆君而化之，大忠也；以德调君而辅之，次忠也；以是谏非而怒之，下忠也；不恤君之荣辱，不恤国之臧否，偷合苟容以持禄养交而已耳，国贼也。若周公之于成王也，可谓大忠矣；若管仲之于桓公，可谓次忠矣；若子胥之于夫差，可谓下忠矣；若曹触龙之于纣者，可谓国贼矣。(《荀子·臣道》)

君子之事君，旨在行道。故君子之大忠表现在尽心竭力，以道事君，尤其是以自己的德行引领其君行道。故圣人之所谓忠，绝非一味地服从君之权威，对此，《谏诤章》还将有所阐发。

次一句，事兄弟故顺，可移于长。《广要道章》曰“教民礼顺，莫善于悌”，乃君子教民礼顺。本章主体则为君子，君子事兄，有悌之德，故其心顺而行笃。这样的顺可用于事长。

理、治不是以权力强制

最后一句，居家理治，可移于官。

据前文，天子、诸侯、卿大夫为君子，君子必有其家。家是三代最基本的治理单位，其规模大于战国以来的核心小家庭，故需君子用心治理，才能形成良好秩序。“官”之本意是今日之“馆”字，不指人，而指处理政务之所，也即官府。

《说文解字》：“理，治玉也。”段注：“《战国策》：‘郑人谓玉之未理者为璞’，是理为剖析也。玉虽至坚，而治之得其？理以成器不难，谓之理。凡天下一事一物，必推其情至于无憾而后即安，是之谓天理，是之谓善治，此引伸之义也。戴先生《孟子字义疏证》曰：‘理者，察之而几微，必区以别之名也，是故谓之分理。在物之质曰肌理、曰腠理、曰文理，得其分则有条而不紊，谓之条理。'郑注《乐记》曰：'理者，分也。'许叔重曰：'知分理之可相别异也。'" 凡物皆自有其条理，人循此条理加工处理，则可以成器。

"治"字当与治水有关。《舜典》记载帝舜命禹"平治水土"。禹之治水，"高高下下，疏川导滞，钟水丰物，封崇九山，决汩九川，陂鄣九泽，丰殖九薮，汩越九原，宅居九隩，合通四海。故天无伏阴，地无散阳，水无沈气，火无灾燀，神无间行，民无淫心，时无逆数，物无害生。"(《国语·周语下》) 大禹治水，顺水土之性，令水土万物各得其宜。

可见，不论是理或是治，均非以权力管束众人，而是协调引领，使人人各正其位，各得其宜，此即《周易》家人卦《彖辞》所说："父父子子、兄兄弟弟、夫夫妇妇而家道正，正家而天下定矣。"家内夫妇、父子、兄弟各尽其义，则和谐无间。《盐铁论·孝养》说："闺门之内尽孝焉，闺门之外尽悌焉，朋友之道尽信焉，三者，孝之至也。居家理者，非谓积财也，事亲孝者，非谓鲜肴也，亦和颜色、承意尽礼义而已矣。"

这当然需要君子有德有能，《大学》论齐家之道曰："所谓齐其家在修其身者：人之其所亲爱而辟焉，之其所贱恶而辟焉，之其所畏敬而辟焉，之其所哀矜而辟焉，之其所敖惰而辟焉。"辟者，僻也，受情感支配，待人偏而不正。君子欲齐家，须修己之身，不偏不倚，然而可以待家人以正。如家人卦《大象传》所说："风自火出，家人；君子以言有物，而行有恒。"如此，才可以齐家，也即，让家人各正性命，保合太和。

在本章，君子是治家者，官府是君子处理公事之场所。以诸侯为例，诸侯有自己的家，这一点，与大夫相同；同时其封内有若干大夫之家。故对诸侯而言，他既处理自己家的私事，也与大夫们共同处理邦国之公事，此即"官"。即便作为家之君的大夫也是如此：大夫与自己的妻、子女等构成小家，须亲自处理，同时也与士人共同处理自家田邑之事，此即"官"。王者更是如此。

此处讨论的大义也适用于今天：担当治理责任之人，也即今日之君子，有机关、公司之官事，也必有其家事。

经文指出，君子齐家而使家人达到理治状态之德能，可移以为处理官府事务之道。齐景公问政于孔子，孔子对曰："君君臣臣，父父子子。"(《论语·颜渊》）齐家，则做到父父子子，治国，则做到君君臣臣，两者实有相通之处。不能齐家之君子，恐怕是难以设想其可处理好官事的。

齐家通于治国

相应于主体之别，本章之“移”不同于《士章》之“资”，也不同于《圣治章》之“因”。

《士章》所谓“资”者，本无此物，赖之以成也。庶人不知事君之道，故可以借其事父之道，揣摩事君之道，事父之道是庶民掌握事君之道的资源。

《圣治章》所谓“因”者，经文明言主体为“圣人”。因者，顺也，就也，就人所有者而导引之也。对父之严、对双亲之亲均为人所本有，圣人洞见之常情，予以引导，因严以教敬，因亲以教爱，使之生发、扩充为普遍的对人之敬、普遍的对人之爱。

以上两章的大义是相关联的：圣人因人之情立教，以教众人发育其固有的对父母的之爱、敬为普遍的爱、敬。

本章所谓“移”，则是已有此物，由此处移至于彼处。君子事父之孝中已有忠之德，移此忠对待君。君子事兄之悌中已有顺之德，移此顺对待长者。君子齐自己的家，并移其齐家之道于自己的官府。

故本章承前两章，主体均是有德有位之君子，而非泛论：《广要道章》论君子施行教化之要道，《广至德章》论君子以己身之至德施教于民，本章论君子可以推其齐家之道为治国理政之道。君子之大义有二：教化，为政，前两章论教化，本章论为政，两者完备，方为君子。

详玩文意，《五刑章》的主体也是在位之君子：只有君子可以要君，可以非圣人，可以非孝。庶民质朴无文，常有不知圣人、不知孝之名义者，却不大可能有非圣人、非孝之言，即便有，也难以产生多大影响，不足以谓之“大乱之道”。能乱大道者，必为在君子之位而无君子之德者。

尽管如此，本章所论大义，自可通行于所有人，也通行于古今中外。哪怕家再小，总有父母，事父母孝则忠，也即，尽心做分内之事，此忠完全可以移之于公事；事兄之顺移之于事长，也是没错的，齐家之道当然是可以移之于处理公事。社会组织，由亲及疏、由小到大，其间人际关系自然有所不同，但既然都是人，都需要德，则必有相同、相通之处。西人将家、国割裂甚至对立，于义理不通，而人为增加社会治理成本。

［经文］是以行成于内，而名立于后世矣。

本节收结以上三句，阐明扬名之义。

内，指家内。行成于内，意为，在家内成就德行，当然是在大范围陌生人社会中行为之德，如经文所说，对公共职事之忠，对在各领域中在己之先者之顺，以及处理公共事务之德与能。以此德行于大社会，则可以成效卓著，因而为人所称颂，成其令名，此即“名立”。

《开宗明义章》谓：“身体发肤，受之父母，不敢毁伤，孝之始也。立身行道，扬名于后世，以显父母，孝之终也。”又谓“夫孝，始于事亲，中于事君，终于立身”。本节用词则为立名。

本章所论主体是君子，“始于事亲”则非泛泛的事亲，而是事亲有其道，故能从中成就德行，事君得其道，也即在大社会中很好地尽己之职分，尤其是作为领导者，发挥引领、协调作用，则可以立德、立功或立言，由此可以立名。名立，则可以传之后世，故经文说，名立于后世，此即以名而不朽。

《大学》所论者与本章大义相近，其主体同样是君子：

所谓治国必先齐其家者，其家不可教而能教人者，无之。故君子不出家而成教于国：孝者，所以事君也；弟者，所以事长也；慈者，所以使众也。《康诰》曰：“如保赤子”，心诚求之，虽不中不远矣。未有学养子而后嫁者也！

《大学》论治国必先齐其家，聚焦于在家内成就德行之大义。“慈者，所以使众”一句，可对应于本章之“居家理治可移于官”，盖对家人之慈，可移为对待下属臣民之慈。《大学》后文反复引用诗句，申明君子齐家然后治国之意：

《诗》云："桃之夭夭，其叶蓁蓁；之子于归，宜其家人。"宜其家人，而后可以教国人。《诗》云："宜兄宜弟。"宜兄宜弟，而后可以教国人。《诗》云："其仪不忒，正是四国。"其为父子兄弟足法，而后民法之也。此谓治国在齐其家。

宜其家人，意即君子让家人各得其宜，此即居家理治，如此则能在外教国人。君子之行，在家内可为其父子兄弟所取法，则到家外可为万民所取法。这里主要是从教立论，但通于为政。

本章大义亦可见《论语·为政》：

或谓孔子曰："子奚不为政？"子曰："《书》云'孝乎惟孝，友于兄弟，施于有政'，是亦为政，奚其为为政？"

圣人之论更进一层。《孝经》本章所论，大体针对封建时代之君子。圣人兴学，养成庶民为士君子，在庶人之位而有君子之德，故既非《士章》所论之主体，亦非本章所论之主体。士君子已有治家之德与能，故其在家可以孝、可以友，圣人以为，这就是为政。

此论甚为弘大，为君子行道于天下、扬名于后世打开坦坦通途。君子出仕为政，当然可以行道。当天下无道，君子以出仕为耻，仍可在家内、在族内、在小共同体内为政，此即今人所说"社会自治"。由此，君子不出仕亦可以为政、行道，而名立于后世。故圣人之教贯通家、国，则治理始终在多中心格局中，士君子始终是治理主体，道则始终有行于天下之途。

谏诤章第十五

章旨：父子君臣，不义则谏。深情厚爱，谏之以几。

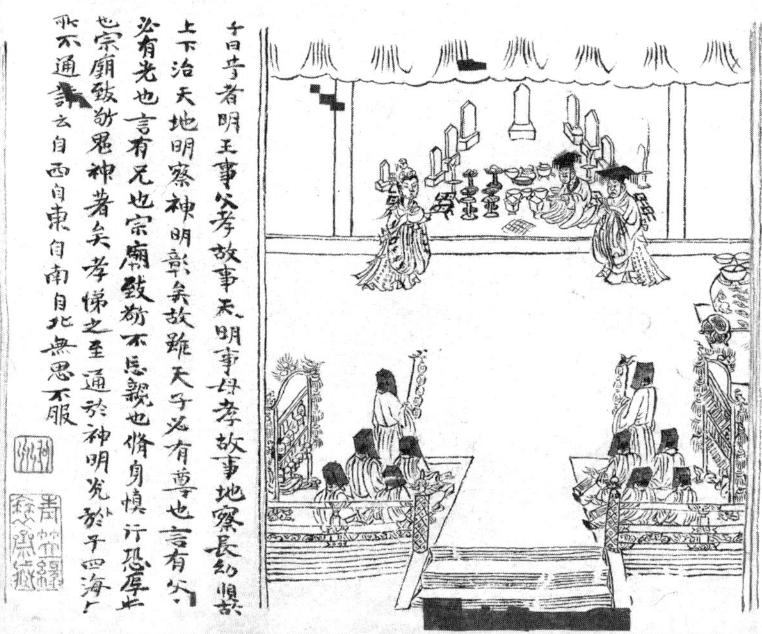

子曰昔者明王事父孝故事天明事母孝故事地察長幼順故
上下治天地明察神明彰矣故雖天子必有尊也言有父
必有先也言有兄也宗廟致敬不忘親也脩身慎行恐辱先
也宗廟致敬鬼神著矣孝悌之至通於神明光於四海
所不通詩云自西自東自南自北無思不服

［经文］曾子曰："若夫慈爱、恭敬，安亲、扬名，则闻命矣，敢问子从父之令，可谓孝乎？"

夫子以教以孝道，已论之甚详，曾子分解其为慈爱、恭敬，安亲、扬名。

慈，一般谓父慈子孝，乃上对下之爱。不过，古代通用于下对上之爱，《孟子·离娄上》有"孝子慈孙"语，《礼记·曲礼上》谓："夫为人子者，三赐不及车马。故州闾乡党称其孝也，兄弟亲戚称其慈也，僚友称其弟也，执友称其仁也，交游称其信也。"孔颖达疏："慈者，笃爱之名。"《礼记·内则》谓："由命士以上，父子皆异宫。昧爽而朝，慈以旨甘。日出而退，各从其事。日入而夕，慈以旨甘。"郑玄注："慈，爱敬进之。"邢昺释慈爱曰："夫爱出于内，慈为爱体。"

恭敬，恭为敬之貌，敬为恭之体。子女对父母有敬之心，而表现为恭谨之行貌。五等之孝所论者，无非恭敬；《纪孝行章》总结曰："孝子之事亲也，居则致其敬，养则致其乐，病则致其忧，丧则致其哀，祭则致其严"，均有敬之情，有恭之貌。

安亲，五等之孝论天子德教加于百姓，刑于四海，诸侯保其社稷，而和其民人，卿大夫能守其宗庙，士能保其禄位，而守其祭祀，庶人能保其身不致毁伤，《孝治章》总结说，"故生则亲安之"。

扬名，《开宗明义章》云"扬名于后世"，上章云"名立于后世"。

以上四项，足以概括孝道之大义。孝子以慈爱、恭敬侍奉双亲，即经文反复提及之爱亲、敬亲，双亲身心俱安。至于孝子，则可以由爱亲、敬亲之情扩充发育为博爱、广敬之心，由孝而有至德，立身行道，扬名于后世，且以显父母。

孝非绝对服从

曾子提出疑问：从父之令，绝对服从父亲的命令，是否为孝？

此前经文中从无“从父之令”四字，也没有任何一句话有此内涵。《孝经》全从子女自然生发之情立论：人生在父母之怀，依恋父母，自然有爱亲、敬亲之情。任何人均可由自觉此生命本源而自我约束，自觉地孝亲。故孝之为德有其自然之本，为人子者只是顺之成就其德。这完全是子女自主的道德行为，绝非出自父母之命。相反，虽未明言，但经文显然以父母以对子女的慈爱之情为前提，不可能冷酷地命令子女如何。

不过，曾子所在时代，或有人误解孝道，要子女绝对服从父母，故曾子发问于夫子。当然，子女对父母的爱敬有可能引发过分的自我约束：有爱，则不忍拂父母之意；有敬，则不忍违父母之命。然而，此处的不忍完全出于子女之道德选择，而非父母之强制。

近世之非孝论者，既包括反传统的现代中国知识分子，也包括诸多西方传教士和学者，却不明此理，或抓住历史上若干异常情形加以发挥，以为圣人立孝为教，直接目的是要人盲从父母，倡导“愚孝”——进而塑造政治上的“愚忠”，以维护君主的、并且必定是专制的统治。这当然不合乎所谓现代价值，个体自由、独立、平等之类。然而，圣人倡孝道，果然要人从父之令乎？下面孔子对此断然否定。

以上人士痛恶孝道，实因其把西方人所构造之父子关系投射到中国文化，而忽视了这从来就不是中国人所理解的父子关系。

被今人普遍忽视的历史事实是：中国历史上从无作为生产形态的奴隶制度，而这种不人道的制度，在神教的、好谈自由的西方却始终存在。故西人惯以主奴关系设想父子关系，塑造古典哲学体系的亚里士多德、开创现代思想范式的霍布斯最为典型。这种主奴结构、主奴式父子关系，又与其政治思想和制度纠缠在一起。

历史上，两河流域早期文明、地中海古典文明始终存在奴隶制。柏拉图、亚里士多德都认为，有些人天生就该当奴隶。在《理想国》洞穴喻中，人被捆绑着，隐喻其为奴隶。尤其值得注意的是，在美洲殖民地，虔诚的清教徒正是在奴隶制经济形态上思考其所谓自由。在所谓自由宪法通过之后，奴隶制仍长期存在。黑格尔、福山都相信，历史是主奴斗争的过程。他们当然以为，在历史的终点上，最后一个奴隶将争取到主人的承认，从而也成为主人。然而，历史永不可能终结，则奴隶永远存在。

神教所想象的世界亦为主奴结构：神造万物与人，神是主人，人在神面前就是奴仆。因传播神启，故神职人员是牧羊人，信众是羊群。神可以选定统治者，教会可以赋予掌权者以绝对权力，臣民必须绝对服从，故在欧洲，很少有革命，因为人心已被驯服。

归根到底，神教和西方哲学逆出人世，虚构神或理念世界，则自上降临的真理就具有压倒性力量，在人间构造各种各样的主奴关系：父亲把儿子视同奴隶；本邦征服异邦，置异邦人为奴隶；宗主国与其殖民地的关系，类似于主人与奴隶；主权者与臣民的关系也类似于主人对奴隶的关系。凡此种种关系之基本结构就是，主人拥有绝对权威，奴隶只能绝对服从。

孝所连接的是两个人：父与子，或父母与子女。父母与子女当然有尊卑之别，故子女对父母有敬意。尽管如此，这只是人与人之别；父母无以借神的绝对权威获得对子女的绝对权威。且两者生命相连，有最自然而深刻的互爱，这是神人之间完全不可能有的。故在敬天的中国，父母对其子女绝不可能有绝对权威，由此而有谏诤。

相反，在西方普遍存在的主奴结构中，几乎不可能有谏诤：面对真理，人的唯一态度是服从。

当然，谏诤有其道：因为都是人，所以父母需要子女的谏诤；因为爱，子女一定会谏诤父母；因为敬，子女的谏诤一定是委婉曲折的。

[经文] 子曰：是何言欤？是何言欤？

昔者天子有争臣七人，虽无道，不失天下；诸侯有争臣五人，虽无道，不失其国；大夫有争臣三人，虽无道，不失其家；士有争友，则身不离于令名；父有争子，则身不陷于不义。

孔子两度说“是何言欤”，语气强烈，断然宣告，“子从父之令”绝非孝道。相反，孔子认为，孝子必为诤子。

本章之“争”，均通“诤”，谏诤，劝谏，不可作本字解。谏止君父之失，一出于爱、敬之诚，不敢稍涉于意气。谏诤，务以安利其君亲，忠孝之至也。若能以至情至理恳诚规谏，只要不是桀纣之昏暴，当无不见听。若稍近意气之争，则本意虽善，所言虽当，而或激之使变本加厉，其去《孝经》诤之使不失其国、不失其家、不离令名、不陷不义之宗旨远矣。历史上某些王朝的中后期，确有士大夫谏诤其君而有太多意气，反而引发对抗，导致政局不可收拾的惨痛例证。

接下来，夫子徐徐展开论述，兼摄君臣、父子。

臣、子有谏君、父之义

孔子同样从昔者明王开始，今之王者迷恋权力，已不可能“明”，谏诤制度已废坏。夫子指出，古圣先王时代，天子有争臣七人。《礼记·文王世子》说：“《记》曰：‘虞、夏、商、周，有师保，有疑丞。’设四辅及三公，不必备，唯其人，语使能也。”《尚书大传》曰：“古者天子必有‘四邻’，前曰疑，后曰丞，左曰辅，右曰弼。天子有问无对，责之疑；可志而不志，责之丞；可正而不正，责之辅；可扬而不扬，责之弼。其爵视卿，其禄视次国之君。”加上保、傅、师三公，则为七人。《文王世子》论其责曰：“立大傅、少傅以养之，欲其知父子、君臣之道也。大傅审父子、君臣之道以示之；少傅奉世子，以观大傅之德行而审喻之。大傅在前，少傅在后；入则有保，出则有师，是以教喻而德成也。师也者，教之以事而喻诸德者也；保也者，慎其身以辅翼之而归诸道者也。”

有人质疑，凡臣皆有谏君之义，故不必坐实七人。此说不确。固然，人臣都有谏诤之义，但设立专门官员谏诤，也是题中应有之义。《舜典》记帝舜命龙为纳言，大约有谏诤之责；《吕氏春秋·自知》记，汤有“司过之士”。齐桓公设“大谏”，秦汉有谏大夫，宋代谏官的作用尤其巨大。明清则有给事中之职，承担谏诤之责。

经文说，天子有谏诤之臣，陈善纳诲，勉以先王之道，惕以亡国之戒，则其人即便无道，亦不至大恶于民以失天下。

在这里，圣人确认：天子是可能有过的，因为天子是人，只要是人，就会有过错。

然则，天子已在最高位，何以判断天子有过错？于是圣人立“道”。孔子说，天子“虽无道”，以道判断天子之言行法制及其所塑造的社会秩序。《论语》中，孔子多次谈论天下、邦国之“有道”“无道”。由此也可以看出，道的阐明、解释、判断，非天子所垄断。道出自先王之行，由圣人阐明。儒家法先王，正是为了树立对于天子之判断标准。

天子可能有错，则诸侯、卿大夫、士庶人更不用说。

有过错，就须矫正之，故须谏诤。天子若接受谏诤，则知过；或者天子也可能幡然悔悟，则下“罪己诏”，罪在己身，向天检讨，向天下检讨。历代天子皆有下罪己诏之举。

这在西方几乎是不可想象的。罗马教皇格利哥里七世在其《教皇敕令》（1075 年）中宣称“罗马教会从未犯过错误，也永远不会犯错误”，因为它是神在人间的代理人，神不可能错，所以它也不可能错。现代西方政治哲学所证成之主权者，也不可能有错，此为霍布斯确立的根本法律之一。

接下来的表述相似，诸侯有诤臣五人，戒以天子之削黜，百姓之怨叛，邻国之侵伐，则其虽或无道，也不至于骄溢以失其国。《左传·襄公十四年》所记师旷的一段话，有助于理解谏诤之义，当时卫人驱逐其君，引发这段讨论：

师旷侍于晋侯，晋侯曰：“卫人出其君，不亦甚乎？”

对曰：“或者其君实甚。良君将赏善而刑淫，养民如子，盖之如天，容之如地，民奉其君，爱之如父母，仰之如日月，敬之如神明，畏之如雷霆，其可出乎？夫君，神之主也，民之望也。若困民之主，匮神乏祀，百姓绝望，社稷无主，将安用之？弗去何为？

天生民而立之君，使司牧之，勿使失性。有君而为之贰，使师保之，勿使过度。是故天子有公，诸侯有卿，卿置侧室，大夫有贰，宗士有朋友，庶人工商皂隶牧圉，皆有亲昵，以相辅佐也。善则赏之，过则匡之，患则救之，失则革之。自王以下，各有父兄子弟，以补察其政，史为书，瞽为诗，工诵箴谏，大夫规诲，士传言，庶人谤，商旅于市，百工献艺。故《夏书》曰：'遒人以木铎徇于路，官师相规，工执艺事以谏，正月孟春，于是乎有之'，谏失常也。天之爱民甚矣，岂其使一人肆于民上，以从其淫，而弃天地之性？必不然矣。"

本段论述极为精彩，涵摄圣贤政治理念之多个重要方面。

天生民，天爱民，欲万民各遂其生，故为之立君。君的责任是代天养民、教民，若其人不顾民众疾苦，放纵其欲望，则有悖于天地爱民之心。为防范此，天在立君同时，为其立"贰"，也即辅佐者，为君之师，为君之保，责任是保证君健康成长，并导其入于正道。他们责任重大：君有善则奖赏之，君有过则匡正之，君有患难则救助之，君有失职则革除之。除此之外，所有人也都可以规劝谏诤君。

这里透出伟大的政治理念——"天下为公"。天下是天下人的，君之位是为了天下人的福利而设立的，故所有人都可表达其意见，引导、批评乃至于变革君王。这道理适用于各级君，包括天子。相应的谏诤实践，经传、史籍记载甚多。

经文又指出，大夫有诤臣三人，以法言德行相规劝，以促使卿大夫敬于君命，无旷官守，则其虽或无道，而不至于事君无义、败国病民，从而失去其家。

士地位卑下而无臣，但可以有直言谏诤之友，以孝悌忠顺之道相切直，则不至于有恶名，而可以获得和保有美誉。《论语》论交友之道曰：

子贡问友，子曰："忠告而善道之，不可则止，无自辱焉。"

子路问曰："何如斯可谓之士矣？"子曰："切切、偲偲、怡怡如也，可谓士矣。朋友切切、偲偲，兄弟怡怡。"

孔子指出，兄弟相交以情谊为主，朋友当相责以道义，朋友有过，当忠心劝告而以善引导之。不过，孔子也指出，朋友以义而合，不可则止，弃之不交可也，以免自取其辱。

经由以上对君臣、朋友之伦的讨论，最后归于子谏父。圣人谓，父若有诤子，则虽有过错，也不至于深陷于不义。义者，宜也。父母在各种人伦中，自有其所当行之义，如为人臣则忠，与朋友交而信。若父母不行其宜，子女即当劝谏，引父母归于正道，以免父母陷于不义，是为大孝。

《白虎通义·三纲六纪》论父为子纲，引用了这一句："父子者，何谓也？父者，矩也，以法度教子；子者，孳孳无已也，故《孝经》曰：'父有争子，则身不陷于不义。'"父教子以规矩，引子入于正道；反之，子谏诤父，同样致父于正道。对于此义，曾子曾有明言：

公明仪问于曾子曰："夫子可以为孝乎？"曾子曰："是何言与！是何言与！君子之所为孝者：先意承志，谕父母于道。参，直养者也，安能为孝乎？"（《礼记·祭义》）

道是人人所当行者，父教子以道，则子可以志于道而据于德；子一旦知圣人之道，也完全可以谕父母于道，此即为诤子。

舜是第一个典范，《尚书·尧典》记舜为"瞽子，父顽，母嚚，象傲，克谐。以孝烝烝，乂不格奸"。舜之家人多不善，舜却能以其至孝感而正之，使其不至于为奸恶。

孔门弟子，闵子骞大孝，子曰："孝哉闵子骞！人不间于其父母昆弟之言。"（《论语·先进》）孔子赞闵子骞之孝，谓人于其父母兄弟之言无所非议，正因为闵子骞能以其至孝谏诤父母兄弟，导之于正道。

父子家人共同成长

［经文］故当不义，则子不可以不争于父，臣不可以不争于君。故当不义则

争之，从父之令，又焉得为孝乎？”

本节承上文，孔子得出结论：若碰上父之所行不合于道义，子不可不谏诤于父，臣也不可不谏诤于君。荀子曾论述说：

入孝出弟，人之小行也；上顺下笃，人之中行也；从道不从君，从义不从父，人之大行也。若夫志以礼安，言以类使，则儒道毕矣，虽尧舜不能加毫末于是矣。孝子所以不从命有三：从命则亲危，不从命则亲安，孝子不从命乃衷；从命则亲辱，不从命则亲荣，孝子不从命乃义；从命则禽兽，不从命则修饰，孝子不从命乃敬。故可以从而不从，是不子也；未可以从而从，是不衷也。明从不从之义，而能致恭敬忠信端悫以慎行之，则可谓大孝矣。（《荀子·子道》）

归根到底，父子作为人都应从道，循道而生、而行。若父之命不义，或父之行不义，则当谏诤。表面看起来不是“无违”，实为大孝。否则，父行不义，子坐视不理，而使父终陷入危机，或招来侮辱，或堕入禽兽，则为大不孝。

臣对君亦然。王符《潜夫论》论述说：“君子夙夜箴规、蹇蹇非懈者，忧君之危亡，哀民之乱离也。故君子推其仁义之心，爱君犹父母，爱民犹子弟。父母将临颠陨之患，子弟将有陷溺之祸，岂能默乎哉，此臣子所以当谏诤之义也。”

由此可见儒家之人道大义。子女“身体发肤，受之父母”，但归根到底，人人皆为天所生，均为独立、自主之主体。子女绝非父母可随意支配者。子谏父之教也确认，父母、子女都是人，都可能无知，都可能犯错，故每人都有待于成长。当子女年幼时，父母教子女以伦常法度；随着子女成长，反过来也可谕父母于道。就此而言，子女与父母其实是平等的，都是独立的、自主的人。

当然，独立、自主绝不等于分立、隔绝。子女与父母天然相连，自觉生命本源而有爱亲、敬亲之情，由此扩充而有仁之全德，其爱、敬之情可遍及于一切人，立一切人，达一切人。然而，此德必首及于父母，此即孝亲之德。何以孝亲？《纪孝行》等章论之甚详，而谏诤也在其中，由此可以立父母、达父母；至于最高程度的立、达，则是首章所谓“显父母”。

可见，圣人立孝为教之宗旨，在于子女与父母共同成长。各自独立而又亲密相连，即《礼记·礼运》所说“连而不相及也”。从所谓现代观念看，这是自相矛盾的，然而，这恰恰是人之常态，圣人之教不过确认之，教人自觉之。正是在此关系中，父母、子女在成己同时相互成就，更进一步扩展为成己而又成一切人，乃至于成物。

此系中国文明所独有。神教说，神造人，故子女与父母间无实质关系。人当然需要教化，但那是神的事情，故父母不教子女，子女也不谏诤父母。西方政治哲学致力于切断人与父母的关系，人是城邦的动物，故教化也由城邦专业人士在城邦进行；父母不认为自己有教化子女之责，子女不认为自己有谏诤父母之义。父母和子女各得其拯救，各自进入权力和法律秩序中，两不相干。

简单思考即可发现，人类最有效的自我教化，也即相互教化之道，乃是家内互教。父母、子女之间有深情，则父母教化子女必定用心；子女谏诤父母，也可谓教化父母，同样用心。深情而用心，自可紧密互动，教化最易入心。故中国圣贤所立教化之道，易简而高效。

臣、子谏诤君、父有道

因为子女对父母有爱又有敬，故子女谏诤父母，极尽曲折婉转。

《论语·里仁》一篇中有论孝四章，而以几谏章为首：

子曰：“事父母，几谏。见志不从，又敬不违，劳而不怨。”

有子曰：“君子务本，本立而道生。孝弟也者，其为仁之本与？”仁始于孝，孝是最切近之仁。子曰：“夫仁者，己欲立而立人，己欲达而达人。”子女孝爱双亲，当其不义则劝谏之，正有立双亲、达双亲之意，这是子女成人之后对父母之仁，此中正可见子女之深爱。

同样是因为深爱和敬意，子女劝谏父母有道，也即“几谏”，委婉地劝谏。

因为委婉，故未必为父母所晓谕，而未从之。子女仍保持敬意，而不违逆父母，劳心而无怨言。曾子更简练地说“父母有过，谏而不逆”（《礼记·祭义》），圣贤对此反复论说：

子云：“从命不忿，微谏不倦，劳而不怨，可谓孝矣。”《诗》云：“孝子不匮。”（《礼记·坊记》）

父母有过，下气怡色，柔声以谏。谏若不入，起敬起孝，说则复谏；不说，与其得罪于乡党州里，宁孰谏。父母怒不说，而挞之流血，不敢疾怨，起敬起孝。（《礼记·内则》）

单居离问于曾子曰：“事父母有道乎？”曾子曰：“有，爱而敬。父母之行若中道，则从；若不中道，则谏；谏而不用，行之如由己。从而不谏，非孝也；谏而不从，亦非孝也。孝子之谏，达善而不敢争辨；争辨者，作乱之所由兴也。（《大戴礼记·曾子事父母》）

当不义，臣也不能不谏君，且同样有其道：

子曰：“事君欲谏不欲陈。《诗》云：‘心乎爱矣，瑕不谓矣；中心藏之，何日忘之。’”（《礼记·表记》）

为人臣下者，有谏而无讪，有亡而无疾；颂而无谄，谏而无骄；怠则张而相之，废则扫而更之；谓之社稷之役。（《礼记·少仪》）

故谏君需技巧。《白虎通义·谏诤》首先确认，“臣所以有谏君之义何？尽忠纳诚也，爱之能无劳乎？忠焉能无诲乎？”然后引用本章经文，继之以五谏之道：

谏者何？谏，间也，因也，更也，是非相间、革更其行也。

人怀五常，故谏有五：其一曰讽谏，二曰顺谏，三曰窥谏，四曰指谏，五曰陷谏。讽谏者，智也。知患祸之萌，深睹其事未彰而讽告焉，此智之性也。

顺谏者，仁也，出辞逊顺，不逆君心，此仁之性也。窥谏者，礼也，视君颜色不悦，且却，悦则复前，以礼进退，此礼之性也。指谏者，信也。指者，质也，质指其事而谏，此信之性也。陷谏者，义也。恻隐发于中，直言国之害，励志忘生，为君不避丧身，此义之性也。

孔子曰："谏有五，吾从讽之谏。事君，进思尽忠，退思补过，去而不讪，谏而不露。"故《曲礼》曰："为人臣不显谏。"纤微未见于外，如诗所刺也。若过恶已著，民蒙毒螫，天见灾变，事白异露，作诗以刺之，幸其觉悟也。

尊君是臣之大义，尊君，才能维护社会政治秩序。故当君不义，臣不能不谏诤，唯有如此，才能维护君之尊严。然而，维护君的尊严，又要求臣尽可能委婉地谏诤。孔子说，他优先选择讽谏，《诗经》所收就有大量讽谏之诗，君之过尚属纤微，而君子见微知著，乃托物以暗讽于君，使君自省而自我约束，则可保全君之尊严而又避免过错膨胀。

若臣不注意谏诤之术，以道义化身自居，道德优越感过强，言辞行为肆无忌惮，冒犯君上，则可能有《五刑章》所说之"要君"，以道义要君，必定事倍功半，甚至南辕北辙，引发君上反感，而完全拒绝改过，激化君臣之紧张为公开冲突，其过错可能演化出祸患。历史上，士君子谏诤君王反而酿成政治灾难之事颇多，此为圣人所不取也。

圣人以为，道行于天下，不止一途。天下之治，有待于人人各自努力。每个人都是主体，他人不可强迫之。故士君子对君，有过则当谏之，不从则去之，自行其道可也。

谏父不同于谏君

本章论谏父，同时论及谏君，以谏君之必要论证谏父之必要，显示两者有相通之处。然《圣治章》已指出，"父子之道，天性也，君臣之义也"。父生子，父子血气相连，故不可分。君臣以义而合，基于各自的义而结合：君子通过事君而行道，若两不相合，自可以分，故子谏父有大不同于谏君之处，《礼记·曲礼下》概括为：

为人臣之礼：不显谏。三谏而不听，则逃之。子之事亲也：三谏而不听，则号泣而随之。

臣对君、子对父都有情意，故谏诤需反复进行。不同的是，臣谏君三次而君不听从，即可离开，如孔子说："所谓大臣者，以道事君，不可则止。"（《论语·先进》）孔子本人即为典范。《论语》多次记孔子之去君：

卫灵公问陈于孔子，孔子对曰："俎豆之事，则尝闻之矣；军旅之事，未之学也。"明日遂行。（《卫灵公》）

齐景公待孔子曰："若季氏则吾不能，以季、孟之闲待之。"曰："吾老矣，不能用也。"孔子行。（《微子》）

齐人归女乐，季桓子受之，三日不朝。孔子行。（《微子》）

孔子之去君绝不拖泥带水。士君子学道，志在行道于天下，为政当然是至关重要的途径，故士君子必求出仕为政。孔子周游列国，即有此意。但君王可能无道，此时，士君子首当劝谏君王。君王若不从，士君子确认已无以行道，自可弃之而去，此即"用之则行，舍之则藏"（《论语·述而》），君用我则以位行道，不用我则藏道于己身。孔子从未以强烈的情感劝谏君王，孔子当然反对所谓死谏。士君子行道之途并非只有一端，不必汲汲于事君为政。孔子不能为政，乃退而删述经典，讲学于鲁，养成士君子。士君子也可以齐家，可以教族人以孝悌之道，孔子说，这也是为政、行道。

明乎此，也可更准确地理解移孝作忠之大义。臣民对君之忠，只是"资于""取于"子对父之孝，两者绝非一事，而有绝大区别。混淆两者，同君于父，逆于人伦纲常，不可行也；以为两者毫无关系，截然分离两者，亦不可行也。中道才是正道。

子谏父不同于臣谏君，不可能因三谏不从而去父，《白虎通义·谏诤》解释说：

子谏父不去者，父子一体而分，无相离之法，犹火去木而灭也。《论语》：“事父母，几谏。”下言：“又敬不违。”臣之谏君何取法？法金正木也。子之谏父，法火以揉木也。臣谏君以义，故折正之也。子谏父以恩，故但揉之也，木无毁伤也。待放去，取法于水火，无金则相离也。

君臣者，人伦也，以义而合，则可以义而分；父子者，天伦也，身体发肤受之父母，如何两分？故子谏而不从，则不怨而重找机会。父母始终不从，则号泣而随之。帝舜事双亲，见双亲不善，乃“号泣于旻天”。孟子指出，此全出于帝舜对父母之“怨慕”，“大孝终身慕父母。五十而慕者，予于大舜见之矣”（《孟子·万章上》）。此所谓慕者，深爱也，此深爱唯见于父母、子女之间。

最后，圣人再度以语气强烈的反问句结尾：当不义，从父之令，又焉得为孝乎？人人皆当从道、从义，父母、子女一体相连而有深爱，故相互扶持从道、从义，此正孝之大义所在。

故圣人立孝为教，绝非教人盲从、愚忠，而是教人返本而有道德自觉，自我约束，向上成长，养成德行，成为大人君子。圣人发现，爱亲、敬亲是人人可行的最佳起点，不仅可以成就子女之德，更可以让子女在成人之后协助父母，相亲相爱而共同成长。圣人由此所立的家也就成为相亲相爱的人们跨世代相互教化，共同成长之易简、高效机制。《荀子·子道》所记圣人之语，与本章大义相近：

鲁哀公问于孔子曰：“子从父命，孝乎？臣从君命，贞乎？”三问，孔子不对。

孔子趋出以语子贡曰：“乡者君问丘也曰：‘子从父命，孝乎？臣从君命，贞乎？’三问而丘不对，赐以为何如？”子贡曰：“子从父命，孝矣。臣从君命，贞矣，夫子有奚对焉？”

孔子曰：“小人哉，赐不识也！昔万乘之国，有争臣四人，则封疆不削；千乘之国，有争臣三人，则社稷不危；百乘之家，有争臣二人，则宗庙不毁。父有争子，不行无礼；士有争友，不为不义。故子从父，奚子孝？臣从君，奚臣贞？审其所以从之之谓孝、之谓贞也。”

感应章第十六

章旨：孝德感通，天下皆应。圣人之教，无所不通。

子曰君子之事上也進思盡忠退思補過將順其美匡救
惡故上下能相親也詩云心乎愛矣遐不謂矣中心藏之
日忘之

［经文］子曰："昔者明王事父孝，故事天明；事母孝，故事地察；长幼顺，故上下治。天地明察，神明章矣。"

此章概括全经论孝悌之义，与《三才》以下三章相表里。

经文以"昔者明王"开头，与《孝治章》类似。孔子以为，当时王者无有以下所陈之德，故述古圣先王之事，以见孝之至德，可以感通神明。

事父母即是事天地

董仲舒谓："《孝经》之语曰：'事父孝，故事天明。'事天与父，同礼也。"（《春秋繁露·尧舜不擅移、汤武不专杀》）父母生人，而父母在天之中，故推本溯源，则为天生人。当人之生，天命人以爱亲、敬亲之性，故《三才章》谓，孝乃天经地义，人之孝亲就是循其天性而行。只要对其生命本源有所自觉，即自觉地孝亲，也就是事天。父生之，母养之，故本章分而言之，承《士章》之义，事父以敬，事母以爱。

明王事父以敬，如《圣治章》所说"孝莫大于严父"，对父保持敬顺之心，凡父所为无不奉承而敬行之。由敬父而敬一切人，以及于一切物，以至于敬天，《尧典》记帝尧之德，首先是"钦"，也即敬；其次为"明"，由敬于天，而明于天，也即明于天道，顺乎天道，以美利利天下，此即事天明。明王事母以爱，爱一切人，以及于一切物，为此而养之，乃知水土燥湿高下之性与其利，正德、利用、厚生，此即事地察。

事天明、事地察为明王之德，如朱子所说："事父孝，则事天之道昭明；事母孝，则事地之道察著。"（《朱子语类·孟子七》）因为孝于父，而明乎事天之道；因为孝于母，而察乎事地之道。明王之所以能事天明，因其尊父之至也，敬父之至也，此尊、敬之心推及于天下所有人、所有物，则天为之明；明王之所以事地察者，因其亲母之至也，爱母之至也，此亲、爱之心推及于天下所有人、所有物，则地为之察。

具体而言，孔子曰："天何言哉？四时行焉，百物生焉。"天的呈现就是四时之运行、万物之生发，天生万物，而地长万物，故事天明、事地察的一个含义是，明王顺天时、依地利，播种百谷，以养万民；或依天时而取物以养万民，如曾子所说："树木以时伐焉，禽兽以时杀焉，夫子曰：'断一树，杀一兽，不以其时，非孝也。'"（《礼记·祭义》）事天明、事地察也包括制定恰当的礼制以祭天地等。

《中庸》至诚之道也正是事天明、事地察之道："唯天下至诚，为能尽其性；能尽其性，则能尽人之性；能尽人之性，则能尽物之性；能尽物之性，则可以赞天地之化育；可以赞天地之化育，则可以与天地参矣。"爱亲、敬亲即天命之性，爱、敬尽于事亲就是至诚，尽己之性；德、教加于百姓，得万国之欢心，就是尽人之性；万物各得其宜，就是尽物之性；如此则可以事天地，即赞天地之化育，其本在孝。

以上所论，主体虽为明王，但其理适用于所有人。人人皆可以由孝父母而知天地、事天地。唐君毅先生论孝父母与事天地之关系曰：

我非直接由混沦之自然宇宙所生，乃直接由父母所生。自然宇宙中足致我生命之动力，必透过父母之生命精神乃有助于生我。则我只能透过父母之孝思，以言对宇宙之孝思……故人之返本意识，只能先返于父母之本，由此以返宇宙之本……唯如此之返本，乃人之最直接而自然之返本之道路。西洋基督教忽过对父母之孝思，而要人返于宇宙之生命精神之本体，此即上帝。但说上帝，恒要说上帝所造之天地万物……因而由西方之宗教意识顺下来，或为以研究物质亦为知上帝，由此而促进近代之科学。但人如真只以研究物质为本，恒破坏对生命精神之本体之上帝之虔敬。故人世当先鄙弃物质，以便先接触纯生命纯精神之上帝。后者即西方中古宗教精神之可贵处。然此宜先绝弃尘俗，便非人人自然可循之直接的返本之路。中国人之拜天地万物，于物质亦拜，表面为自然宗教，似较基督教为低，西方人于此恒有贬斥之意。然彼不知中国乃透过孝父母祭祖宗以拜天地，则天地皆生命化矣。由孝所培养之宇宙意识，正为最富生命性精神性之宇宙意识。而由孝以透入宇宙之生命精神的本体，乃人人可循之直接返本的道路。其中即包含道德意识，亦包含宗教意识。大约在生之前以道德意识为主，死后之孝与祭即以宗教意识为主。（《文化意识与道德理性》，第32–33页）

人固可以神为本，然人、神两隔，故神教不能不有传达神言的先知，不能不有专业布道的神职人员，以沟通神、人。然而，先知甚至人员对信众是陌生人，仅凭其所掌握的真理而命令信众，其所形成的难免是冷冰冰的主奴关系，由此而致信众与神处在主奴关系中。更麻烦的是，若无先知，若无神职人员，人如何知神、事神，也即如何返本而识其生命之源？

天地对人是崇高而广大的，甚至过于高远、抽象而为人所不易把握，甚至忽略。然而，父母则可以为天、人之中介。人人皆有父母，故任何人均可由孝父母而知天、事天。父母对人是切身的，并且必定是温情脉脉的，活生生的，天地因人之孝，而呈现出活泼泼的生机和生养万物之心。人在最切身的生活中直透入天地，而自发道德意识、宗教意识。生命因之而德性化，教化由此而生成起效，最为易简而可行。

经文又谓，长幼顺，故上下治。

经文此前论父子，也涉及先祖，在论及孝亲的同事论及兄弟之悌，但未涉及长幼。长幼指王者自家内的长幼次序，经文下节谓：“虽天子，必有尊也，言有父也；必有先也，言有兄也。”天子之父必定不在，但仍有父辈在世，甚至有祖辈在世；当然也有兄弟辈，必定有子侄辈。

《礼记·大传》：“君有合族之道，族人不得以其戚戚君，位也。”天子一旦继位，其族人不得因亲戚关系而与天子保持亲密关系，因其系天下人的天子，而非族人之天子。此为宗法制之要义，“尊尊”。但反过来，天子作为万世不迁之大宗，则有合族之道，此即“亲亲”。统合两者，为礼制的精妙之处。

合族之道，宗庙祭祀最为重要。《大传》说：“亲亲故尊祖，尊祖故敬宗，敬宗故收族，收族故宗庙严。”之所以合族，因同出一祖，且“庶子不祭，明其宗也”，庶子唯有陪天子祭，故王者有族人合祭之礼。故《祭统》谓：“夫祭有昭穆，昭穆者，所以别父子、远近、长幼、亲疏之序而无乱也。是故，有事于大庙，则群昭群穆咸在而不失其伦，此之谓亲疏之杀也。”

宗庙祭祀之后，天子燕享族人，如《礼记·文王世子》曰：“若公与族燕，则异姓为宾，膳宰为主人，公与父兄齿……公与族燕，则以齿，而孝弟之道达矣。”《诗经·楚茨》曰：“诸父兄弟，备言燕私。”郑笺云：“祭毕，归宾客之俎，同姓则留与之燕。”朝堂之上，族人于天子为臣；至天子燕族人，则以年齿排序，诸父为尊，诸兄在先。

凡此种种就是长幼顺，所谓长幼顺，不是确定的长在先、幼在后，而要分具体场合。在合族场合，天子不以尊者居，而依长幼排序，以亲睦九族。但在朝堂之上，天子年龄再幼也是尊者，诸父、诸兄当与大臣共同事君。《礼记·文王世子》反复论及父子、君臣、长幼之道，对世子进而对天子来说，需要恰当地处理好这三种人伦。

如此才有上下治。长幼论年龄，上下论尊卑，尤其是诸父、诸兄不以亲情干扰公共关系，而恭顺事君，则君臣大义确立，天下人皆有敬君之心，从君到臣到民，各安其分，各尽其职，就是上下治，也即《开宗明义章》所说的“上下无怨”，《孝治章》所谓“天下和平”。在如此良好的普遍社会政治秩序中，人人各得其所。

孝可以通神明

由此则天地明察，神明章矣。此为经文第一次论及神明。

《国语·楚语下》记载：“古者，民神不杂，民之精爽不携贰者，而又能齐肃衷正，其智能上下比义，其圣能光远宣朗，其明能光照之，其聪能听彻之，如是则明神降之，在男曰觋，在女曰巫。”此为巫术时代，巫师通过法术降神，此神有人格，可对人事发布指令。

颛顼“绝地天通”，帝尧再度为之，而确立敬天。天没有人格，这一点完全不同于巫术所崇拜之神和西方一神教所崇拜的唯一真神。天就是生生不已的万物之大全，其中有“神”。此神不是人格神，而是万物生生不已而为人所不能周知之内在机理，《周易·系辞》曰：

范围天地之化而不过，曲成万物而不遗，通乎昼夜之道而知，故神无方而易无体。

生生之谓易，成象之谓乾，效法之为坤，极数知来之谓占，通变之谓事，阴阳不测之谓神。

神教所虚构的唯一真神在万物之先，有其意志，可以言，故有其体，造万物。天者，四时行焉，百物生焉，阴阳之气氤氲、相荡、胜负、屈伸，万物生发、变化，神妙为人所莫测，其中有神。《说卦》：“神也者，妙万物而为言者也。”张横渠《正蒙·神化》曰：“虚明照鉴，神之明也；无远近幽深，利用出入，神之充塞无间也。天下之动，神鼓之也。”天地之间的变动，就是神所鼓而动之。

神无方体，故人所能知者是神明之德，经典中反复出现这个词，意指神明所驱动的变化方式。知此，则人即为神，子曰：“知变化之道者，其知神之所为乎？”（《周易·系辞上》）《周易·系辞》对此反复申论：

精义入神，以致用也。利用安身，以崇德也。过此以往，未之或知也。穷神知化，德之盛也。

子曰：“知几其神乎？君子上交不谄，下交不渎，其知几乎？几者，动之微，吉之先见者也。君子见几而作，不俟终日，《易》曰：‘介于石，不终日，贞吉。’介如石焉，宁用终日，断可识矣。君子知微知彰，知柔知刚，万夫之望。”

夫易，圣人之所以极深而研几也。唯深也，故能通天下之志。唯几也，故能成天下之务。唯神也，故不疾而速，不行而至。

精通万物之所宜，则可以入于神。穷天地之神，则可以知万物生生变化之道，此乃德之至盛者也，也即圣人。君子知几，则为神。圣人入神，则能不用力疾行而无人追及，不见其行而达到目的，所谓化成天下。故天地有神明之德，圣人亦有神明之德。如荀子说："积土成山，风雨兴焉；积水成渊，蛟龙生焉；积善成德，而神明自得，圣心备焉。"（《荀子·劝学篇》）

经前文说，明王事天明、事地察，则天地得以明察，也即神明得以彰显。圣人曰："神而明之，存乎其人。"（《周易·系辞上》）《中庸》曰："至诚如神。"所谓天地明察，系对人而言，天地本来如此；因为明王以孝事天明、事地察，故对明王而言，天地变化莫测之神明昭昭显明，一览无余。

本节论明王事父、事母、事父母之外全部族人，其孝遍及于天伦之全体；因事父而事天明，因事母而事地察，因事族人而事人当，天、地、人三才俱备，其孝遍及于三才。明王孝于天，孝于地，孝于人，则必定天地明察而神明彰矣。

本章与《圣治章》相关，而大义不同。《圣治章》谓："孝莫大于严父，严父莫大于配天，则周公其人也。昔者，周公郊祀后稷以配天，宗祀文王于明堂，以配上帝。"孝子深爱父祖，祭祀天与上帝时配以先祖，光显先祖，莫大于此。本章则表彰明王之德感通天地，神明因此而彰显。

《开宗明义章》指出，孝为德之本；本章圣人揭示，孝是事天地以至于通神明之大本。王船山《张子正蒙注·乾称》解《西铭》首句"乾称父，坤称母"曰：

> 窃尝沉潜体玩，而见其立义之精。其曰"乾称父，坤称母"，初不曰"天吾父，地吾母"也。从其大者而言之，则乾坤为父母，人物之胥生，生于天地之德也固然矣；从其切者而言之，则别无所谓乾，父即生我之乾；别无所谓坤，母即成我之坤；惟生我者，其德统天以流形，故称之曰父；惟成我者，其德顺天而厚载，故称之曰母。故《书》曰"唯天地，万物父母"，统万物而言之也；《诗》曰："欲报之德，昊天罔极"，德者，健顺之德，则就人之生而切言之也。尽敬以事父，则可以事天者在是；尽爱以事母，则可以事地者在是；守身以事亲，则所以存心养性而事天者在是；推仁孝而有兄弟之恩、夫妇之义、君臣之道、朋友之交，则所以体天地而仁民爱物者在是。人之与天，理气一也；而继之以善，成之以

性者，父母之生我，使我有形色以具天性者也。理在气之中，而气为父母之所自分，则即父母而溯之，其德通于天地也，无有间矣。

若舍父母而亲天地，虽极其心以扩大而企及之，而非有恻怛不容已之心动于所不可昧。是故，于父而知乾元之大也，于母而知坤元之至也，此其诚之必几，禽兽且有觉焉，而况于人乎！故曰"一阴一阳之谓道"，乾、坤之谓也；又曰"继之者善，成之者性"，谁继天而善吾生？谁成我而使有性？则父母之谓矣。继之成之，即一阴一阳之道，则父母之外，天地之高明博厚，非可躐等而与之亲，而父之为乾、母之为坤，不能离此以求天地之德，亦照然矣。

天地、父母贯通于乾坤之性、阴阳之气，故圣人教人由亲父母双亲而亲天地，由事父母而事天地，最为亲切，也最为有效。成就孝之至德，就是事天之"要道"。

唯天为大，神妙莫测，则人有敬天之心。然而，天不言而无方体，地至大而无不利，人无从把捉，尤其是普通人，则由父母而知天地，经由孝父母而敬天地，则人皆可以由切身的生命经验知天地之大，体天地之心。尤其是普通人，无须他人之教导，即可切身体会到这些。可见圣人由孝立敬天之教，其教易简而可行。

中国文明与西方之光

本章谓神为"明"，不同于西方人所谓"光"。

在关于视觉的讨论中，柏拉图说，看见需借助于光，故在《理想国》洞穴隐喻中，关键是光：在洞穴内，只有火光，被捆绑的人们只能在洞壁上看到火光投下的影影绰绰的影子移动而已。某人被逼迫站起来，走出洞穴，抬眼看到了"光源"，并得以认识太阳照耀下的万物。光既隐喻人的灵魂所具有的理性能力，所谓理性之光；也隐喻光所照耀的可认知的理念世界。人所在的变幻不定的世界是黑暗的，须借助理性之光去认识光明的理念世界。

据神教，起初，神创造天地。地是空虚混沌，渊面黑暗，神的灵运行在水面上。神说，“要有光（light）”，就有了光。这是神造的第一物。《约翰福音》说：“太初有言，言与神同在，言就是神。万物是借着他造的：凡被造的，没有一样不是借着他造的。生命在他里头，这生命就是人的光。光照在黑暗里，黑暗却不接受光。有一个人，是从神那里差来的，名叫约翰。这人来，为要作见证，就是为光作见证，叫众人因他可以信。他不是那光，乃是要为光作见证。那光是真光，照亮（enlighten）一切生在世上的人。”“耶稣又对众人说，我是世界的光。跟从我的，就不在黑暗里走，必要得着生命的光。”“耶稣对信他的犹太人说，你们若常常遵守我的言，就真是我的门徒。你们必晓得真理（truth），真理必叫你们得以自由。”光就是神的言，就是真理，就是传达真理的耶稣。此世是黑暗的，人要靠着光的指引，才能获救。

在波斯、印度等各文明的神教中，也都有光之隐喻，其含义与一神教相近。

现代启蒙运动（enlightenment）赶走了神，突出了人的理性之光。

可见，中国以西的古今文明，普遍相信有两个世界：人身所在的在黑暗世界，而在此之外，有一光明世界，人可以借灵魂之光认识之，获得真理，借助真理，则可以进入光明世界。概括言之，光预设两个世界的分离，光关联于人的认识能力，光源则是神。其观念源头似乎是太阳神崇拜，其涵义是：光在人外，人只能等待光之照入，人不能自明。

在中国，早期的良渚文化、大汶口文化也有浓厚的太阳神崇拜迹象，其艺术造型突出光。不过，颛顼、帝尧树立敬天，太阳只是天中之一星而已，而非照耀万物之光源。相反，阴阳和合而成物，必有其形，“形则著，著则明”（《中庸》）。物自然散发出光辉，即为明，其亮度低于光。物相杂，则有文，有文，然后人可以辨明，是为“文明”。

至于人，亦生而有“明德”，《大学》曰“大学之道，在明明德”；《尧典》曰帝尧“克明俊德”。圣人所阐明的人生成长之路，不是光从外照入，而是“自明”，明其内在固有之明德。自明而不是光从外照入。具体而言，由生而即有的爱、敬父母之情，扩充为博爱、广敬之心，“若火之始然，泉之始达，苟能充之，足以保四海”（《孟子·公孙丑上》）。内得之于己，则必呈现在外，而为人所见，即“诚于中而形于外”。这就是“明明德于天下”（《大学》），终至于《尧典》开篇所说帝尧之“明”。故《中庸》说：“自诚明，谓之性；自明诚，谓之教。诚则明矣，明则诚矣。”人性本明，人明之不已，己身则明于天下。

此明完全不同于外在的光，乃是己身由内而外散发之光辉，贾谊曰：“明者，神气在内，则无光而为知，明则有辉于外矣。外内通一，则为得失，事理是非皆职于知，故曰光辉谓之明。明生识，通之以知。”（《新书·道德说》）徐干曰：“君子者，表里称而本末度者也，故言貌称乎心，志艺能度乎德行。美在其中，而畅于四支，纯粹内实，光辉外著。孔子曰：‘君子耻有其服而无其容，耻有其容而无其辞，耻有其辞而无其行。’故宝玉之山，土木必润；盛德之士，文艺必众。”（《中论·艺纪》）

明之至，则为神，孟子曰：“可欲之谓善，有诸己之谓信。充实之谓美，充实而有光辉之谓大，大而化之之谓圣，圣而不可知之之谓神。”（《孟子·尽心下》）《中庸》曰：“曲能有诚，诚则形，形则著，著则明，明则动，动则变，变则化。唯天下至诚为能化。”可以化，则为神矣。人、物各有其明，圣人至明而化成天下，则为神。

生者不忘则死者不朽

［经文］故虽天子，必有尊也，言有父也；必有先也，言有兄也。宗庙致敬，不忘亲也；修身慎行，恐辱先也。宗庙致敬，鬼神著矣。

郑玄注、唐明皇注都以为，有父有兄句论天子养老之礼，即父事三老，兄事五更。不确。阮福指出，此处之父、兄为天子之族人，父指天子之诸父，兄指天子之诸兄，按礼制，宗庙祭祀后，天子燕族人（《孝经义疏补》卷八）。此处的尊、先，均就血缘论。

此处承上节“长幼顺”而来，对其予以解释。天子也有诸父，有可尊之处，天子也有诸兄，可在天子之先。由此申明，天子之位固然在万人之上，然而不是始终如此。除君臣之人伦，人间还有天伦之序，孝道正是本乎天伦。虽贵为天子，也是父母所生，故不能不事父母以爱、敬。由此爱敬，可以有普遍的爱人、敬人之心。虽贵为天子，也有诸父、诸兄，故不能不明长幼之序，则在父母死后，也可以由此序而有亲人、尊人之心。若只有君臣之伦，则天子之德，其本安在？

天子有诸父、父兄，于何处亲之、尊之？在宗庙祭祀，由此自然转入宗庙致敬句。

“不忘亲”一语双关：既指天子不忘族人之亲，也指不忘其双亲，两者合一于宗庙祭祀：因为不忘双亲，故天子与亲近的族人共祭于宗庙，致其诚敬于父祖。

“宗庙致敬，不忘亲也”一语，印证上节所说天子合族之道，阐明天子行宗庙祭祀之礼的功能所在。若无宗庙祭祀之礼，则子忘其双亲，而族人离散而不亲矣。天子族人尚且人心凉薄，彼此不爱不敬，何以示范天下？

同时，宗庙祭祀也是王者教化族人之大道，如《礼记·祭统》所说：“是故，君子之教也，外则教之以尊其君长，内则教之以孝于其亲。是故，明君在上，则诸臣服从；崇事宗庙社稷，则子孙顺孝。尽其道，端其义，而教生焉。”

本节所说“不忘”之义甚大。双亲已为鬼神而不忘，可见其有深爱，非功利，纯精神。在至尊之位，而不忘其亲戚，同样可见其深情，非功利，纯精神。此处的“不忘”类似于经前文之“不敢”，非因外力之强制，纯出于对生命本源之自觉。有此自觉，则其生命是厚的，始终肯定他者相对于自己之绝对性：自己的生命得自双亲，自己的生命在人伦之中，由此而有“不敢”，而有爱敬之扩充。

正因为不忘之情，才有宗庙祭祀之礼，已故之父祖才得以成为鬼神。曾子曰：“慎终追远，民德归厚矣。”（《论语·学而》）设立宗庙，正是为了追念已故之父祖。孝子依宗庙祭祀之礼，以心追念已故之父祖，则其可以“如在”于孝子贤孙之心而不朽，此之谓鬼神，虽幽微难见而仍在，于是，后人更不能忘矣。宗庙祭祀之礼让不忘得以制度化，让死者得以长存。

人皆有不忘之情，然而其长短厚薄，则取决于宗庙祭祀之礼是否完备。若完备，则人可以不忘，而其德敦厚。若不完备，则人易于忘，人心难免凉薄。今日之要务正在于完善宗庙祭祀之礼，以培厚人的不忘之情，此情连生死、贯古今、通人我。

“先”字同样承上节而来，但其含义有变，转而指先人、先祖。天子及其族人皆修其身而慎其行，唯恐令先祖遭辱，这一戒慎恐惧之心正是《天子章》所说的“爱亲者不敢恶于人，敬亲者不敢慢于人”，以及其他各章所说的自我节制、约束。对先人之爱敬内生出道德自觉，此为道德自觉的唯一可靠源头。

鬼神者，二气之良能也

由此而于宗庙祭祀，致其诚敬之心，则鬼神降而著矣。

本节出现两个宗庙致敬，郑玄注曰：“事生者易，事死者难，圣人慎之，故重其文。”不确。两处文章脉络不同，如邢疏所说：“上言宗庙致敬，谓天子尊诸父，先诸兄，致敬祖考，不敢忘其亲也。此言宗庙致敬，述天子致敬宗庙能感鬼神。虽同称致敬，而各有所属也。”上一“宗庙致敬”说明王者宗庙祭祀之用意，此处则说明其效果。

本节所说鬼神指先人死后而为鬼神，故鬼神之“著”，不同于第一节所说神明之“章”。章者，彰显而为人所见；著者，祖考来格，先人下降于眼前而“如在”。孔子曾阐明鬼、神之名如下：

> 宰我曰：“吾闻鬼神之名，而不知其所谓。”
>
> 子曰：“气也者，神之盛也；魄也者，鬼之盛也；合鬼与神，教之至也。众生必死，死必归土，此之谓鬼。骨肉毙于下，阴为野土。其气发扬于上，为昭明、焄蒿、凄怆，此百物之精也，神之著也。因物之精，制为之极，明命‘鬼神’，以为黔首则。百众以畏，万民以服。”（《礼记·祭义》）

人的生命乃阴阳二气互感凝聚而成，中涵鼓人生而莫测者谓之神。人死则气散，骨肉朽腐归于地，神气升于天，是为鬼神。神气不可能归于空无，故长在而游于天地间。《周易·系辞上》谓圣人“仰以观于天文，俯以察于地理，是故知幽明之故。原始反终，故知死生之说。精气为物，游魂为变，是故知鬼神之情状。”《横渠易说》解释说：

天文地理，皆因明而知之，非明则皆幽也，此所以知幽明之故。方其聚也，安得不谓之客？方其散也，安得遽谓之无？故圣人仰观俯察，但云“知幽明之故”，不云“知有无之故”。气聚，则离明得施而有形；气不聚，则离明不得施而无形。

死生，止是人之终始也。精气者，自无而有；游魂者，自有而无。自无而有，神之情也；自有而无，鬼之情也。自无而有，故显而为物；自有而无，故隐而为变。显而为物者，神之状也；隐而为变者，鬼之状也。大意不越有无而已。物虽是实，本自虚来，故谓之神；变是用虚，本缘实得，故谓之鬼。

神气成就人，人死之后则升腾游于天地间。然而，人之生死不过是阴阳二气之互感聚散，故“鬼神者，二气之良能也”（《正蒙·太和篇》）。张横渠此说为宋明以来儒者所传诵，王船山解释说：

阴阳相感，聚而生人物者为神；合于人物之身，用久则神随形敝，敝而不足以存，复散而合于絪缊者为鬼。神自幽而之明，成乎人之能，而固与天相通；鬼自明而返乎幽，然历乎人之能，抑可与人相感。就其一幽一明者言之，则神，阳也，鬼，阴也，而神者阳伸而阴亦随伸，鬼者阴屈而阳先屈，故皆为二气之良能。良能者，无心之感合，成其往来之妙者也。

凡阴阳之分，不可执一言者类如此，学者因所指而详察，乃无拘滞之失。若谓死则消散无有，则是有神而无鬼，与圣人所言“鬼神之德盛”者异矣。（《张子正蒙注·太和篇》）

所以，生固然是有，死却不是无，生死乃“幽明”“屈伸”之别耳，伸而明则为生，屈而幽则为死。由此，事死成为大事。

孝子致敬，先祖如在

由此有宗庙祭祀之礼。若人死为空无而无鬼神，则宗庙祭祀就是毫无必要的，或者自欺欺人而已。圣人不主无神论，只是此神不是西方人所谓人格神。孔子在论述鬼神之后紧接着说：

圣人以是为未足也，筑为宫室，谓为宗祧，以别亲疏远迩，教民反古复始，不忘其所由生也。众之服自此，故听且速也。二端既立，报以二礼：建设朝事，燔燎膻芗，见以萧光，以报气也。此教众反始也。荐黍稷，羞肝肺首心，见间以侠甒，加以郁鬯，以报魄也。教民相爱，上下用情，礼之至也。君子反古复始，不忘其所由生也，是以致其敬，发其情，竭力从事，以报其亲，不敢弗尽也。(《礼记·祭义》)

古就是先祖，追而祭之，就是反古；始谓初始，父母为己之始而生己，今追念而祭祀之，就是复始。宗庙祭祀，因人不忘生身之父母、先祖，此乃人之常情，圣人因人之情而制祭祀之礼。这里提到“致敬”，《白虎通义·宗庙》解释宗庙之义：

王者所以立宗庙何？曰：生死殊路，故敬鬼神而远之。缘生以事死，敬亡若事存，故欲立宗庙而祭之。此孝子之心所以追孝继养也。宗者，尊也，庙者，貌也，象先祖之尊貌也。所以有室何？所以象生之居也。

父祖死，其神气游于天地之间而无方体，一如上文所说天地之神明，生者是无从知其是否有生人之知的，《说苑·辨物》记孔子教诲子贡：

子贡问孔子：“死人有知无知也？”

孔子曰：“吾欲言死者有知也，恐孝子顺孙妨生以送死也；欲言无知，恐不孝子孙弃不葬也。赐欲知死人有知将无知也，死，徐自知之，犹未晚也！”

生者可以知生者，死者可以知死者，而生者难知死者是否有知。故子孙思念已死之父祖，最恰当的办法是事死如事生。故有此处的两个“象”，取象于死者有生时之生活，而安顿其死后之存在。

古代宗庙之制相当复杂，后世也经历复杂的演变历程，经传、史籍对此多有记载，此处不拟涉及。可以确定的是，宗庙至关重要。在宗庙祭祀之中，死者、生者相连、相通，从而子孙知其本，知其生命之本源。若无宗庙祭祀之礼，则生、死两隔，而民忘其本也，人忘本，则肆无忌惮矣。

宗庙祭祀之关键在于本节经文所说的“致敬”，《礼记·祭统》说：

凡治人之道，莫急于礼；礼有五经，莫重于祭。夫祭者，非物自外至者也，自中出，生于心也，心怵而奉之以礼。是故，唯贤者能尽祭之义。贤者之祭也：致其诚信与其忠敬，奉之以物，道之以礼，安之以乐，参之以时。明荐之而已矣，不求其为，此孝子之心也。

不是外面死者强要子孙祭祀，祭祀的发动者是孝子贤孙。人死，其神气游于天地之间，无从主动交接于人。然而，四时变化，孝子贤孙对死去的先祖有怵惕感念之情，圣人因此情而制祭祀之礼。故孝子之祭祀，要在表达感念之情，而不求鬼神之福报。

孝子能否交接于先祖之神气，取决于是否不忘其亲，是否有充分的“诚信与忠敬”。所谓诚信者，真诚地相信，自己先祖未化为无，其神气游于天地之间。所谓忠敬者，尽己之谓忠，一心之谓敬。有此心此意，循礼而行，则可以与先祖相交接，如《礼记·祭义》所说：

孝子将祭，虑事不可以不豫；比时具物，不可以不备；虚中以治之。宫室既修，墙屋既设，百物既备。夫妇齐戒沐浴，盛服奉承而进之。洞洞乎，属属乎，如弗胜，如将失之，其孝敬之心至也与！荐其荐俎，序其礼乐，备其百官，奉承而进之。于是谕其志意，以其恍惚以与神明交，庶或飨之。“庶或飨之”，孝子之志也。

孝子之志至关重要。孝子贤孙能致其敬，则可以于恍惚之中通神明之德，与鬼神相交接。

故圣人论鬼神，谓之“如在”：

祭如在，祭神如神在。子曰：“吾不与祭，如不祭。”（《论语·八佾》）

子曰：“鬼神之为德，其盛矣乎！视之而弗见，听之而弗闻，体物而不可遗。使天下之人齐明盛服，以承祭祀，洋洋乎如在其上，如在其左右。《诗》曰：‘神之格思，不可度思！矧可射思！’夫微之显，诚之不可掩如此夫。”（《中庸》）

“如在”不是不存在，否则，何必祭祀？但显然也非生人之实在。人死，以其神气存在。当孝子贤孙尽其诚信、忠敬而祭祀之，则先祖神气下降，在孝子贤孙心中，如在其上，如在其左右。先祖鬼神的这种存在成于孝子贤孙之心。

此即本节经文所说之“鬼神著”。死后游于天地之中的先祖神气，此时相对固定而著其“如在”之象，不是人人可见之形，而是孝子贤孙可与之交接之象。为帮助固定游动不已的鬼神之“如在”，宗庙中不能不立“主”，也即木主，今人所谓牌位，以供鬼神附着，《白虎通义·宗庙》说：

祭所以有主者何？言神无所依据，孝子以主系心焉……所以用木为之者何？本有终始，又与人相似也。盖题之以为记，欲令后可知也。方尺，或曰长尺二寸。孝子入宗庙之中，虽见木主，亦当尽敬也。

宗庙有木主，孝子祭祀，其心系于木主，神气或可附着于上。

重建宗庙祭祀之礼

故宗庙关死生，今日当思考重建宗庙之道。

历代王家皆立宗庙，然王以下的宗庙之制则有重大变化，大体可分两个阶段：

三代，唯君子可以立宗庙，其治理权世袭，寄存于宗庙，故庶人不得立庙。

战国至秦，除皇家外，世袭制崩溃。西汉表彰六经，逐渐形成士族，其后士大夫一定品级以上者可以立宗庙。

中唐以后，士族崩溃，社会再度平民化，宋儒之志即在以圣人之道重建社会秩序。经长期摸索，逐渐出现祠堂。此制广泛流行，朱子功莫大焉，作《家礼》，开篇即为祠堂，且特别解释说：

此章本合在《祭礼篇》，今以报本反始之心，尊祖敬宗之意，实有家名分之首，所以开业传世之本也，故特著此，冠于篇端，使览者知所以先立乎其大者，而凡后篇所以周旋升降、出入向背之曲折，亦有所据以考焉。然古之庙制不见于经，且今士庶人之贱亦有所不得为者，故特以祠堂名之，而其制度亦多用俗礼云。

祠堂最初是民间自发兴建，朱子予以肯定、规范，自古作礼之道就是以圣人之大义裁剪民间之习俗。此后，祠堂行于天下，凡祠堂之制严整者，多以庙祭为主。族人四时聚集祭祀祖宗，其生命得以安顿，且有重大社会功能，如《白虎通义·宗族》所说："族者何也？族者，凑也，聚也，谓恩爱相流凑也。生相亲爱，死相哀痛，有会聚之道，故谓之族。"祠堂是族人会聚之所，平时分散的人群，于祭祀之时，在祠堂凝聚成生命的共同体，死者、生者皆得以妥善安顿，此即民德归厚。无此会聚之道，则无"族"可言，而人若不生活在生命的共同体中，必定焦虑不安，甚且肆无忌惮无所不为。

二十世纪初以来，受种种反传统的观念、政治冲击，又由于社会结构变化，主要是城市化快速发展，宗族祠堂之制逐渐崩解，尤其是在北方，今日已荡然无存。今日欲安顿人心，重建社会秩序，不能不在高流动的城市化社会重建宗庙之制。至于作礼的基本思路，不外乎圣人所谓"礼，时为大"（《礼记·礼器》），因今日之习俗，裁酌其中，取其简易而可行者，令有节文、制数、等威足矣。

人皆有不忘其亲之情，鬼神可以"如在"于孝子贤孙之心，则立宗庙祭祀之礼，乃事之当然，敦德教化，端赖于此。

鬼神不同于灵魂

鬼神、神气不是西人所谓“灵魂”。

总体上，中国以上各文明均好谈灵魂，及与之相关联的轮回说。

印度文化如此谈论，并随着佛教东传，此学说进入中国，一度灵魂不灭而轮回，是中国佛教徒护教之主要理据。

苏格拉底、柏拉图也以灵魂不灭和轮回作为其思考之最后归宿。《理想国》最后以及《斐多》等对话中，苏格拉底竭力证明，灵魂不朽，灵魂的数量是永恒不变的。人死后，灵魂脱离肉体而升入天中。此时，灵魂不受肉体约束，人才能获得真理。故哲学就是操练死亡，哲人虽生而应尽可能让肉体处在死亡状态。灵魂在合适的时机又投生人间，因此，知识其实是回忆。

基督教和伊斯兰教也谈论灵魂，不过，基于对神造人的信仰，不可能谈论轮回，而热衷于“复活”：耶和华（神）用地上的尘土造人，将生气吹在他鼻孔里，就成了有灵的活人。人死之时，灵魂脱离身体，凡虔诚信神者之灵魂可上天堂。而当弥赛亚降临，灵魂和身体重新结合而有人之复活，耶稣就是所谓死里复活者，他向信众显示人是可以复活的，以此得到永生。

上述种种说法歧异颇多，但有两个共同特征：第一，灵魂是实体，可升入此岸之外的彼岸，另一个世界；第二，灵魂可重回人世，或投生在另一人身上，或自身复活。由此，神教展示了其可给人之最大奖赏——永生。

也因此，中国以西所有文明的神教经典都用大量篇幅活灵活现地描述人死后将入之另一世界的景象。此世界富丽堂皇、金碧辉煌，堆砌了生在今世的人所期待之一切美好东西，并且主要是欲望之对象物。可以想象，这对今世平平淡淡或遭苦难者必有很大诱惑。同时，神教也许诺人以永生。而人进此世界，尤其是得到永生的前提是，在今世服从神的律法和命令，由此而产生教化作用。

所以，神教作为教化机制的确可以产生效果，但其是否诚实无妄？神教发挥教化作用的前提是信，神教经文中最常见的内容是神或先知用各种方法证明神是可信的。神的存在需要证明，这就说明其不诚、不可信。但神学家会说，恰恰不合情理，才需要信仰。如此，人们不信的风险随时存在，此为逆乎人心常理的教化所无法避免的内在致命风险。

自佛教传入中国，儒者即揭示其教义之虚妄，张横渠辟之最力：

浮屠明鬼，谓有识之死受生循环，遂厌苦求免，可谓知鬼乎？以人生为妄见，可谓知人乎？天人一物，辄生取舍，可谓知天乎？惑者指“游魂为变”为轮回，未之思也。大学当先知天德，知天德则知圣人，知鬼神。今浮屠极论要归，必谓死生转流，非得道不免，谓之悟道，可乎？（《正蒙·乾称篇》）

王船山注曰：“死生流转，无蕞然之形以限之，安得复即一人之神识还为一人？若屈伸乘时，则天德之固然，必不能免；假令能免，亦复何为？生而人，死而天，人尽人道，而天还天德，其以合于阴阳之正者，一也。”

中国圣贤立教，顺乎人心常理，而易简高明。人是生而有其生命的，有生则必然有死。人生时有神，死后其神必在。然而其如何在，却非生者所能确知。故孔子对子路说：“知之为知之，不知为不知，是知也。”（《论语·为政》）此教诲或与两人另一段对话相关：

季路问事鬼神，子曰：“未能事人，焉能事鬼？”敢问死，曰：“未知生，焉知死？”（《论语·先进》）

生人难知死人事，故圣贤教人不作虚幻妄想，做好生者的事即可，这包括安顿死者。圣贤教人以生者安顿死者，也即事死如事生，事鬼如事人。孝子贤孙当然知道侍奉在世之父祖，当父祖死后略加转换，即可侍奉父祖之神气。神气已游于天地之间，然而，既然父母给子女生命，则其神气自然相连而为一体，孝子贤孙祭祀父祖，自可感动父祖之神气，下降而“如在”于孝子贤孙之心。

圣人之教真可谓智慧而明通，没有任何妄想，也不给人任何虚妄的期望，比如永生。人的神气常在，若你愿意，也可谓之永生。唯当子孙宗庙致敬，此鬼神才可以“著”。至于不著之时如何在，存而不论可也。故人当生时，不必冥思、苦求自己死后之永生，生养子孙，即可“如在”于祭祀之时矣。

圣人之教把死的问题转换成生的问题，生者不可能解决自己死后的问题，而当尽力激发与己神气一体的生者事己于死后。此义当于《丧亲章》申论。

［经文］孝弟之至，通于神明，光于四海，无所不通。诗云：“自西自东，自南自北，无思不服。”

天子行孝悌至于极至，即《开宗明义章》所说“先王有至德”，极至之孝德，则可感通于神明。

本节所说神明，兼指第一节所说天地之神明与第二节所说之鬼神：人以其至孝事天事地，故天地之神明章；人之至诚感通于鬼神，故父祖之神气著。天地生人，父母生子，人自觉于生命之本源，自有爱敬之情，此情指向父母，同时指向天地。父母去世，其神气散入天地之神气中，融入于神明之中。人诚敬祭祀，自然通于与己神气一体之父母，下降而著于宗庙，如在于孝子贤孙之心，天地之神明也同时得以彰明。

故圣人指孝悌为“至德”，因其内在于人有生之始，故其源最远；贯穿于事父母之毕生，且及于其死后，故其流最长；不仅可以事父母，事其鬼神，更可以事一切所有人，故其最广；不仅可以事人，更可以事万物，以至于事天地，故其最大。《中庸》谓：“故至诚无息。不息则久，久则徵，徵则悠远，悠远则博厚，博厚则高明。博厚，所以载物也；高明，所以覆物也；悠久，所以成物也。博厚配地，高明配天，悠久无疆。如此者，不见而章，不动而变，无为而成。”孝悌之至，其至诚之谓欤？

为二十四孝辩证

明乎孝悌之至通于神明之义，即可理解“二十四孝”故事之用意。

普通中国人均肯定孝之为德，但接受现代思想的所谓学者多反对孝；号称儒学者而不知孝之大义者，所在多有，故于诸经之中常排斥《孝经》，至于斥责二十四孝者，更是滔滔然皆是，谓其残忍、不人道云云。

其实，二十四孝中那些看起来不近人情的故事，正是本乎孝悌之至通神明之大义。至孝可以感天，有一出戏即名为《孝感天》。《钓金龟》中，儿子在河中钓得可下金之龟，老人即唱道："这也是儿的孝心感动天地"，此即"神明章矣"之义。"二十四孝"中最为今人所非议者，情节类似，俱见《搜神记》：

郭巨，隆虑人也，一云河内温人。兄弟三人，早丧父，礼毕，二弟求分。以钱二千万，二弟各取千万。巨独与母居客舍，夫妇用赁，以及公养。居有顷，妻产男。巨念育儿妨事亲，一也；老人得食，喜分儿孙，减馔，二也。乃于野凿地，欲埋儿。得石盖，下有黄金一釜，中有丹书，曰："孝子郭巨，黄金一釜，以用赐汝。"于是名振天下。

王祥字休征，琅邪人，性至孝。早丧亲，继母朱氏不慈，数谮之。由是失爱于父，每使扫除牛下。父母有疾，衣不解带。母常欲生鱼，时天寒冰冻，祥解衣，将剖冰求之。冰忽自解，双鲤跃出，持之而归。母又思黄雀炙，复有黄雀数十入其幕，复以供母。乡里惊叹，以为孝感所致焉。

郭巨、王祥至孝，事亲甚笃，乃为非常之行，故能感动于天地，而成其孝亲之志，又免于毁伤。此类故事有深刻教化价值，在民间广泛流传，自有激发民众孝心、化民成俗之大。现代知识分子不能理解、接受，无非因为其心智困于粗鄙的唯物论，故根本否定天地有神明，自然不明至孝通于神明之大义。

可怜的是，同是此类知识分子，颇有转而对西方一神教赞美有加者。然而，神教之中，此类故事更多。《旧约·创世纪》记，"神又对亚伯拉罕说，你和你的后裔必世世代代遵守我的约。你们所有的男子，都要受割礼，这就是我与你、并你的后裔所立的约，是你们所当遵守的。"所谓割礼是在孩子出生第八天割阴茎的阳皮，"但不受割礼的男子，必从民中剪除，因他背了我的约。"毫无疑问，割礼是对身体的残害，神要人以此证明人对神的绝对服从。

还有更残忍的事情:"神要试验亚伯拉罕，就呼叫他说，亚伯拉罕，他说，我在这里。神说，你带着你的儿子，就是你独生的儿子，你所爱的以撒，往摩利亚地去，在我所要指示你的山上，把他献为燔祭。"亚伯拉罕虔诚地服从神命，"他们到了神所指示的地方，亚伯拉罕在那里筑坛，把柴摆好，捆绑他的儿子以撒，放在坛的柴上。亚伯拉罕就伸手拿刀，要杀他的儿子。"这时，耶和华的使者从天上呼叫他说:"你不可在这童子身上下手，一点不可害他。现在我知道你是敬畏神的了，因为你没有将你的儿子，就是你独生的儿子，留下不给我。"神是嗜血的，他要亚伯拉罕用儿子的生命证明对他的服从，而亚伯拉罕确实这样做了。

对比中西这两类故事，高下立判。在神教中，神要绝对统治人，乃命人自残，这是追求绝对权力的冷酷的神。在人这一方面，则被迫服从，以残害身体、放弃生命的方式证明自己对神的信仰。而在中国，子女的非常举动是自主发动的，完全出于爱亲之情，而非父母或鬼神强迫。而此举感动天地，成全其至孝之心。可见，天虽不言而好生，以生物为心，乐于成人之美。正是天命人以仁之性，故人生而有亲亲之情，然后顺势而下，而有天下之顺。一神教则逆，故其不顺。

唯孝悌之教，可以通行天下

经文接下来说:光于四海，无所不通，形容圣人之教，广覆天下，无所不通。

这个"通"字与上一句的"通"字含义不同:通于神明谓，孝子贤孙以其至诚感通于天地之神明与父祖之神气;无所不通则谓，圣人之教化可通行于天下，无一处不可通。

这段论述在《天子章》的"爱敬尽于事亲，德教加于百姓，光于四海"基础上再上一层，至于通于神明，以至于无所不通。《孝经》全经所论者，正是孝之无所不通:

孝通于所有人，即五等之孝所论，自天子以至于庶人，无分贵贱;

孝通于凡、圣，孝子以之事亲，圣人以之施教、为政;

孝通于上下、左右，所谓“民用和睦、上下无怨”；

孝通于天、地、人，即《三才章》《圣治章》及本章所论。

孝通于生、死，如《纪孝行章》《丧亲章》所论；

孝通于人、鬼、神，如《圣治章》及本章所论；

孝通于教、政，孝者，德之本，教之所有生也，政之所依赖者也；

孝通于四海。

故孝无所不通。所以然者，顺也。人皆有爱亲、敬亲之情，顺乎此情，自觉而行，即为孝；顺乎孝而扩充之，则可以博爱、广敬；教人以孝是顺的，因孝而教人爱敬是顺的。顺乎天性、人心，所以无所不通。孝无所不通，然后人、物、鬼神可至于大顺。

反之，教、政不顺则难以通。神教之本不顺，故多有隔绝不通处；西方哲学之立论不顺，故多有隔阂不通处。据此两者所建立之各种制度经常是逆的，故不可能光于四海。

本章所引诗句出自《诗经·大雅·文王有声》，其前另有“镐京辟雍”句，郑玄笺云：“自，由也。武王于镐京行辟雍之礼，自四方来观者，皆感化其德，心无不归服者。”孔疏曰：“辟雍之礼，谓养老以教孝悌也。”服者，心悦诚服也，即《开宗明义章》之“顺天下”。本章引此以说明，圣人立孝为教，顺乎人心，所以天下人可以不教而成其德，即便施行教化，也归于自我教化，从而博爱、广敬之德流行天下，而天下大顺。

本章所论，主体虽为天子，其大义通于所有人。盖人皆有其双亲、族人，皆有祭祀之礼，虽有丰简之别，致其诚敬则一，通于神明则一。

略加思考即可断定，人类所立之教，唯有中国圣人之教可以无所不通。

世上尚有很多宗教局限于偶像崇拜，可置之不论。由此超拔而来的唯一真神教，自其诞生就有通行于天下之志。顾名思义，唯一真神之义就是天下所有人崇拜之。故其颁给人的第一律法、根本戒律，正是要人完全且仅仅信他，而别无所信。可见，一神教皆有追求普世秩序之大志，并为此付出长期而坚韧的努力，很多时候甚至是非常蛮横的，如以武力强迫世人皈依。

结果却不如其意：一神教就有好几个，而非唯一；每个唯一真神仍宣称自己才是唯一的，乃引发相互的敌视、冲突，以及长达上千年的漫长战争，世界因此而深度撕裂。到现代世界，这个问题也未见缓解，近来似乎更趋严重。或许可以说，旨在建立普世秩序的一神教，反而完全堵塞了人类走向普世秩序的通途。一两千年的历史已足可令所有有识之士得出如下确凿无疑的结论：一神教通行天下之路，铁定走不通。《创世纪》说得很清楚，神阻止人们共同建造“巴别塔”，让人言语不通。可见，正是神，不让人走向普世秩序。

症结在于不“顺”。人本来是人，一神教却逆出于人以外立神，且以之反过来治人。然而神是什么，神说了什么，神要人干什么，不能不以人为中介，一神教乃陷入人世必有的麻烦：人言言殊，分歧丛生。

人类建成巴别塔、走向普世秩序的唯一出路是赶走神，至少不以神为主宰，而回到人本身。此之谓“要道”。圣人立孝为教，其高明之处正在于完全立足于人。其第一教义是“身体发肤，受之父母”，这是人人可见、可知，最真实、最切身的生物学事实。由此事实即可肯定人类第一道德事实：人人自有爱亲、敬亲之情，此即成德、成人之本。本立而道生，每个人只要自觉此本，普遍的爱人、敬人之道就生成于自身，行走于人间，爱亲、敬亲之情就随之扩展、发育，则天下归仁焉。

此教无所不通。第一，此教立足于人获得生命之基本事实，除此之外无所凭借。此事实是人人已经历、可看到的，把握此事实，教化就自发展开。第二，虽说圣人立教，此教实非常易简，人人反求诸己，都可体认而自我成长。第三，圣人之教化不过是人们相互提示、启发。这是一个自我教化、相互教化的共同体，教化就在生活中，故其教最为易简。

此教不受种族、地域的限制，甚至也可通行于信奉各种神的人群，包括一神教信众。不管你崇拜什么神，都不能否定一个基本事实：你的生命得自父母。由此事实生发出来的德，不与其神直接对抗；当然会对神的信仰有某些影响，但不会与其绝大多数基本教 义相冲突。故圣人所立孝教，可以成为贯通所有神教之公约数。

事实上，现有各种神教中均可见孝之教。又，所有神教，只要其大规模传播，必向孝教妥协，非如此，人这个种必然灭绝，神也无人供奉了。这说明，孝之教最顺，因而最大，完全可以成为人类最普遍的基本之教，曾子所说之“本教”：“众之本教曰孝”（《礼记·祭义》）。

可以大胆地预言，孝之本教将日益扩展，未来天下将趋于“一个孝教，多种神教”格局，则人类普遍秩序可期。

事君章第十七

章旨：尽心事上，成美去恶。合之以义，亲之以爱。

子曰君子之事上也進思盡忠退思補過將順其美匡救
惡故上下能相親也詩云心乎愛矣遐不謂矣中心藏之
日忘之
子曰孝子之喪親也哭不偯禮無容言不文服美不安聞樂不樂
旨不甘此哀戚之情也三日而食教民無以死傷生毀不滅性
聖人之政也喪不過三年示民有終也為之棺槨衣衾而舉之陳其
簠簋而哀戚之擗踊哭泣哀以送之卜其宅兆而安措之為之宗

[经文]子曰:“君子之事上也,进思尽忠,退思补过。将顺其美,匡救其恶,故上下能相亲也。”

《孝经》经文原不分章,刘向始为之分章而定章名。本章经文明言“君子之事上也”,故本章冠以《事君章》之名,不甚准确,事上比事君更宽泛一些。很多时候,君子出而行道,不是事君而是处在组织体系的下层或中间,并不直接与君发生关系,只能说是“事上”。

《孝经》大义在圣人第一句话:“先王有至德要道,以顺天下,民用和睦,上下无怨”,本乎爱亲、敬亲之情,可以成就博爱、广敬之至德,万民因之和睦;资于敬亲之情可以事君,此为维护社会政治秩序之要道。故《孝经》各章以这两者为主题而变奏,两者相应相维而归于一本。上章论“孝悌之至,通于神明”,孝之为德,无以复加矣;本章又论“中于事君”之义而加深一层,突出上下之亲。

经文首先阐明君子事上的进、退之道。《圣治章》已有“进退可度”句,本章予以阐发。

本章所论之上下包括狭义的政治上之国君与其臣属之关系,但不限于此,还包括各个层级上的君臣,以及最重要的是,包括政治之外各个领域的上下关系,也即一切组织内部的上下关系,如企业内部的上下关系。只要存在组织,其中必有上下,唯有维持恰当的上下关系,组织才能生存,上下各得其宜;若上下关系不正,组织必陷入混乱。故此处所阐明者,乃君子之公共伦理也。

君子藏道于身,以天下为己任,必有行道天下之心,故若有机会,则进入某个组织,包括进入政治体系,出仕为官,此即“进”。经文谓,君子出仕,则应尽己之忠,此为君子之基本伦理。曾子之“三省”,首先是“为人谋而不忠乎”

(《论语·学而》)。而其本则在孝，经前文对此多有论述。

君子出仕，以行道为己任，若其上无道，因而无以行道，劝谏之而不从，则可以去，也即“退”。小人鄙夫则不然：“其未得之也，患得之；既得之，患失之。苟患失之，无所不至矣。”(《论语·阳货》)君子求爵禄，但不贪恋爵禄。当君子退出，并不怪罪在上位者不了解自己，子曰：“不患无位，患所以立；不患莫己知，求为可知也。”(《论语·里仁》)无以行道，君子反身求诸己，自咎其过，所谓“君子求诸己，小人求诸人”(《论语·卫灵公》)，持续“下学”，别求新路。

经文接下来说，只要出仕在组织中，君子必定将顺其美，匡救其恶。两个“其”，均指在上位者。将，扶助也。匡，正也。救，止也。若在上者之所为是善的、美的，在下位的君子必定扶助而奉行之，使其善覆盖更多人、更多事、更广地域；若在上位者有恶，君子必定矫正之，阻止之。对此，《谏诤章》已有详尽论述。子曰：“君子成人之美，不成人之恶。小人反是。”(《论语·颜渊》)

互敬而且相亲

经文最后指出，君子如此事上，则“上下能相亲也”。相亲之义甚大。

《士章》谓“资于事父以事君，而敬同”，《圣治章》曰“君臣之义也”。《广扬名章》曰：“君子之事亲孝，故忠可移于君。”此数章界定君臣关系乃以义而合，君子对君当存敬意，而忠于职守。然而，所谓义、敬、忠，究竟是什么含义?

组织内之上下必定以义而合，两人各尽其义，也即形成分工关系，各自尽心尽力地做分内之事，此之谓忠；由此两人各得其宜，也即分别得到其应得者，其中包括两人之利益。义中有利，但绝不仅仅是利，子曰：“君子喻于义，小人喻于利。”(《论语·里仁》)那么，义所大于利者何也?除基于契约的责任之外还有什么?“相亲”是也。

经文所列事君之敬、忠，均有相亲之义在其中。圣人以孝教忠，教人资于事父之敬以事君，但事父不只有敬，还有爱；圣人教人推爱亲之情至于所有人，自然可及于君、上。故本乎孝，君子事君、事上不止于尽心职事，肯定君上的尊严，更有相亲之情。君臣、上下关系当然不同于父子之天伦，但必有相亲之情谊在。唯当有此相亲之情，才会用心、尽心，而有忠、敬之德。

君臣、上下之间如此，则所有人际关系均有相亲之情在其中，此为圣人立孝为教应有之义。本于爱亲、敬亲推至于爱人、敬人，则人对所有人既有敬，更有爱。由家而国而天下，敬、爱弥漫其中，尽管人对不同人的敬、爱之搭配比例有所不同。

故人本的、本于孝的人类普遍秩序是有情的、温暖的，即便政治秩序也绝非冷冰冰的权力、权利和利益关系。《大学》谓大学之道，首先是“明明德”，其次即为“亲民”。不是以权力统治民，不只是给民众利益或者权利，而是亲民，以爱敬之情对待民，从而在君民之间、上下之间以及所有人之间形成有情谊的关系。此实为人人所期望者，因为人是有情的。

奇怪的是，纵观人类几千年观念和制度，认知并肯定这一点的不多。

法家不能明白这一大义，韩非子认为，父子以利相计，君臣更是如此：“人臣有私心，有公义。修身洁白而行公行正，居官无私，人臣之公义也。污行从欲，安身利家，人臣之私心也。明主在上，则人臣去私心行公义；乱主在上，则人臣去公义行私心，故君臣异心。君以计畜臣，臣以计事君，君臣之交，计也。害身而利国，臣弗为也；富国而利臣，君不行也。臣之情，害身，无利；君之情，害国，无亲。君臣也者，以计合者也。至夫临难必死，尽智竭力，为法为之。故先王明赏以劝之，严刑以威之。”（《韩非子·饰邪》）

韩非子以为，君、臣各追求其自身利益之最大化，双方以利而合，且永在相互算计的博弈中，政治秩序的维系只能靠外在的控制，所谓赏、刑，法家尤其崇尚严刑峻法之吓阻、震慑作用。基于同一理据，法家主张以严刑峻法管制民众。然而，严刑峻法果真能奏效么？即便能，其运作成本也极高，不能久、不能大。秦扫灭六国之后迅速覆亡，即证明这一点。

韩非子式人性预设和社会政治秩序想象似为西方之主流。

苏格拉底、柏拉图热衷于“爱欲”，其起点是对身体之爱，始于爱慕“一个”美的身体，终于爱慕“美本身”即“美的理念”，此即所谓柏拉图式爱。此爱始于性欲，终于对非人之物的爱，注定了不能普遍。故在苏格拉底－柏拉图想象的城邦中，人们相互之间没有相亲之情。其所设计的城邦教化、共妻、共子、共产等一系列制度，旨在清除这种情谊。

一神教教人爱，首先是爱非人的神，由此立刻转向爱一切人。因此，人无从习得相亲之情，其所塑造的社会秩序或许有空洞的博爱，却难有具体的、温暖的相亲之情。

正是从神教中转生出自爱、利己的人性预设，人之爱神与爱人，其实都基于爱己，当神退场后，人就只爱己。现代思想乃以理性经济人为基本预设，人人追求自身利益最大化，包括权力、权利、利益，无一不是利；社会政治的全部活动就是权力、权利和利益之分配、再分配。这是一个无情谊的秩序。

然而，博弈论已证明，若人人自爱而追求自身利益最大化，无法形成和维护最基本的秩序。圣人早已指出这一点，子曰："放于利而行，多怨。"（《论语·里仁》）正常的生活、经济、社会、政治秩序之维护，要人有基本的相亲之情，否则，契约、法律甚至权力均无法正常运作。无情则无义，不亲则无秩序。

而人际普遍的相亲之情，唯有本乎人人固有之情才可以存在，此即爱亲亲之情，亲亲之大本。西方人所构想的普遍社会政治秩序之所以缺乏相亲的维度，皆因其不见此人情之大本。

［经文］诗云："心乎爱矣，遐不谓矣。中心藏之，何日忘之。"

诗句出自《诗经·小雅·隰桑》。遐，胡也。谓，犹告也。上文谓上下能相亲也，故引诗以证之：君子之心爱君，对君有什么不说的呢。君子把君置于心中，怎会有一日忘怀呢。

诗句中有两个"心"字。亲爱之情发乎人心，圣人洞见人心，所以能见人爱亲、敬亲之情，人心也可将此情推及于所有人，包括君、上。故孟子论性善之大本在"人皆有不忍人之心"。

法家、西人之不明人情，皆因其不见人心，而只见头脑、理智（mind，intelligence），认识外物、计算其人之利害得失的能力。这近似于孔孟所说的"思"，然而，人所有者是心，思只是人心能力之一种；人心中更有性、有情，张横渠谓："心统性情。"有心的人才是完整的、真确的，人人略加反思，即可肯定这一点。由此运思，自有至德、要道。

丧亲章第十八

章旨：人之大事，唯在送死。哀戚有节，死生义备。

廟以鬼享之春秋祭祀以時思之思生事之 死事亡

生民之本 以其死生之義備矣孝子之事親終矣

陸

李龍眠書宗魏晉宣和譜所載此卷乃學鍾元常薦季直表卷末有公麟名款他卷無是也余摹刻戲鴻堂首卷若其畫法之妙直追虎頭足稱二絶

董其昌題于戲鴻堂

［经文］子曰："孝子之丧亲也，哭不偯，礼无容，言不文，服美不安，闻乐不乐，食旨不甘，此哀戚之情也。三日而食，教民无以死伤生，毁不灭性，此圣人之政也。丧不过三年，示民有终也。"

此前各章所论事亲多在双亲生时，是所谓"事生"。孝道贯通死生，事生、事死、同样重要，本章专论事死，孝之大义方为完备。

人之大事，唯在送死

本章分三节，第一节论孝子丧亲之情。

经文首先确定本节主体是孝子。何为孝子？此前经文论之备矣，不论其贵贱贫富，人皆可以为孝子，《庶人章》谓"自天子至庶人，孝无终始而患不及者，未之有也。"事生易，而事死难，唯孝子可以当送死之大事。

《说文解字》："丧，亡也。从哭从亡，会意，亡亦声。"段注："亡部曰：亡，逃也。亡非死之谓，故《中庸》曰'事死如事生，事亡如事存'，《尚书大传》曰'王之于仁人也，死者封其墓，况于生者乎？王之于贤人也，亡者表其闾，况于在者乎'，皆存亡与生死分别言之。凶礼谓之丧者，郑《礼经目录》云'不忍言死而言丧，丧者，弃亡之辞，若全居于彼焉，已失之耳'，是则死曰丧之义也。公子重耳自称身丧，鲁昭公自称丧人。"仪封人谓孔子弟子"二三子，何患于丧乎？"（《论语八佾》），丧也是逃亡之意。故丧亲之意为，双亲离孝子远去。

死者并非全然消失，化为空无，若真如此，则孝子之哀戚、繁复的祭祀之礼，有何必要？岂非生者之虚伪表演乎？圣人不以为人有灵魂，且可不朽；也不认为人死则归于空无；圣人于死生持中道观："骨肉归复于土，命也。若魂气则无不之也，无不之也"（《礼记・檀弓下》）。人之魂气亦可谓之神气，事死之道正在于事此神气。"身体发肤受之父母"，则父母、子女神气一体而分，孝子贤孙致敬于远去之亲人，则可以感格而"如在"，故事死可以如生，且不能不如生。《荀子・礼论》曰：

礼者，谨于治生死者也。生，人之始也，死，人之终也，终始俱善，人道毕矣。故君子敬始而慎终，终始如一，是君子之道，礼义之文也。夫厚其生而薄其死，是敬其有知，而慢其无知也，是奸人之道而倍叛之心也。君子以倍叛之心接臧谷，犹且羞之，而况以事其所隆亲乎！

故死之为道也，一而不可得再复也，臣之所以致重其君，子之所以致重其亲，于是尽矣。故事生不忠厚，不敬文，谓之野；送死不忠厚，不敬文，谓之瘠。君子贱野而羞瘠，故天子棺椁七重，诸侯五重，大夫三重，士再重。然后皆有衣衾多少厚薄之数，皆有翣蒌文章之等，以敬饰之，使生死终始若一，一足以为人愿，是先王之道，忠臣孝子之极也。

死是生之延续。孝子于父母在世时事其生，于父母丧时不改其爱敬之情，依然事其如生，始终如一，然后可以称孝。故孝子之事死，不是因为死者之强求，也不是因为事死可以获利，而自发于内在爱敬之情，不能自已，而有以下种种情感与礼节。

经文以下详论孝子居丧之情、礼，《礼记》等典籍论之甚详。

偯的意思是，声调悠扬，婉转有度。孝子于亲丧时哭不偯，郑玄注："气竭而息，声不委曲。"《礼记・杂记下》：曾申问于曾子曰："哭父母有常声乎？"曾子曰："中路婴儿失其母，何常声之有？"父母去世，创深巨痛，孝子放声痛哭，不可能留意声调。

容者，仪容也，君子重威仪，不能不修容，曾子谓君子所贵乎道者三，动容貌，正颜色，出辞气，皆为容。当双亲去世，孝子哀戚之至，无心于容，故礼无容。郑玄注："触地无容，不为趋翔。"《礼记·檀弓》曰："拜稽颡，哀戚之至隐也。稽颡，隐之甚也。隐，痛也。盖悲哀之心，形变于外。孝子遭丧，哀痛迫切，宾来吊之，感激增恸，故叩颡触地以谢之，哀之至也。"

言之无文，行之不远，常态下，君子之言是文的，仔细斟酌遣词造句。当双亲之丧，孝子之心悲痛欲绝，故言不文，郑玄注："不为文饰，唯而不对。"孝子不欲与人言，处理丧事而不得不言时，则质直言之，而无文饰，宾客慰问也只是简单应答。《白虎通义·丧服》曰："丧礼不言者何？思慕尽情也。言不文者，指谓士民。不言而事成者，国君、卿、大夫杖而谢宾。财少恃力，面垢作身。不言而事具者，故号哭尽情。"

服美不安，郑玄注："去文绣，衣衰服也。"脱去常服，换上丧服，《白虎通义·丧服》曰："丧礼必制衰麻何？以副意也。服以饰情，情貌相配，中外相应，故吉凶不同服，歌哭不同声，所以表中诚也。布衰裳、麻绖、箭笄、绳缨、苴杖，为略及本经者，亦示也。故揔而载之，示有丧也。腰绖者，以代绅带也，所以结之何？思慕肠若结也。必再结之何？明思慕无已。"

有礼则有乐，乐声可以给人带来愉悦。孝子心中哀痛，虽闻乐而不乐，郑玄注："悲哀在心，故不乐也。"

孝子有哀戚之情，故食旨不甘，郑玄注："不尝咸酸而食粥。"《礼记·间传》："斩衰，三日不食……故父母之丧，既殡，食粥，朝一溢米，莫一溢米；齐衰之丧，疏食水饮，不食菜果；大功之丧，不食醯酱；小功缌麻，不饮醴酒。此哀之发于饮食者也。"

曹元弼说："愚谓此三句，言孝子痛疾在心，求死不得，无纤毫生人之趣，其于安体、悦耳、悦口之具，皆痛念亲之不复服、不复闻、不复食，触物增哀，不知其可欲，如人历疾危急痛苦无聊之际，设有美食、好音、佳肴在前，适生厌恶。《论语》曰：'夫君子之居丧，食旨不甘，闻乐不乐，居处不安，故不为也。'"

丧礼本乎哀戚之情

圣人论列举孝子居丧“六不”，将其归之于哀戚之情。

身体发肤受之父母；出生之后，三年然后免于父母之怀；而后，父母养之、教之；成年之后，父母仍忧之、挂念之。双亲一旦丧去，则生死两隔，故当亲丧，凡为人者不可能无哀戚之情。此为人情之自然，圣人肯定这一点，故以为丧礼主于哀。林放问礼之本，子曰：“大哉问！礼，与其奢也，宁俭；丧，与其易也，宁戚。”（《论语·八佾》）人有哀戚之情，圣人以礼节之，然后死者得以妥善安顿，尤其是孝子贤孙因为哀戚思念之情，而以时祭祀，则死者得以不死矣。若人无哀戚之情，则生死无关，而人情凉薄矣。

然而，在喜、怒、哀、惧、爱、恶、欲七情中，哀戚之情大约是最为沉重的，且持续时间较为漫长，人心常在压抑而怅然的状态。甚至因为哀戚使人思念，难免有恍惚之感。有些人无法承受此情之重负，乃选择逃避。

有些哲人逆出人情而矫情，否定哀戚之情，孔子之时即已有之：孔子之故人曰原壤，其母死，夫子助之沐椁。原壤登木曰：“久矣予之不托于音也。”歌曰：“狸首之斑然，执女手之卷然。”夫子为弗闻也者而过之，从者曰：“子未可以已乎？”夫子曰：“丘闻之：亲者毋失其为亲也，故者毋失其为故也。”（《礼记·檀弓下》）

庄子则有妻死而鼓盆而歌之举：庄子妻死，惠子吊之，庄子则方箕踞鼓盆而歌。惠子曰：“与人居长子，老身死，不哭亦足矣，又鼓盆而歌，不亦甚乎！”庄子曰：“不然。是其始死也，我独何能无概然！察其始而本无生，非徒无生也，而本无形；非徒无形也，而本无气。杂乎芒芴之间，变而有气，气变而有形，形变而有生，今又变而之死，是相与为春秋冬夏四时行也。人且偃然寝于巨室，而我噭噭然随而哭之，自以为不通乎命，故止也。”（《庄子·至乐》）可见，当妻子之死，庄子本有哀戚之情，此乃人情之自然，圣人制礼，即顺乎人情而作。而后庄子深思，方以为死生无别，此即逆出人情。

各种神教普遍逆出人情，教人面对亲丧不必哀戚。盖其虚构来世或神的国，人死，反而解脱于今世之不幸或不完美，有机会升入神的国，获得永生或复活机会。既然如此，为人子女者大可不必哀戚，反而应当庆幸、喜乐，故在丧礼上常见其冷漠、矫情之态。

亲丧而孝子有哀戚之情，然后有丧礼："丧礼，哀戚之至也。节哀，顺变也；君子念始之者也。"（《礼记·檀弓下》）

生命中每个阶段，每个人都会经历许多重要事情，如婚丧嫁娶、生老病死，遭遇各种各样的人，必有其情，自然发动各种行为。人同此心，心同此理，同样的情必有同样的行为方式，此即所谓俗。圣人顺乎人情，依乎民俗，而为之节文，使之无过无不及，此即礼，子曰："礼者，因人之情而为之节文。"（《礼记·坊记》）

有此情，则不能不有此礼，《礼记·问丧》论丧礼曰："祭之宗庙，以鬼飨之，徼幸复反也。成圹而归，不敢入处室，居于倚庐，哀亲之在外也。寝苫枕块，哀亲之在土也。故哭泣无时，服勤三年，思慕之心，孝子之志也，人情之实也。"其下论孝子扶杖，说得更为恳切："此孝子之志也，人情之实也，礼义之经也，非从天降也，非从地出也，人情而已矣。"孝子居丧，哭不偯，礼无容，言不文，不服美、不闻乐、不食旨，此即礼，皆本乎孝子自发的哀戚之情。

无此礼，则此情无以表达，或表达不得其中，或失之于过，或失之于不及。二十世纪以来的中国，精英为求富强而抛弃其所谓繁文缛节，新文化运动知识分子更斥礼乐为"吃人的礼教"，社会政治各种力量从各个角度破坏礼乐。然而，圣贤早就说过："凡礼之大体，体天地，法四时，则阴阳，顺人情，故谓之礼。訾之者，是不知礼之所由生也。"（《丧服·四制》）一旦礼崩乐坏，人们才发现，人之情无从恰当表达，人际关系乃趋于扭曲，以至于引发诸多冲突。礼崩乐坏，才真正有吃人之事。

三年之丧得人情之中

孝子居丧之礼均出于哀戚之情，然子曰："夫礼，所以制中也。"（《礼记·

仲尼燕居》）对哀戚之情，礼予以节文，使之无不及，也无不过。

据上文所引礼制，父母去世，孝子哀痛之至，故三日不食。经文则说明：孝子虽有哀戚之情，但居丧三日，即应进食。圣人制礼、为政，绝不愿看到人以死伤生，身体可损毁，却不可灭其性。圣人之政，人道之至矣。《礼记·曲礼上》曰：

居丧之礼：毁瘠不形，视听不衰。升降不由阼阶，出入不当门隧。居丧之礼，头有创则沐，身有疡则浴；有疾，则饮酒食肉，疾止复初。不胜丧，乃比于不慈不孝。五十不致毁，六十不毁，七十唯衰麻在身，饮酒食肉，处于内。”

孔疏曰：“毁瘠不形”者，毁瘠，羸瘦也。形，骨露也。骨为人形之主，故谓骨为形也。居丧乃许羸瘦，不许骨露见也。

“不胜丧”，谓疾不食酒肉，创疡不沐浴，毁而灭性者也。不留身继世，是不慈也。灭性又是违亲生时之意，故云不孝。不云“同”而云“比”者，此灭性本心实非为不孝，故言“比”也。

孝子居丧，有哀痛之情，故不食，身体必然因此遭到损伤而消瘦。但圣人不许其瘦成皮包骨，以至于无力完成丧礼，也即无法正常活动。圣人以为，此为“灭性”，虽出于至孝之情，然而却可以视同不孝之罪。

天地之大德曰生，天生人，要人生下去，此即天心；父母生其子女，当然也希望其子女生，子女即应生，此乃父母之本心。本乎天心，生就是人之性；依于父母之本心，生下去就是子女之大义所在。圣人顺乎天心、人性、父母之本心，教民无以死伤生。父母死，哀痛当合于礼而有所节制，否则，失之于过，以至于严重毁伤身体，无法正常活动，则悖乎天心、人性，亦为父母所不愿见者。

《礼记·檀弓下》记：“乐正子春之母死，五日而不食。曰：‘吾悔之。自吾母而不得吾情，吾恶乎用吾情！’”乐正子春是曾子弟子，闻曾子孝教，身体力行，然而失之于过而后悔：既然我对自己的母亲都不能以真情对待，我还能对谁用真情？盖谓其五日而不食为矫情。失之于不足，固然无情；失之于过，其情则或不诚矣，圣人曰：过犹不及。

经文接下来论三年之丧。孝子为父母服三年之丧，此礼制自古行于今，且无论贵贱贫富，达于天下。关于此礼之本，《礼记·三年问》有专门讨论：

三年之丧，何也？曰：称情而立文，因以饰群，别亲疏贵贱之节，而不可损益也。故曰无易之道也。

创钜者其日久，痛甚者其愈迟，三年者，称情而立文，所以为至痛极也。斩衰苴杖，居倚庐，食粥，寝苫枕块，所以为至痛饰也。三年之丧，二十五月而毕；哀痛未尽，思慕未忘，然而服以是断之者，岂不送死者有已，复生有节哉？

将由夫患邪淫之人与？则彼朝死而夕忘之。然而从之，则是曾鸟兽之不若也，夫焉能相与群居而不乱乎？将由夫修饰之君子与？则三年之丧，二十五月而毕，若驷之过隙，然而遂之，则是无穷也。故先王焉为之立中制节，壹使足以成文理，则释之矣。

《礼记·丧服四制》也说：

始死，三日不怠，三月不解，期悲哀，三年忧，恩之杀也。圣人因杀以制节，此丧之所以三年。贤者不得过，不肖者不得不及，此丧之中庸也，王者之所常行也，示民有终也。

父母去世，孝之至者哀痛无穷，德之薄者哀痛不足。圣人定三年之丧，则制其中，适足以表达哀戚之情，故通行于天下甚久。关于三年之丧，孔门有过讨论：

宰我问："三年之丧，期已久矣。君子三年不为礼，礼必坏；三年不为乐，乐必崩。旧谷既没，新谷既升，钻燧改火，期，可已矣。"

子曰："食夫稻，衣夫锦，于女安乎？"

曰："安。"

"女安则为之！夫君子之居丧，食旨不甘，闻乐不乐，居处不安，故不为也。

今女安，则为之！”

宰我出。子曰：“予之不仁也！子生三年，然后免于父母之怀。夫三年之丧，天下之通丧也。予也有三年之爱于其父母乎？”（《论语·阳货》）

“期”为一年，失之于短。子女生，父母深爱之，怀抱其三年，则父母死，子女服丧三年，实出于情之自然。

三年之丧，实为二十五个月即满，或谓二十七个月。总之，实际服丧之期刚过三年，远不足三年，这正是圣人教人不以死伤生之大义也。

丧礼主角是孝子

死生事大，神教在很大程度上为缓解人们普遍的死亡恐惧而创立。信众濒临死亡，通常在神职人员指导下完成某些特定仪节，其丧事则全以神教之礼处理，主角是神职人员。据信，循此仪式，死者能得神给予死者灵魂之恩典。在丧礼中，子女、亲属的角色不甚重要，他们不能决定父母是否得到永生或复活；其作用最多只是协助神职人员按宗教仪式操作，如诵念某些特定的经文。他们不是以子女的身份和情感，而是借神教之法术，协助死去的父母去得神的恩典。

本章经文论丧礼，与此完全不同：按礼制，临终之前，人不需要什么特定的仪式。此时，只有家人亲属在。死后丧礼的主角完全是子女。也即，在整个死亡、丧礼过程中，不见神职人员。当然，在现实生活中可以看到，丧礼全程有司仪安排仪程，但其只发挥程序性辅助作用，而不能如西方神职人员那样给死者提供任何实质性好处。

可见在丧事上，中国人完全不同于中国以西各文明。盖因中国人敬天，故无所谓天堂可以归往，无所谓神可赖以不朽或复活，故不必神职人员担当死的程序。唯一担当丧事者就是子女，子女对其父母自有深情，当父母在世时事其生，当父母丧时事其死，子女为父母之丧的担当者，则父母死后能否永生，也有赖于子孙。此即下文所论者。

［经文］为之棺椁衣衾而举之，陈其簠簋而哀戚之；擗踊哭泣，哀以送之；卜其宅兆，而安厝之；为之宗庙，以鬼享之；春秋祭祀，以时思之。

上节圣人论孝子丧亲之情、礼，本节论孝子安顿死者之礼，依时间顺序展开。

第一步，制作棺椁衣衾而入殓。《礼记·檀弓上》曰："葬也者，藏也；藏也者，欲人之弗得见也。是故，衣足以饰身，棺周于衣，椁周于棺，土周于椁；反壤树之哉。"至于置办棺椁衣衾的原则，子思说得很中肯："丧三日而殡，凡附于身者，必诚必信，勿之有悔焉耳矣。三月而葬，凡附于棺者，必诚必信，勿之有悔焉耳矣。"（《礼记·檀弓上》）所谓诚信，就是尽己之心思，思虑周到，以免后悔。

第二步，陈列各种祭器以飨死者。簠为圆形，簋为方形，盛黍稻粱以飨死者。大敛之后，死者形体已藏，朝夕哭泣，呼号而不见其来，奠之而不见其飨也，而有哀戚之情。

第三步，送葬。擗，拍打胸口。踊，跳跃。哀痛之极，则拍胸跳跃；旁人恐其郁闷昏晕，屡使之袒而踊，竭其哀以散其气。泣，声尽而呜咽流涕不已，所谓泣血也。哀以送之，兼及小敛、大敛、殡时，而以送葬为主。《礼记·问丧》说："三日而敛，在床曰尸，在棺曰柩。动尸举柩，哭踊无数。恻怛之心，痛疾之意，悲哀志懑气盛，故袒而踊之，所以动体安心下气也。妇人不宜袒，故发胸击心爵踊，殷殷田田，如坏墙然，悲哀痛疾之至也。故曰：'辟踊哭泣，哀以送之。送形而往，迎精而反也。'"

第四步，埋葬。卜，以火灼龟甲，观其裂纹以定吉凶。宅，葬居，即墓穴。兆，茔域，即墓地。葬亲事大，孝子谨慎之至，所以问卜。《仪礼·士丧礼》记："筮宅、卜日，其命筮辞曰：哀子某为其父某甫筮宅，度兹幽宅，兆基，无有后艰。"挑选父母墓地，思虑周到，避免未来遭遇动土、进水、塌陷之类事情。厝，置也。孝子厝其亲，必令其安固，以求死者不被扰动，而己心得以安稳，故奉之谨，藏之深，营之固。

第五步，营建或供奉于宗庙。父母体魄已葬，不得已而以鬼神之礼享之。《礼记·问丧》曰："祭之宗庙，以鬼飨之，徼幸复反也。"

第六步，以时祭祀。四时均祭祀，此处以春秋代指，郑玄注："四时变易，物有成熟，将欲食之，先荐先祖，念之若生，不忘亲也。"天时有运转，我亲无还期，感念四时之代序，追养继孝，故有四时正祭，除此之外，更可随时荐新，事死如事生，事亡如事存。经文指出，生者祭祀，要在于思。《礼记·祭义》记祭祀之道：

致齐于内，散齐于外。齐之日：思其居处，思其笑语，思其志意，思其所乐，思其所嗜。齐三日，乃见其所为齐者。

唯圣人为能飨帝，孝子为能飨亲。飨者，乡也。乡之，然后能飨焉。

文王之祭也，事死者如事生，思死者如不欲生，忌日必哀，称讳如见亲。祀之忠也，如见亲之所爱，如欲色然，其文王与？诗云"明发不寐，有怀二人"，文王之诗也。祭之明日，明发不寐，飨而致之，又从而思之。

孝子将祭，虑事不可以不豫；比时具物，不可以不备；虚中以治之。宫室既修，墙屋既设，百物既备，夫妇齐戒沐浴，盛服奉承而进之，洞洞乎，属属乎，如弗胜，如将失之，其孝敬之心至也与！荐其荐俎，序其礼乐，备其百官，奉承而进之。于是谕其志意，以其慌惚以与神明交，庶或飨之。"庶或飨之"，孝子之志也。

孝子贤孙对死者有深爱，故祭祀之前、之中，一心思之，则恍惚与死者之神明相交，而先人虽死而"如在"。故孝子之一举足、一出言，仍不敢忘其父母，修身慎行，不辱先也。

以上所记之礼乃事死之中道。对事死之礼之宗旨，《荀子·礼论》有精彩论述：

丧礼者，以生者饰死者也，大象其生以送其死也。故事死如生，事亡如存，终始一也。

始卒，沐浴、鬠体、饭唅，象生执也。不沐则濡栉三律而止，不浴则濡巾三式而止。充耳而设瑱，饭以生稻，唅以槁骨，反生术矣。说亵衣，袭三称，缙绅而无钩带矣。设掩面儇目，鬠而不冠笄矣。书其名，置于其重，则名不见而柩独明矣。

荐器则冠有鍪而毋縰，瓮、庑虚而不实，有簟席而无床笫，木器不成斲，陶器不成物，薄器不成内，笙竽具而不和，琴瑟张而不均，舆藏而马反，告不用也。具生器以适墓，象徙道也。略而不尽，貌而不功，趋舆而藏之，金革辔靷而不入，明不用也。象徙道，又明不用也，是皆所以重哀也。故生器文而不功，明器貌而不用。

凡礼，事生，饰欢也；送死，饰哀也；祭祀，饰敬也；师旅，饰威也。是百王之所同，古今之所一也，未有知其所由来者也。故圹垄，其貌象室屋也；棺椁，其貌象版盖斯象拂也；无帾丝歶缕翣，其貌以象菲帷帱尉也。抗折，其貌以象槾茨番阏也。

故丧礼者无他焉，明死生之义，送以哀敬，而终周藏也。故葬埋，敬藏其形也；祭祀，敬事其神也；其铭诔系世，敬传其名也。事生，饰始也；送死，饰终也；终始具，而孝子之事毕，圣人之道备矣。刻死而附生谓之墨，刻生而附死谓之惑，杀生而送死谓之贼。大象其生以送其死，使死生终始莫不称宜而好善，是礼义之法式也，儒者是矣。

荀子指出事死之三种过错：

第一种，墨家，凡事重利，以为死者对人无利，故主张薄葬，刻薄对待死者以增益生者之利；

第二种，主张厚葬死者，而刻薄对待生者；

第三种最为野蛮，杀人殉葬，荀子斥之为贼，戕害人类。

儒家则行中道，是死者生者各得其宜，人的生命善始善终。

二十世纪以来，多种强大的观念和政治势力偏好墨家，崇尚薄葬，并推行西人丧葬之制，以致事死之礼淆乱，生、死两不得安。今日恢复礼乐，自当以丧礼为先，曾子曰："慎终追远，民德归厚矣。"（《论语·学而》）

本节连用六个"之"字均代指死者。上节的主体是死者之子，记其哀戚之情；本节主体同样是死者之子，由此安顿死者。双亲已死，子女葬之以礼，又祭之以礼。在如此事死之礼中，死者作为对象而存在，"如在"，亦可谓之不死。死者因生者而永生，此即中国圣人所立了死生之道也。

立孝可以了死生

［经文］生事爱敬，死事哀戚，生民之本尽矣，死生之义备矣，孝子之事亲终矣。

本节不仅总结本章，更总结全经大义。

圣人于《孝经》所立者乃爱、敬之教，其本在爱亲、敬亲，而“爱亲者不敢恶于人，敬亲者不敢慢于人”，因爱亲、敬亲而自我约束，而博爱、广敬，以有“至德”。圣人因此爱亲、敬亲之情而立教，因严以教敬，因亲以教爱，其教乃不肃而成，其政不严而治，其所因者本也。圣人所立成己成人之道、与普遍的社会政治秩序生成、维护之道，至为易简，故可大、可久而至美，因为其有本。

死事哀戚，即本章所论事死之道。孝子哀戚之情、周全之礼，同样出于爱亲、敬亲之情。

孝子之事亲，概括言之，就是生事爱敬，死事哀戚，故经文最后一句说：孝子之事亲终矣。这里的亲指有生之亲，当其死后入宗庙则为鬼。故事亲当然有终了之时，事鬼神则无。孝子爱敬父母之情没有终了，故时时宗庙致敬，终其一生；即便其死后，孝子贤孙继续四时祭祀，致敬不已。如此，则父母永生不死。

“生民”之大义

“生民”一词有大义。

《尚书·益稷》有“海隅苍生”一词，至《尚书》周书部分，则有“生民”一词：“允迪兹，生民保厥居，惟乃世王”（《旅獒》）；“三后协心，同厎于道，道洽政治，泽润生民”（《毕命》）。其他经典也大量使用此词，如《左传·文公六年》：“闰以正时，时以作事，事以厚生，生民之道，于是乎在矣。”孟子曾谓：“自有生民以来，未有孔子也。”（《孟子·公孙丑上》）此后，士君子常以“生民”

称呼万民。

“生民”强调人的生命得自于生：首先是天生民，诗云：“天生烝民，有物有则”（《诗经·大雅·烝民》），天生万物以及人，每个具体的人则由其父母生而得其生命，《士章》引《诗》云“夙兴夜寐，无忝尔所生”，指明此义。

圣贤所立之人道皆本此基本事实，孝道尤其如此。人之有生命，不是通过“造”，而是由父母之“生”。生完全不同于造，一个神造所有人，故所有人是同质的，互为兄弟姐妹，则孝道无以立矣。父母生人，则人各不同，且人与其父母之间一体两分，故有特殊情感，爱亲、敬亲乃为人之天性，由此，子女对父母生事爱敬、死事哀戚。更进一步，孝爱之本立，而仁在其中矣；孝敬之本立，而君臣之义在其中矣。故中国文明，系由生而有。

据此可以说，生民之本者，天也，父母也，君也，是为三本。天生人，具体而言，父母生人，其为生民之本，故无待论。而人的生命不能不舒展于家外，则陌生人不能不组织，有组织则有君；有君，则可以有秩序良好的大规模共同体，然后人得以生，得以广生，得以善生。故天生民，必为之立君，然后万民各遂其生，不失其天性。

通观《孝经》，教人本乎爱亲之情，以成就仁德，这是支持大规模社会秩序之德；圣人立孝为教，教人以事父之敬事君，而有通往大规模社会秩序之教、政。两者均指向维护君位。圣人又以孝教为政，君子不敢恶于人，不敢慢于人，自我约束，终至于成就君子之德；圣人更教君子以孝为教，以顺天下。《孝经》各章论述，君始终是中心。

生生之教

经文谓死生之义备矣，“死生”次序有深意：有死然后有生，虽死而依然生，因生而得永生，此即圣人所立以孝了死生之大道。

神教以来世、神的国、复活等等超出人生之外的虚构，缓解信众之死亡焦虑。其核心教义在于，人死，可升入天堂、神的国而得永生或得以复活。如此，人始终在死中打转：第一，可让人永生或复活的另一个世界，不在此世；故第二，人要永生或复活先得死；于是第三，人一生所有努力都为死做准备，生只是为了死。可见，用于缓解死亡焦虑的来世想象，反而把人紧紧捆缚于死之中。信神的人总难免厌世之情，而为求死后之幸福，把大量资源投入对死的准备。

在哲学上，西人同样为死所纠缠。苏格拉底、柏拉图谓，人所在之变动不已的世界是不完美的，在此之外另有一理念世界，其根本特征是不朽、不变、不动——此即死的世界。就人而言，当其死后，灵魂摆脱肉体的束缚，才能直面此理念世界，获得真理。故哲学就是操练死亡。大约受此影响，西方历史上不少哲学家的生活不合乎人道，没有“生”意，不婚，不育，无子嗣。

又，神教或西方哲学说，得以永生者是人的灵魂。然而，灵魂有生命力否？灵魂是不朽的，必定是死的，不能生出新的灵魂，只是反复地投生或轮回，或原样复活。故此所谓永生的世界其实是死的，没有活泼泼的生机。

就西人政治哲学而言，霍布斯幻想，人像蘑菇一样从土里冒出来，这样的人没有生的能力。当这些非人之人通过订立契约设立了主权者，建立政治社会，此社会必须保持在静态，也即死的状态，否则会引发严重问题。列于美国建国之父中的杰佛逊即质疑：父辈们订立的契约、制定的宪法，有何资格约束子辈？他认为，每代人都可为其重定宪法。生，在西人那里，成了政治上的大难题。

故在起点上，西人政治思考是厌生的，最后只能终结于死。历史终结论是西人基本政治范式，黑格尔、福山等无不依此思考其所谓理想政治。按常理，只有当政治死掉，才会终结。果然，福山所想象的历史终结之后的世界，也即《历史终结论》最后描述的“末人”的世界，看上去就是死人的世界，死气沉沉，了无生气，因为历史已终结，人无所事事。

不能不说，神教及其所影响的文明常在半生半死之间：谓之半生，因其为广泛传播而被迫修改教义，向低劣的世俗生活妥协。在接受中国思想之后，有十八世纪启蒙观念之反抗，然而终究未得正道，从迷恋人之外的死后世界，转而完全迷恋自我，而这个自我是无来处、无去处的孤绝的个体，挣扎于纵欲与虚无之间，死的阴影仍伴随其一生。

西人求不死，盖因其恐惧时间。《创世纪》开篇说：“起初，神创造天地。地是空虚混沌，渊面黑暗，神的灵运行在水面上。”有起初，则有起初之前，此时是无时间的。神是超时间的，若在时间中则必死。人之期待来世，正因为恐惧时间，有时间，则必有生老病死。

而天的呈现是“四时行焉，百物生焉”。万物就四时中，必有生、长、收、藏；人也不例外，有生则有长，有收又有藏。生命健旺时，则其人“明”；生命衰竭以至于死，则是收藏，以至于“幽”。幽不等于不在，而是以生者无以知晓的方式在，故其仍在此世之时间绵延中，其在之彰显则有赖于子孙之生命存在与祭祀之思。

或许可以说，中国以外各大文明，其教多为死教，故其文明缺乏可大、可久的生命力。

唯中国圣人立孝为教，立就人类唯一的生教，于生中了却死。

圣人论孝之始，在“身体发肤，受之父母”。父母和合而生育，乃有子女之生命，子女之身是父母之遗体，子女与父母的神气一体而两分，则从生物学意义上说，父母的生命已转移到子女身上，虽死仍得以不朽。

更进一步，爱亲、敬亲之情植于子女之性，父母又教之养之，为子女未来之善生预做准备。由此生、由此养、由此教，子女对父母之爱、敬日益敦厚，由此而成就其德，而进入大社会中，立身行道。

当子女成年，而父母年高，子女报本，侍奉父母以孝爱，即本章所说“生事爱敬”，或《纪孝行章》所说“居则致其敬，养则致其乐，病则致其忧”。由此，父母之血气虽衰竭，然其生命并未衰竭。

当父母丧时，其于自身之死并无特殊安排，全赖子女安顿，如本章所描述者。而子女对父母有深爱，死亡反使此深爱爆发而有哀痛之情，故有本章所论事死之礼。

父母既为子女生命之本源，其身既为父母之遗体，则只要子女还有生命，必唤起其对父母之深爱，不会因父母之死而消失，故有宗庙祭祀之礼。子女的生命分自父母，其神气虽两分而仍一体，故当子女四时祭祀而追思父母，则其神气降临，此即《感应章》所说“宗庙致敬，鬼神著矣”，此时，死者“如在”其上，“如在”其左右。

至此，圣人已立不死之道者三：第一，父母的身体、神气自然延续于子女；

第二，子女生事爱敬，死事哀戚，宗庙致敬，死者“如在”于子女之心；第三，《开宗明义章》所说“立身行道，扬名于后世，以显父母”，亦为不朽之道。虽为三道，其实相通：死者因生者得以永生，父母因子女得以永生。

在神教，人死后之归宿由神判决，非人力所能决定。不论其子女做什么，都不可能改变其已死的父母在来世之状态。死者在生前的所作所为，对末日审判或许有一些影响。然而，这一点必让生者以死为中心，而不关心子女；当然，子女也就不关心父母之生或死。故神教以为，当父母之丧，子女不必哀戚。

而圣人立教，生者、子女决定死者、父母之归宿，任何其他人都不能，人们信奉的各种各样的神灵也不能。于是，生，就成为人得以永生之根本：生养子女；教养子女，使之更好地生。人生在世，一心一意地生即可，根本不必挂念死。只要生得好，则死事自然有人处理，自然可依生者而得永生。

因此，凡行圣人之道而为人父止于慈、为人子止于孝者，大体上无死亡恐惧，而洒脱、通透，面对死亡坦坦然、荡荡然。因为，死与生不是截然不同的两种状态，更不是分处在截然分隔的两个世界，而是时间上连绵的生之两种形态。曾子曰“慎终追远”，死只是让人“远”一些而已，相对于生者，死者不过是“远人”，只要生者“追”之，则仍能在此世中，如同生时。

圣人制事死之礼也以生者为唯一主体，死者是完全被动的对象；其死后不做任何事情，只默然等待孝子贤孙之孝享。子女与双亲一往情深，当当父母之长，生死两隔，子女不能不有创伤巨痛之感。此哀戚之情驱动子女尽心安顿已死之双亲，且永不能忘怀双亲，而以时祭祀，则父母虽死而仍在。

也正因为此，孝子不可哀戚过度，即本章所说不以死伤生。生者哀痛过度而伤其身体，不仅有悖父母生养之意，且使已死的父母无人以时祭祀，其神气消散，不孝之罪甚大。《礼记·檀弓下》谓孝子居丧，毁不危身，并解释原因说：“毁不危身，为无后也。”孝子因为哀痛过分而伤残甚至死亡，则父母无后矣。无后，则父母不得永生矣。

以上乃一代之永生。子女继续生，其后代继续生，则父母之生命可持续传承而永生。一粒种子，今年种下，长出若干果实，收获之时，那颗种子之身固然不见，但其生命已在果实中；第二年，果实入土生长，长出更多果实；如此年复一年，生命日渐旺盛，均出自最初那颗种子，这颗种子的生命也就永在于这越来越多的果实中。一代一代，生生不已，且有孝之德，则已死者俱得永生矣。

故《圣治章》谓："父母生之，续莫大焉。"续则永生。此永生不是到另一世界而超出时间，而是连续于子孙之身体发肤，"如在"于子孙之思，永生于无始无终的生命构成的时间之流，这时间已非自然的，而是家化的（张祥龙先生《家与孝》中曾论及"家族时间"）、天伦化的，因而也是神化的。此时间让死亡必定发生，又连接死者、生者，而让死亡仅为生命之流之节，一如四时为天道运转之节。

故圣人所立者，生生之教也。生构成人之体：夫人，始于生，中于生，终于生。贯通其中者，孝之德。圣人立孝为教，打通了以生生而合天人、通人鬼、平天下之大道。由此，人的生命光明饱满，由此，中国文明正大而富有生机。

纵观人类各大文明，只有中国圣人以孝立生生之教，此教易简，必定光于四海，无所不通。

附录　经传论孝篇章

《诗经（附毛传）》

魏风·陟岵

毛传：《陟岵》，孝子行役，思念父母也。国迫而数侵削，役乎大国，父母兄弟离散，而作是诗也。

陟彼岵兮，瞻望父兮。
父曰：嗟，予子行役，夙夜无已，上慎旃哉！犹来无止。

陟彼屺兮，瞻望母兮。
母曰：嗟，予季行役，夙夜无寐，上慎旃哉！犹来无弃。

陟彼冈兮，瞻望兄兮。
兄曰：嗟，予弟行役，夙夜必偕，上慎旃哉！犹来无死。

小雅·斯干

毛传:《斯干》,宣王考室也。

秩秩斯干,幽幽南山。如竹苞矣,如松茂矣。
兄及弟矣,式相好矣,无相犹矣。

似续妣祖,筑室百堵,西南其户。爰居爰处,爰笑爰语。
约之阁阁,椓之橐橐。风雨攸除,鸟鼠攸去,君子攸芋。

如跂斯翼,如矢斯棘,如鸟斯革,如翚斯飞,君子攸跻。
殖殖其庭,有觉其楹。哙哙其正,哕哕其冥,君子攸宁。

下莞上簟,乃安斯寝。乃寝乃兴,乃占我梦。
吉梦维何?维熊维罴,维虺维蛇。
大人占之:维熊维罴,男子之祥;维虺维蛇,女子之祥。

乃生男子,载寝之床,载衣之裳,载弄之璋。
其泣喤喤,朱芾斯皇,室家君王。

乃生女子,载寝之地,载衣之裼,载弄之瓦。
无非无仪,唯酒食是议,无父母诒罹。

小雅·蓼莪

毛传:《蓼莪》,刺幽王也。民人劳苦,孝子不得终养尔。

蓼蓼者莪,匪莪伊蒿。哀哀父母,生我劬劳。

蓼蓼者莪，匪莪伊蔚。哀哀父母，生我劳瘁。

缾之罄矣，维罍之耻。鲜民之生，不如死之久矣！
无父何怙？无母何恃？出则衔恤，入则靡至。

父兮生我，母兮鞠我。拊我畜我，长我育我。
顾我复我，出入腹我。欲报之德，昊天罔极！

南山烈烈，飘风发发。民莫不谷，我独何害？
南山律律，飘风弗弗。民莫不谷，我独不卒。

大雅・下武

毛传：《下武》，继文也。武王有圣德，复受天命，能昭先人之功焉。

下武维周，世有哲王。三后在天，王配于京。
王配于京，世德作求。永言配命，成王之孚。

成王之孚，下土之式。永言孝思，孝思维则。
媚兹一人，应侯顺德。永言孝思，昭哉嗣服。

昭兹来许，绳其祖武。于万斯年，受天之祜。
受天之祜，四方来贺。于万斯年，不遐有佐。

大雅・既醉

毛传：《既醉》，太平也。醉酒饱德，人有士君子之行焉。

既醉以酒，既饱以德。君子万年，介尔景福。
既醉以酒，尔殽既将。君子万年，介尔昭明。
昭明有融，高朗令终。令终有俶，公尸嘉告。
其告维何？笾豆静嘉。朋友攸摄，摄以威仪。

威仪孔时，君子有孝子。孝子不匮，永锡尔类。
其类维何？室家之壸。君子万年，永锡祚胤。
其胤维何？天被尔禄。君子万年，景命有仆。
其仆维何？厘尔女士。厘尔女士，从以孙子。

《论语》

学而篇

有子曰："其为人也孝弟，而好犯上者，鲜矣；不好犯上，而好作乱者，未之有也。君子务本，本立而道生。孝弟也者，其为仁之本与！"

子曰："弟子入则孝，出则弟，谨而信，泛爱众，而亲仁。行有馀力，则以学文。"

子夏曰："贤贤易色，事父母能竭其力，事君能致其身，与朋友交言而有信，虽曰未学，吾必谓之学矣。"

曾子曰："慎终追远，民德归厚矣。"

子曰："父在，观其志；父没，观其行；三年无改于父之道，可谓孝矣。"

为政篇

孟懿子问孝，子曰："无违。"樊迟御，子告之曰："孟孙问孝于我，我对曰'无违'。"樊迟曰："何谓也？"子曰："生，事之以礼；死，葬之以礼，祭之以礼。"

孟武伯问孝，子曰："父母唯其疾之忧。"

子游问孝，子曰："今之孝者，是谓能养，至于犬马，皆能有养，不敬，何以别乎？"

子夏问孝。子曰："色难。有事，弟子服其劳；有酒食，先生馔，曾是以为孝乎？"

或谓孔子曰："子奚不为政？"子曰："《书》云'孝乎惟孝、友于兄弟，施于有政'，是亦为政，奚其为为政？"

里仁篇

子曰："事父母，几谏，见志不从，又敬不违，劳而不怨。"

子曰："父母在，不远游，游必有方。"

子曰："三年无改于父之道，可谓孝矣。"

子曰："父母之年，不可不知也，一则以喜，一则以惧。"

先进篇

子曰："孝哉闵子骞！人不间于其父母昆弟之言。"

子路篇

子贡问曰："何如斯可谓之士矣？"子曰："行己有耻，使于四方，不辱君命，可谓士矣。"曰："敢问其次。"曰："宗族称孝焉，乡党称弟焉。"曰："敢问其次。"曰："言必信，行必果，硁硁然小人哉！抑亦可以为次矣。"曰："今之从政者何如？"子曰："噫！斗筲之人，何足算也。"

子张篇

曾子曰："吾闻诸夫子：孟庄子之孝也，其他可能也；其不改父之臣，与父之政，是难能也。"

《孟子》

滕文公上

滕定公薨。世子谓然友曰："昔者孟子尝与我言于宋，于心终不忘。今也不幸至于大故，吾欲使子问于孟子，然后行事。"

然友之邹问于孟子，孟子曰："不亦善乎！亲丧固所自尽也。曾子曰：'生，事之以礼；死，葬之以礼，祭之以礼，可谓孝矣。'诸侯之礼，吾未之学也；虽然，吾尝闻之矣：三年之丧，齐疏之服，飦粥之食，自天子达于庶人，三代共之。"

然友反命，定为三年之丧。父兄百官皆不欲，曰："吾宗国鲁先君莫之行，吾先君亦莫之行也，至于子之身而反之，不可。且志曰：'丧祭从先祖。'"

曰："吾有所受之也。"谓然友曰："吾他日未尝学问，好驰马试剑。今也父兄百官不我足也，恐其不能尽于大事，子为我问孟子。"

然友复之邹问孟子，孟子曰："然。不可以他求者也。孔子曰：'君薨，听于冢宰。歠粥，面深墨。即位而哭，百官有司，莫敢不哀，先之也。'上有好者，下必有甚焉者矣。'君子之德，风也；小人之德，草也。草尚之风必偃。'是在世子。"

然友反命，世子曰："然，是诚在我。"五月居庐，未有命戒。百官族人可谓曰知。及至葬，四方来观之，颜色之戚，哭泣之哀，吊者大悦。

墨者夷之，因徐辟而求见孟子，孟子曰："吾固愿见，今吾尚病，病愈，我且往见。"夷子不来。

他日又求见孟子，孟子曰："吾今则可以见矣。不直则道不见，我且直之。吾闻夷子墨者，墨之治丧也，以薄为其道也。夷子思以易天下，岂以为非是而不贵也？然而夷子葬其亲厚，则是以所贱事亲也。"

徐子以告夷子，夷子曰："儒者之道，古之人'若保赤子'，此言何谓也？之则以为爱无差等，施由亲始。"

徐子以告孟子，孟子曰："夫夷子信以为，人之亲其兄之子，为若亲其邻之赤子乎？彼有取尔也。赤子匍匐将入井，非赤子之罪也。且天之生物也，使之一本，而夷子二本故也。盖上世尝有不葬其亲者，其亲死则举而委之于壑。他日过之，狐狸食之，蝇蚋姑嘬之。其颡有泚，睨而不视。夫泚也，非为人泚，中心达于面目。盖归反虆梩而掩之，掩之诚是也。则孝子仁人之掩其亲，亦必有道矣。"

徐子以告夷子，夷子怃然为间曰："命之矣。"

离娄上

孟子曰："事，孰为大？事亲为大。守，孰为大？守身为大。不失其身而能事其亲者，吾闻之矣；失其身而能事其亲者，吾未之闻也。孰不为事？事亲，事之本也。孰不为守？守身，守之本也。曾子养曾皙，必有酒肉；将彻，必请所与；问有余，必曰有。曾皙死，曾元养曾子，必有酒肉；将彻，不请所与；问有余，曰亡矣，将以复进也，此所谓养口体者也。若曾子，则可谓养志也。事亲若曾子者，可也。"

孟子曰："不孝有三，无后为大。舜不告而娶，为无后也，君子以为犹告也。"

孟子曰："仁之实，事亲是也。义之实，从兄是也。智之实，知斯二者弗去是也。礼之实，节文斯二者是也。乐之实，乐斯二者，乐则生矣。生则恶可已也？恶可已，则不知足之蹈之、手之舞之。"

孟子曰："天下大悦而将归己，视天下悦而归己，犹草芥也，惟舜为然。不得乎亲，不可以为人；不顺乎亲，不可以为子。舜尽事亲之道，而瞽瞍厎豫，瞽瞍厎豫而天下化，瞽瞍厎豫而天下之为父子者定，此之谓大孝。"

离娄下

孟子曰："养生者，不足以当大事，惟送死可以当大事。"

公都子曰："匡章，通国皆称不孝焉。夫子与之游，又从而礼貌之，敢问何也？"

孟子曰："世俗所谓不孝者五：惰其四支，不顾父母之养，一不孝也；博弈、好饮酒，不顾父母之养，二不孝也；好货财、私妻子，不顾父母之养，三不孝也；从耳目之欲，以为父母戮，四不孝也；好勇斗狠，以危父母，五不孝也。章子有一于是乎？夫章子，子父责善而不相遇也。责善，朋友之道也，父子责善，贼恩之大者。夫章子岂不欲有夫妻子母之属哉？为得罪于父，不得近；出妻屏子，终身不养焉。其设心以为不若是，是则罪之大者。是则章子已矣。"

万章上

万章问曰："舜往于田，号泣于旻天。何为其号泣也？"

孟子曰："怨慕也。"

万章曰："父母爱之，喜而不忘；父母恶之，劳而不怨。然则舜怨乎？"

曰："长息问于公明高曰：'舜往于田，则吾既得闻命矣；号泣于旻天于父母，则吾不知也。’公明高曰：‘是非尔所知也。’夫公明高以孝子之心为不若是恝。‘我竭力耕田，共为子职而已矣；父母之不我爱，于我何哉？’帝使其子九男二女，百官牛羊仓廪备，以事舜于畎亩之中。天下之士多就之者，帝将胥天下而迁之焉。为不顺于父母，如穷人无所归。天下之士悦之，人之所欲也，而不足以解忧。好色，人之所欲，妻帝之二女，而不足以解忧。富，人之所欲，富有天下，而不足以解忧。贵，人之所欲，贵为天子，而不足以解忧。人悦之、好色、富贵无足以解忧者，惟顺于父母可以解忧。人少则慕父母，知好色则慕少艾，有妻子则慕妻子，仕则慕君，不得于君则热中。大孝终身慕父母，五十而慕者，予于大舜见之矣！”

万章问曰：“《诗》云：‘娶妻如之何？必告父母。’信斯言也，宜莫如舜。舜之不告而娶，何也？”

孟子曰：‘告则不得娶。男女居室，人之大伦也。如告则废人之大伦以怼父母，是以不告也。’

万章曰：‘舜之不告而娶，则吾既得闻命矣。帝之妻舜而不告，何也？’

曰：‘帝亦知告焉则不得妻也。’

万章曰：“父母使舜完廪，捐阶，瞽瞍焚廪。使浚井，出，从而揜之。象曰：‘谟盖都君，咸我绩。牛羊，父母；仓廪，父母，干戈，朕；琴，朕；弤，朕；二嫂，使治朕栖。’象往入舜宫，舜在床琴，象曰：‘郁陶思君尔。’忸怩。舜曰：‘唯兹臣庶，汝其于予治。’不识舜不知象之将杀己与？”

曰：‘奚而不知也！象忧亦忧，象喜亦喜。’

曰：‘然则舜伪喜者与？’

曰：‘否。昔者有馈生鱼于郑子产，子产使校人畜之池。校人烹之，反命曰：‘始舍之，圉圉焉；少则洋洋焉，攸然而逝。’子产曰：‘得其所哉！得其所哉！’校人出，曰：‘孰谓子产智？予既烹而食之，曰：“得其所哉！得其所哉！”’故君子可欺以其方，难罔以非其道。彼以爱兄之道来，故诚信而喜之。奚伪焉！’

万章问曰："象日以杀舜为事，立为天子，则放之，何也？"

孟子曰："封之也。或曰放焉。"

万章曰："舜流共工于幽州，放獾兜于崇山，杀三苗于三危，殛鲧于羽山，四罪而天下咸服，诛不仁也。象至不仁，封之有庳，有庳之人奚罪焉？仁人固如是乎？在他人则诛之，在弟则封之！"

曰："仁人之于弟也，不藏怒焉，不宿怨焉，亲爱之而已矣。亲之，欲其贵也；爱之，欲其富也。封之有庳，富贵之也。身为天子，弟为匹夫，可谓亲爱之乎？"

"敢问'或曰放'者何谓也？"

曰："象不得有为于其国。天子使吏治其国，而纳其贡税焉，故谓之放。岂得暴彼民哉？虽然，欲常常而见之，故源源而来。不及贡，以政接于有庳，此之谓也。"

咸丘蒙曰："舜之不臣尧，则吾既得闻命矣。《诗》云：'普天之下，莫非王土；率土之滨，莫非王臣。'而舜既为天子矣，敢问瞽瞍之非臣如何？"

曰："是诗也，非是之谓也，劳于王事而不得养父母也，曰：'此莫非王事，我独贤劳也。'故说诗者不以文害辞，不以辞害志，以意逆志，是为得之。如以辞而已矣，《云汉》之诗曰'周余黎民，靡有孑遗'，信斯言也，是周无遗民也。孝子之至，莫大乎尊亲；尊亲之至，莫大乎以天下养。为天子父，尊之至也；以天下养，养之至也。《诗》曰'永言孝思，孝思惟则'，此之谓也。《书》曰：'祇载见瞽瞍，夔夔斋栗，瞽瞍亦允若'，是为父不得而子也。"

告子下

曹交问曰："人皆可以为尧舜，有诸？"

孟子曰："然。"

"交闻文王十尺，汤九尺。今交九尺四寸以长，食粟而已，如何则可？"

曰："奚有于是？亦为之而已矣。有人于此，力不能胜一匹雏，则为无力人矣。今曰举百钧，则为有力人矣。然则举乌获之任，是亦为乌获而已矣。夫人岂以不胜为患哉？弗为耳。徐行后长者，谓之弟；疾行先长者，谓之不弟。夫徐行者，岂人所不能哉？所不为也。尧舜之道，孝弟而已矣。子服尧之服，诵尧之言，行尧之行，是尧而已矣。子服桀之服，诵桀之言，行桀之行，是桀而已矣。”

曰：“交得见于邹君，可以假馆，愿留而受业于门。”

曰：“夫道若大路然，岂难知哉？人病不求耳。子归而求之，有余师。”

公孙丑问曰：“高子曰：‘《小弁》，小人之诗也。’”

孟子曰：“何以言之？”

曰：“怨。”

曰：“固哉，高叟之为《诗》也！有人于此，越人关弓而射之，则己谈笑而道之，无他，疏之也。其兄关弓而射之，则己垂涕泣而道之，无他，戚之也。《小弁》之怨，亲亲也。亲亲，仁也。固矣夫高叟之为《诗》也！”

曰：“《凯风》何以不怨？”

曰：“《凯风》，亲之过小者也；《小弁》，亲之过大者也。亲之过大而不怨，是愈疏也；亲之过小而怨，是不可矶也。愈疏，不孝也；不可矶，亦不孝也。孔子曰：‘舜其至孝矣，五十而慕。’”

尽心上

孟子曰：“人之所不学而能者，其良能也；所不虑而知者，其良知也。孩提之童，无不知爱其亲者；及其长也，无不知敬其兄也。亲亲，仁也；敬长，义也。无他，达之天下也。”

桃应问曰：“舜为天子，皋陶为士，瞽瞍杀人，则如之何？”

孟子曰：“执之而已矣。”

“然则舜不禁与？”

曰：“夫舜恶得而禁之？夫有所受之也。”

“然则舜如之何？”

曰：“舜视弃天下，犹弃敝蹝也。窃负而逃，遵海滨而处，终身欣然，乐而忘天下。”

齐宣王欲短丧，公孙丑曰：“为朞之丧，犹愈于已乎？”

孟子曰：“是犹或紾其兄之臂，子谓之‘姑徐徐’云尔。亦教之孝弟而已矣。”

王子有其母死者，其傅为之请数月之丧。公孙丑曰：“若此者何如也？”

曰：“是欲终之而不可得也，虽加一日愈于已。谓夫莫之禁而弗为者也。”

孟子曰：“君子之于物也，爱之而弗仁；于民也，仁之而弗亲。亲亲而仁民，仁民而爱物。”

孟子曰：“知者无不知也，当务之为急；仁者无不爱也，急亲贤之为务。尧舜之知而不遍物，急先务也。尧舜之仁不遍爱人，急亲贤也。不能三年之丧，而缌小功之察；放饭流歠，而问无齿决：是之谓不知务。”

《荀子》

大略

曾子曰：“孝子言为可闻，行为可见。言为可闻，所以说远也；行为可见，所以说近也；近者说则亲，远者悦则附；亲近而附远，孝子之道也。”

子道

入孝出弟，人之小行也；上顺下笃，人之中行也；从道不从君，从义不从父，人之大行也；若夫志以礼安，言以类使，则儒道毕矣；虽尧舜不能加毫末于是矣。孝子所不从命有三：从命则亲危，不从命则亲安，孝子不从命乃衷；从命则亲辱，不从命则亲荣，孝子不从命乃义；从命则禽兽，不从命则修饰，孝子不从命乃敬。故可以从而不从，是不子也；未可以从而从，是不衷也；明于从不从之义，而能致恭敬、忠信、端悫以慎行之，则可谓大孝矣。传曰“从道不从君，从义不从父”；此之谓也。故劳苦、雕萃而能无失其敬，灾祸、患难而能无失其义，则不幸不顺见恶而能无失其爱，非仁人莫能行。《诗》曰“孝子不匮”，此之谓也。

鲁哀公问于孔子曰：“子从父命，孝乎？臣从君命，贞乎？”三问，孔子不对。孔子趋出以语子贡曰：“乡者君问丘也曰：‘子从父命，孝乎？臣从君命，贞乎？’三问而丘不对，赐以为何如？”子贡曰：“子从父命，孝矣；臣从君命，贞矣，夫子有奚对焉？”孔子曰：“小人哉！赐不识也！昔万乘之国，有争臣四人，则封疆不削；千乘之国，有争臣三人，则社稷不危；百乘之家，有争臣二人，则宗庙不毁。父有争子，不行无礼；士有争友，不为不义。故子从父，奚子孝？臣从君，奚臣贞？审其所以从之之谓孝、之谓贞也。”

子路问于孔子曰：“有人于此，夙兴夜寐，耕耘树艺，手足胼胝，以养其亲，然而无孝之名，何也？”孔子曰：“意者身不敬与？辞不逊与？色不顺与？古之人有言曰：‘衣与！缪与！不女聊。’今夙兴夜寐，耕耘树艺，手足胼胝，以养其亲，无此三者，则何以为而无孝之名也？意者所友非仁人邪？”孔子曰：“由志之，吾语汝：虽有国士之力，不能自举其身，非无力也，势不可也。故入而行不修，身之罪也；出而名不章，友之过也。故君子入则笃行，出则友贤，何为而无孝之名也！”

《小戴礼记》

祭义

祭不欲数，数则烦，烦则不敬。祭不欲疏，疏则怠，怠则忘。是故，君子合诸天道：春禘，秋尝。霜露既降，君子履之，必有凄怆之心，非其寒之谓也。春，雨露既濡，君子履之，必有怵惕之心，如将见之。乐以迎来，哀以送往，故禘有乐而尝无乐。

致齐于内，散齐于外。齐之日：思其居处，思其笑语，思其志意，思其所乐，思其所嗜。齐三日，乃见其所为齐者。

祭之日：入室，僾然必有见乎其位；周还出户，肃然必有闻乎其容声；出户而听，忾然必有闻乎其叹息之声。

是故，先王之孝也，色不忘乎目，声不绝乎耳，心志嗜欲不忘乎心。致爱则存，致悫则著。著存不忘乎心，夫安得不敬乎？

君子生则敬养，死则敬享，思终身弗辱也。君子有终身之丧，忌日之谓也。忌日不用，非不祥也，言夫日，志有所至，而不敢尽其私也。

唯圣人为能飨帝，孝子为能飨亲。飨者，乡也；乡之，然后能飨焉。是故，孝子临尸而不怍。君牵牲，夫人奠盎。君献尸，夫人荐豆。卿大夫相君，命妇相夫人。齐齐乎其敬也，愉愉乎其忠也，勿勿诸其欲其飨之也。

文王之祭也：事死者如事生，思死者如不欲生。忌日必哀，称讳如见亲。祀之忠也，如见亲之所爱，如欲色然，其文王与？《诗》云“明发不寐，有怀二人”，文王之诗也。祭之明日，明发不寐，飨而致之，又从而思之。祭之日，乐与哀半：飨之必乐，已至必哀。

仲尼尝，奉荐而进其亲也悫，其行趋趋以数。已祭，子赣问曰：“子之言祭，济济漆漆然；今子之祭，无济济漆漆，何也？”子曰：“济济者，容也远也；漆漆者，容也自反也。容以远，若容以自反也，夫何神明之及交？夫何济济漆漆之有乎？反馈，乐成，荐其荐俎，序其礼乐，备其百官。君子致其济济漆漆，夫何慌惚之有乎？夫言岂一端而已？夫各有所当也。”

孝子将祭，虑事不可以不豫；比时具物，不可以不备；虚中以治之。宫室既修，墙屋既设，百物既备，夫妇齐戒沐浴，盛服奉承而进之，洞洞乎，属属乎，如弗胜，如将失之，其孝敬之心至也与！荐其荐俎，序其礼乐，备其百官，奉承而进之。于是谕其志意，以其恍惚以与神明交，庶或飨之。“庶或飨之”，孝子之志也。

孝子之祭也，尽其悫而悫焉，尽其信而信焉，尽其敬而敬焉，尽其礼而不过失焉。进退必敬，如亲听命，则或使之也。

孝子之祭可知也：其立之也敬以诎，其进之也敬以愉，其荐之也敬以欲；退而立，如将受命；已彻而退，敬齐之色不绝于面。孝子之祭也，立而不诎，固也；进而不愉，疏也；荐而不欲，不爱也；退立而不如受命，敖也；已彻而退，无敬齐之色，而忘本也。如是而祭，失之矣。

孝子之有深爱者，必有和气；有和气者，必有愉色；有愉色者，必有婉容。孝子如执玉，如奉盈，洞洞属属然，如弗胜，如将失之。严威俨恪，非所以事亲也，成人之道也。

先王之所以治天下者五：贵有德，贵贵，贵老，敬长，慈幼。此五者，先王之所以定天下也。贵有德，何为也？为其近于道也；贵贵，为其近于君也；贵老，为其近于亲也；敬长，为其近于兄也；慈幼，为其近于子也。

是故至孝近乎王，至弟近乎霸。至孝近乎王，虽天子，必有父；至弟近乎霸，虽诸侯，必有兄。先王之教，因而弗改，所以领天下国家也。

子曰：“立爱自亲始，教民睦也。立教自长始，教民顺也。教以慈睦，而民贵有亲；教以敬长，而民贵用命。孝以事亲，顺以听命，错诸天下，无所不行。”

郊之祭也，丧者不敢哭，凶服者不敢入国门，敬之至也。祭之日，君牵牲，穆答君，卿大夫序从。既入庙门，丽于碑，卿大夫袒，而毛牛尚耳，鸾刀以刲，取膟膋，乃退。爓祭，祭腥而退，敬之至也。

郊之祭，大报天而主日，配以月。夏后氏祭其暗，殷人祭其阳，周人祭日，以朝及暗。祭日于坛，祭月于坎，以别幽明，以制上下。祭日于东，祭月于西，以别外内，以端其位。日出于东，月生于西。阴阳长短，终始相巡，以致天下之和。

天下之礼，致反始也，致鬼神也，致和用也，致义也，致让也。致反始，以厚其本也；致鬼神，以尊上也；致物用，以立民纪也；致义，则上下不悖逆矣；致让，以去争也。合此五者，以治天下之礼也，虽有奇邪，而不治者则微矣。

宰我曰：“吾闻鬼神之名，而不知其所谓。”子曰：“气也者，神之盛也；魄也者，鬼之盛也；合鬼与神，教之至也。众生必死，死必归土，此之谓鬼。骨肉毙于下，阴为野土；其气发扬于上，为昭明、焄蒿、凄怆，此百物之精也，神之著也。因物之精，制为之极，明命鬼神，以为黔首则；百众以畏，万民以服。”

圣人以是为未足也，筑为宫室，谓为宗祧，以别亲疏远迩，教民反古复始，不忘其所由生也。众之服自此，故听且速也。二端既立，报以二礼。建设朝事，燔燎膻芗，见以萧光，以报气也。此教众反始也。荐黍稷，羞肝肺首心，见间以侠甒，加以郁鬯，以报魄也。教民相爱，上下用情，礼之至也。

君子反古复始，不忘其所由生也，是以致其敬，发其情，竭力从事，以报其亲，不敢弗尽也。是故，昔者天子为藉千亩，冕而朱纮，躬秉耒。诸侯为藉百亩，冕而青纮，躬秉耒。以事天地、山川、社稷、先古，以为醴酪齐盛，于是乎取之，敬之至也。

古者，天子、诸侯必有养兽之官，及岁时，齐戒沐浴而躬朝之。牺牷祭牲，必于是取之，敬之至也。君召牛，纳而视之，择其毛而卜之，吉，然后养之。君皮弁素积，朔月，月半，君巡牲，所以致力，孝之至也。

古者，天子、诸侯必有公桑、蚕室，近川而为之。筑宫仞有三尺，棘墙而外闭之。及大昕之朝，君皮弁素积，卜三宫之夫人、世妇之吉者，使入蚕于蚕室，奉种浴于川；桑于公桑，风戾以食之。岁既殚矣，世妇卒蚕，奉茧以示于君，遂献茧于夫人。夫人曰："此所以为君服与？"遂副袆而受之，因少牢以礼之。古之献茧者，其率用此与？及良日，夫人缫，三盆手，遂布于三宫夫人、世妇之吉者，使缫；遂朱绿之，玄黄之，以为黼黻文章。服既成，君服以祀先王先公，敬之至也。

君子曰：礼乐不可斯须去身。致乐以治心，则易直子谅之心油然生矣；易直子谅之心生则乐，乐则安，安则久，久则天，天则神。天则不言而信，神则不怒而威，致乐以治心者也。致礼以治躬则庄敬，庄敬则严威。心中斯须不和不乐，而鄙诈之心入之矣；外貌斯须不庄不敬，而慢易之心入之矣。

故乐也者，动于内者也；礼也者，动于外者也。乐极和，礼极顺，内和而外顺，则民瞻其颜色，而不与争也；望其容貌，而众不生慢易焉。故德辉动乎内，而民莫不承听；理发乎外，而众莫不承顺。故曰：致礼乐之道，而天下塞焉，举而措之无难矣。

乐也者，动于内者也；礼也者，动于外者也。故礼主其减，乐主其盈。礼减而进，以进为文；乐盈而反，以反为文。礼减而不进则销，乐盈而不反则放。故礼有报而乐有反，礼得其报则乐，乐得其反则安。礼之报，乐之反，其义一也。

曾子曰："孝有三：大孝尊亲，其次弗辱，其下能养。"公明仪问于曾子曰："夫子可以为孝乎？"曾子曰："是何言与！是何言与！君子之所为孝者：先意承志，谕父母于道。参，直养者也，安能为孝乎？"

曾子曰："身也者，父母之遗体也。行父母之遗体，敢不敬乎？居处不庄，非孝也；事君不忠，非孝也；莅官不敬，非孝也；朋友不信，非孝也；战陈无勇，非孝也。五者不遂，灾及于亲，敢不敬乎？亨孰膻芗，尝而荐之，非孝也，养也。君子之所谓孝也者，国人称愿然曰：'幸哉有子！'如此，所谓孝也已。众之本教曰孝，其行曰养。养，可能也，敬为难；敬，可能也，安为难；安，可能也，卒为难。父母既没，慎行其身，不遗父母恶名，可谓能终矣。仁者，仁此者也；礼者，履此者也；义者，宜此者也；信者，信此者也；强者，强此者也。乐自顺此生，刑自反此作。"

曾子曰："夫孝，置之而塞乎天地，溥之而横乎四海，施诸后世而无朝夕；推而放诸东海而准，推而放诸西海而准，推而放诸南海而准，推而放诸北海而准。《诗》云'自西自东，自南自北，无思不服'，此之谓也。"

曾子曰："树木以时伐焉，禽兽以时杀焉。夫子曰：'断一树，杀一兽，不以其时，非孝也。'孝有三：小孝用力，中孝用劳，大孝不匮。思慈爱忘劳，可谓用力矣；尊仁安义，可谓用劳矣；博施备物，可谓不匮矣。父母爱之，嘉而弗忘；父母恶之，惧而无怨；父母有过，谏而不逆；父母既没，必求仁者之粟以祀之，此之谓礼终。"

乐正子春下堂而伤其足，数月不出，犹有忧色。门弟子曰："夫子之足瘳矣，数月不出，犹有忧色，何也？"乐正子春曰："善！如尔之问也！善！如尔之问也！吾闻诸曾子，曾子闻诸夫子曰：'天之所生，地之所养，无人为大。'父母全而生之，子全而归之，可谓孝矣。不亏其体，不辱其身，可谓全矣。故君子顷步而弗敢忘孝也。今予忘孝之道，予是以有忧色也。壹举足而不敢忘父母，壹出言而不敢忘父母。壹举足而不敢忘父母，是故道而不径，舟而不游，不敢以先父母之遗体行殆；壹出言而不敢忘父母，是故恶言不出于口，忿言不反于身，不辱其身，不羞其亲，可谓孝矣。"

昔者，有虞氏贵德而尚齿，夏后氏贵爵而尚齿，殷人贵富而尚齿，周人贵亲而尚齿。虞夏殷周，天下之盛王也，未有遗年者。年之贵乎天下久矣，次乎事亲也，是故朝廷同爵则尚齿。

七十杖于朝，君问则席；八十不俟朝，君问则就之，而弟达乎朝廷矣。

行，肩而不并，不错则随。见老者，则车徒辟；斑白者不以其任行乎道路，而弟达乎道路矣。居乡以齿，而老穷不遗，强不犯弱，众不暴寡，而弟达乎州巷矣。

古之道，五十不为甸徒，颁禽隆诸长者，而弟达乎蒐狩矣。军旅什伍，同爵则尚齿，而弟达乎军旅矣。孝弟发诸朝廷，行乎道路，至乎州巷，放乎蒐狩，修乎军旅，众以义死之，而弗敢犯也。

祀乎明堂，所以教诸侯之孝也；食三老、五更于大学，所以教诸侯之弟也；祀先贤于西学，所以教诸侯之德也；耕藉，所以教诸侯之养也；朝觐，所以教诸侯之臣也。五者，天下之大教也。

食三老、五更于大学，天子袒而割牲，执酱而馈，执爵而酳，冕而总干，所以教诸侯之弟也。是故，乡里有齿，而老穷不遗，强不犯弱，众不暴寡，此由大学来者也。天子设四学，当入学，而大子齿。

天子巡守，诸侯待于竟。天子先见百年者。八十、九十者东行，西行者弗敢过；西行，东行者弗敢过。欲言政者，君就之可也。

壹命齿于乡里．再命齿于族，三命不齿；族有七十者，弗敢先。七十者，不有大故不入朝；若有大故而入，君必与之揖让，而后及爵者。

天子有善，让德于天；诸侯有善，归诸天子；卿大夫有善，荐于诸侯；士、庶人有善，本诸父母，存诸长老；禄爵庆赏，成诸宗庙；所以示顺也。

昔者，圣人建阴阳天地之情，立以为《易》。易抱龟南面，天子卷冕北面，虽有明知之心，必进断其志焉。示不敢专，以尊天也。善则称人，过则称己，教不伐以尊贤也。

孝子将祭祀，必有齐庄之心以虑事，以具服物，以修宫室，以治百事。及祭之日，颜色必温，行必恐，如惧不及爱然。其奠之也，容貌必温，身必诎，如语焉而未之然。宿者皆出，其立卑静以正，如将弗见然。及祭之后，陶陶遂遂，如将复入然。是故，悫善不违身，耳目不违心，思虑不违亲。结诸心，形诸色，而术省之，孝子之志也。

建国之神位：右社稷，而左宗庙。

《大戴礼记》

曾子本孝

曾子曰："忠者，其孝之本与？孝子不登高，不履危，庳亦弗凭；不苟笑，不苟訾，隐不命，临不指，故不在尤之中也。孝子恶言死焉，流言止焉，美言兴焉。故恶言不出于口，烦言不及于己。

故孝子之事亲也，居易以俟命，不兴险行以徼幸；孝子游之，暴人违之；出门而使，不以或为父母忧也；险涂隘巷，不求先焉，以爱其身，以不敢忘其亲也。

孝子之使人也不敢肆，行不敢自专也；父死三年，不敢改父之道；又能事父之朋友，又能率朋友以助敬也。

君子之孝也，以正致谏；士之孝也，以德从命；庶人之孝也，以力恶食；任善，不敢臣三德。

故孝之于亲也，生则有义以辅之，死者哀以莅焉，祭祀则莅之以敬，如此而成于孝子也。"

曾子立孝

曾子曰："君子立孝，其忠之用，礼之贵。故为人子而不能孝其父者，不敢言人父不畜其子者；为人弟而不能承其兄者，不敢言人兄不能顺其弟者；为人臣而不能事其君者，不敢言人君不能使其臣者也。故与父言，言畜子；与子言，言孝父；与兄言，言顺弟；与弟言，言承兄；与君言，言使臣；与臣言，言事君。

君子之孝也，忠爱以敬；反是，乱也。尽力而有礼，庄敬而安之；微谏不倦，听从而不怠，欢欣忠信，咎故不生，可谓孝矣。尽力无礼，则小人也；致敬而不忠，则不入也。是故礼以将其力，敬以入其忠；饮食移味，居处温愉，著心于此，济其志也。子曰：'可入也，吾任其过；不可入也，吾辞其罪'，《诗》云'有子七人，莫慰母心'，子之辞也；'夙兴夜寐，无忝尔所生'，言不自舍也。不耻其亲，君子之孝也。是故未有君，而忠臣可知者，孝子之谓也；未有长，而顺下可知者，弟弟之谓也；未有治，而能仕可知者，先修之谓也。故曰：孝子善事君，弟弟善事长。君子一孝一弟，可谓知终矣。"

曾子大孝

曾子曰："孝有三：大孝尊亲，其次不辱，其下能养。"

公明仪问于曾子曰："夫子可谓孝乎？"曾子曰："是何言与？是何言与？君子之所谓孝者，先意承志，谕父母以道。参，直养者也，安能为孝乎？身者，亲之遗体也。行亲之遗体，敢不敬乎？故居处不庄，非孝也；事君不忠，非孝也；莅官不敬，非孝也；朋友不信，非孝也；战陈无勇，非孝也。五者不遂，灾及乎身，敢不敬乎？故烹熟鲜香，尝而进之，非孝也，养也。君子之所谓孝者，国人皆称愿焉，曰：'幸哉！有子如此！'所谓孝也。民之本教曰孝，其行之曰养。养，可能也，敬为难；敬，可能也，安为难；安，可能也，久为难。久，可能也，卒，为难。父母既殁，慎行其身，不遗父母恶名，可谓能终也。

夫仁者，仁此者也；义者，宜此者也；忠者，中此者也；信者，信此者也；礼者，体此者也；行者，行此者也；强者，强此者也；乐自顺此生，刑自反此作。

夫孝者，天下之大经也。夫孝置之而塞于天地，衡之而衡于四海，施诸后世而无朝夕，推而放诸东海而准，推而放诸西海而准，推而放诸南海而准，推而放诸北海而准。《诗》云‘自西自东，自南自北，无思不服’，此之谓也。

孝有三：大孝不匮，中孝用劳，小孝用力。博施备物，可谓不匮矣。尊仁安义，可谓用劳矣；慈爱忘劳，可谓用力矣。父母爱之，喜而不忘；父母恶之，惧而无怨；父母有过，谏而不逆；父母既殁，以哀，祀之加之；如此，谓礼终矣。”

乐正子春下堂而伤其足，伤瘳，数月不出，犹有忧色。门弟子问曰：“夫子伤足，瘳矣，数月不出，犹有忧色，何也？”乐正子春曰：“善！如尔之问也。吾闻之曾子，曾子闻诸夫子曰：‘天之所生，地之所养，人为大矣。’父母全而生之，子全而归之，可谓孝矣；不亏其体，可谓全矣。故君子顷步之不敢忘也。今予忘夫孝之道矣，予是以有忧色。故君子一举足不敢忘父母，一出言不敢忘父母。一举足不敢忘父母，故道而不径，舟而不游，不敢以先父母之遗体行殆也；一出言不敢忘父母，是故恶言不出于口，忿言不及于己，然后不辱其身，不忧其亲，则可谓孝矣。草木以时伐焉，禽兽以时杀焉，夫子曰：‘伐一木，杀一兽，不以其时，非孝也。’”

曾子事父母

单居离问于曾子曰：“事父母有道乎？”曾子曰：“有，爱而敬。父母之行若中道，则从；若不中道，则谏；谏而不用，行之如由己。从而不谏，非孝也；谏而不从，亦非孝也。孝子之谏，达善而不敢争辨；争辨者，作乱之所由兴也。由己为无咎，则宁；由己为贤人，则乱。孝子无私乐，父母所忧忧之，父母所乐乐之。孝子唯巧变，故父母安之。若夫坐如尸，立如齐，弗讯不言，言必齐色，此成人之善者也，未得为人子之道也。”

单居离问曰：“事兄有道乎？”曾子曰：“有，尊事之，以为己望也；兄事之，不遗其言。兄之行若中道，则兄事之；兄之行若不中道，则养之；养之内，不养于外，则是越之也；养之外，不养于内，则是疏之也；是故君子内外养之也。”

单居离问曰：“使弟有道乎？”曾子曰：“有，嘉事不失时也。弟之行若中道，则正以使之；弟之行若不中道，则兄事之，诎事兄之道若不可，然后舍之矣。”

曾子曰：“夫礼，大之由也，不与小之自也。饮食以齿，力事不让，辱事不齿，执觞觚杯豆而不醉，和歌而不哀。夫弟者，不衡坐，不苟越，不干逆色，趋翔周旋，俯仰从命，不见于颜色，未成于弟也。

《二十四孝图》

戲綵娛親

鹿乳

百里負米

囓指痛心

親嘗湯藥

拾椹異器

刻木事親

湧泉躍鯉

懷橘遺親

扇枕温

行傭供母

雷泣墓

哭竹生

臥冰求鯉

虎救父

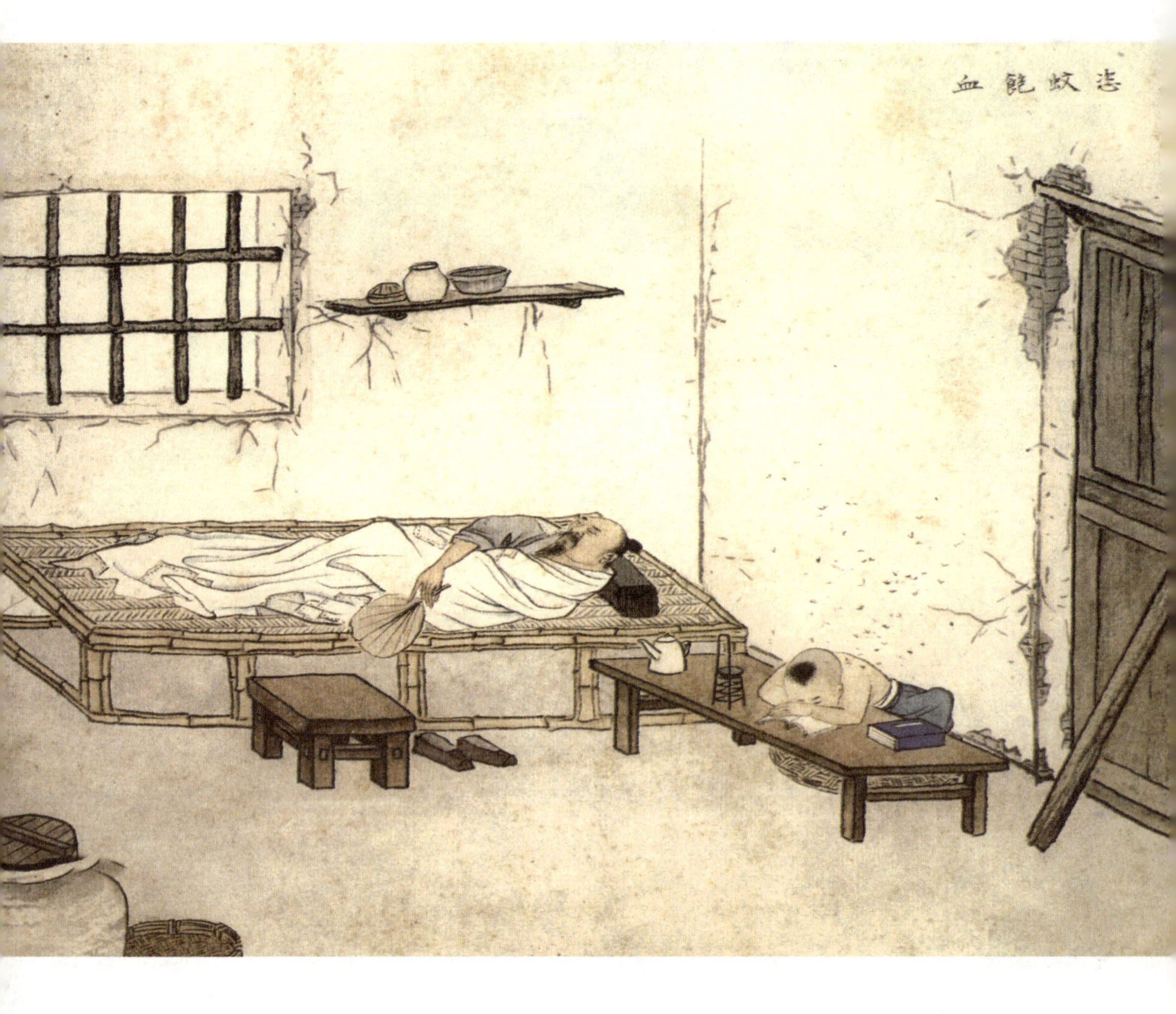
恣蚊飽血

嘗真憂

滌硯溺器
庚寅嘉平少梅陳雲彰敬繪

棄官尋母